基于图论的机器学习方法

任维雅　黄魁华　程光权　范长俊　著

国防工业出版社
·北京·

内 容 简 介

本书分别就基于图论的学习框架、基于图论的无监督-半监督-监督学习、基于图论的协同-多重正则化学习以及基于图论的视频场景聚集性度量等问题进行阐述。本书可作为计算机与信息专业相关的高年级本科生、研究生参考教材,也可作为从事相关专业的科研、教学人员的参考资料。

图书在版编目(CIP)数据

基于图论的机器学习方法 / 任维雅等著 . —北京 :
国防工业出版社, 2023. 11 重印
ISBN 978-7-118-12622-8

Ⅰ. ①基… Ⅱ. ①任… Ⅲ. ①机器学习 Ⅳ.
①TP181

中国版本图书馆 CIP 数据核字(2022)第 223568 号

※

国防工業出版社 出版发行
(北京市海淀区紫竹院南路 23 号 邮政编码 100048)
北京虎彩文化传播有限公司印刷
新华书店经售

*

开本 710×1000 1/16 **印张** 10½ **字数** 182 千字
2023 年 11 月第 1 版第 2 次印刷 **印数** 1501—2500 册 **定价** 76. 00 元

国防书店:(010)88540777 书店传真:(010)88540776
发行业务:(010)88540717 发行传真:(010)88540762

前言 PREFACE

基于图论的学习方法是21世纪初兴起的机器学习方法,经过近20年的发展,已在模式识别、数据挖掘和信息检索等领域有了一些有价值的应用。基于图论的学习方法用一个图来表示数据的分布信息和关系信息,可以解决一系列机器学习的基本问题,如基于图论的无监督学习问题,即在类别未知的训练样本中构建图结构数据,在图结构数据上将所有样本自动分为不同的类别,或者从庞大的样本集合中选出一些具有代表性的数据加以标注用于分类器的训练;再如基于图论的半监督学习问题,即用大量的未标记数据和少量的标记数据来进行模式识别的工作。

在撰写本书的过程中,作者查阅了大量国内外相关文献,对现有的基于图论的机器学习进行了归纳总结,剖析了相关算法的基本思想和关键内容。现有的基于图论的学习方法虽然能够在一定程度上解决各自领域中的任务,但是缺乏统一的学习框架。本书从图划分的视角系统介绍基于图论的机器学习方法,探索更稳健、更高效的基于图论的学习新理论和新方法。本书介绍了机器学习中的三类基本学习问题:无监督、半监督和监督学习问题,同时考虑协同正则化、多重正则化和路径积分对基于图论的学习方法进行了拓展。通过大量的实验验证,本书提供的方法合理有效,算法效率显著提高。我们相信,本书介绍的研究成果可以和其他相关机器学习方法进行融合研究,诸如决策理论、贝叶斯理论和基于图的深度学习方法,为基于图论研究各类机器学习问题的研究者和学生提供帮助。

本书共8章,第1章为绪论,阐述了本书的研究背景和意义,总结了国内外相关研究工作进展,在此基础上介绍了本书的主要研究内容和贡献;第2~7章分别就基于图论的学习框架模型、无监督学习、半监督学习、监督学习、协同正则化学习和多重正则化学习等问题进行了阐述，并进行了聚类、分类等典型案例实验；第 8 章总结了如何利用路径积分和指数生成函数研究基于图论的学习方法，在公共视频场景中进行了聚集性度量实验。

本书可供计算机与信息专业相关的高年级本科生、研究生或从事相关专业的科研、教学人员学习与参考。本书在编写过程中参考了国内外许多学者的著作，书中引用了其中的观点、数据与结论，在此一并表示感谢。同时，本书出版得到了国防工业出版社的大力支持，在此致以深深的谢意。

由于作者学识有限，书中若有偏颇或不妥之处，敬请读者批评指正。

作者

2021 年 7 月

目录 CONTENTS

主要数学符号列表

$\mathbf{R}$	实数集(real number set)
$\mathbf{R}^+$	非负实数集(nonnegative real number set)
$\boldsymbol{X}$	矩阵(matrix $\boldsymbol{X}$)
$\boldsymbol{X}^{\mathrm{T}}$	矩阵 $\boldsymbol{X}$ 的转置(transpose matrix $\boldsymbol{X}$)
$X_{i,j}$	矩阵元素(the (i,j)-th element of $\boldsymbol{X}$)
$X_{i,:}$	矩阵第 i 行(the i-th row of $\boldsymbol{X}$)
diag(·)	对角矩阵 (diagonal matrix)
tr(·)	一个矩阵的迹(trace of a matrix)
$\\|\cdot\\|$	一个矩阵的范数(norm of a matrix)
$\\|\cdot\\|_1$	一个矩阵的l_1范数(l_1 norm of a matrix)
$\\|\cdot\\|_F$	一个矩阵的 Frobenius 范数(frobenius norm of a matrix)
$\boldsymbol{I}_k$	单位矩阵(unit matrix)
$x_1,x_2,\cdots,x_n$	向量序列(a sequence of vectors)
f,g,h	函数(functions)
$\mathscr{C}$	集合(a set)
$\partial f(x)$	函数在 x 处的微分集合(the differential set of f at x)
$\|\mathscr{C}\|$	集合 $\mathscr{C}$中元素的个数(number of set $\mathscr{C}$)
$\mathbf{1}$	元素全是 1 的向量(a vector with all elements equal 1)
$\boldsymbol{X}\geqslant 0$	矩阵 $\boldsymbol{X}$ 非负(matrix $\boldsymbol{X}$ is nonnegative)

第1章 绪论

1.1 引言

学习是人类具有的一种重要的智能行为,人类通过学习累积了大量的知识和经验,以指导未来的社会发展和建设。随着计算机的产生,科学家们一直致力于研究如何让计算机具备人类的学习能力,并逐渐形成了一个新的学科领域:人工智能。在这个领域中,机器学习往往扮演着核心的角色,它架起了计算机和人工智能的桥梁,它的一个被广泛接受的概念是:研究能通过经验自动改进的计算机算法[1]。21 世纪的脚步带来了机器学习的热潮,越来越多的领域如统计学、物理学、生物学和认知科学等都有了机器学习的身影[2-8]。科学家们不断地研究更有效、实用的机器学习算法,给人类生活带来了越来越多的便利,如智能手机可以通过指纹识别判断使用者的身份,计算机输入法可以通过智能词库记录用户的用词习惯,现代摄像机系统可以通过统计篮球相关数据评估球队的进攻效率,穿戴手环可以通过跑步计数器测量穿戴者的跑步数据等。

在机器学习中,分析数据中蕴含的信息是学习的根本任务。随着时代的发展,人们对数据的认识有了新的转变:不再探求数据间难以捉摸的因果关系,转而更加关注事物间的相关关系[9]。基于数据关系挖掘信息正是基于图论的学习方法的核心思想[10-13],简单地说,基于图论的学习方法是近年来兴起的一种机器学习方法,它用一个图来表示数据所有的分布信息和相关关系,进而挖掘出有价值的信息。基于图论的学习方法近年来出现在相关的权威国际会议上(如 NIPS①、

① NIPS:神经信息处理系统大会。

ICML①、CVPR②、KDD③ 等)的比例呈逐年上升趋势,本书的研究方向正是在这一背景下展开的。

基于图论的学习方法最早可以追溯到欧拉时代,1738 年,瑞典数学家欧拉解决了柯尼斯堡问题,由此诞生了一个新的学科:图论。最早的图论大多是基于无向图解决一些具体的问题,如汉密尔顿问题、四色猜想问题等。作为图论的一个衍生学科,近年来复杂网络[182-183]也取得了重要的发展。和这些研究方法不同,本书研究基于图论的学习方法的出发点着眼于机器学习中的三个基本问题,即无监督学习、半监督学习和监督学习。实际上,这三个基本问题和图划分有着紧密的联系,因此,通过图划分研究机器学习中的三个基本问题是本书的主要思路。这里的图划分指的是通用的一些图划分准则,如规范化切[10]、最小切[80]、平均切(average cut)、比例切(ratio cut)[81,84]和最小最大切(min-max cut)[83]等。它区别于一切其他的图划分方法,如智能优化方法[177-178]、混合算法[179-180]或者分布式图划分方法[181]。

面向机器学习的三个基本问题,在图划分准则下研究基于图论的学习方法,可以将问题细化为基于图论的无监督学习方法、基于图论的半监督学习方法和基于图论的监督学习方法。

当数据信息无任何标记信息或相似性信息时,往往面临的是无监督学习问题。通常在下面几种情况下需要使用无监督学习[14]:第一,样本量较多的时候,需要自动处理大量的无监督样本以节省时间;第二,利用大量未标记样本训练分类器,然后通过人工对分组数据进行标记;第三,当数据随着时间发生变化的时候,可以利用无监督学习捕捉到这种变化;第四,通过无监督学习提取数据的一些基本特征,并挖掘数据的潜在结构。基于图论的无监督学习方法适用于上述第二和第四种情况,是研究无监督学习的有效手段[10,13,15,81]。

随着互联网的普及和互联网技术的发展,收集大量数据变得非常容易,但是这些数据往往是没有类别标签(未标记)的样本。与之相对的是,获取大量标记样本则是相对困难的。因此,如何使用大量未标记样本和少量标记样本来改善学习器的性能已成为当前机器学习中最受关注的问题之一,解决这种问题的方法被称为半监督学习方法[113-116]。基于图论的半监督学习方法同时利用未标记样本和标记样本的数据信息进行学习,具有良好的学习能力,是半监督学

① ICML:国际机器学习大会。

② CVPR:国际计算机视觉与模式识别会议。

③ KDD:国际数据挖掘与知识发现大会。

习方法中的一个重要研究方向[18,111-112,117-119]。

监督学习由训练集和测试集构成,其中训练集中样本的标签全部已知,利用训练集训练出学习器对测试集进行预测。近年来利用基于图论的学习方法进行监督学习受到人们的广泛重视[29,31],它的优势是能够得到一个显式的线性映射,可以用于降维、分类等,具有速度快、效果鲁棒的特点。

另外,也有一些研究者将基于图论的学习和机器学习中的其他问题结合起来。如认为基于图论的学习和流形学习在某些情况下是等价的[6];将协同正则化学习[138]引入基于图论的学习中去,形成基于多视图的学习方法[140-142];将基于图论的学习和非负矩阵分解结合起来[59-60];将基于图论的学习和稀疏分解结合起来[62];将基于图论的学习和低秩矩阵分解结合起来[61];等等。

从上面的分析不难看出,将基于图论的学习方法作为研究方向具有重要的理论与实际价值。目前,国内外基于图论的学习方法研究正处于发展阶段,本书的目的就是深入研究和比较现有的基于图论的学习方法,面向机器学习中的三个基本问题,在图划分准则下形成基于图论的学习理论框架,并分别研究基于图论的无监督学习、半监督学习和监督学习问题。另外,本书在一定程度上拓展研究了基于图论的学习方法,目的是发展出更稳健、更高效、更实用的基于图论的学习新理论和新方法,这将对机器学习中如模式识别、数据挖掘和信息检索等其他领域的研究和发展具有借鉴意义。

1.2 国内外相关研究现状

本节根据基于图论的无监督学习、半监督学习、监督学习、图构建方法和基于图论的学习方法拓展共五个方面对国内外相关研究工作现状进行概述。

1.2.1 基于图论的无监督学习

定义 1.1 无监督学习(unsupervised learning) 若训练样本集中不存在任何标记样本,则此时的学习称为无监督学习。

机器学习中有一个著名的定理,即“没有免费的午餐”定理[1]:不存在一个在任何情况下都最优的学习器,一个算法有效仅说明此算法的模型假设和原问题的结构空间相符合。无监督学习面临着在没有标记样本的情况下,如何提高学习器的性能的问题。因此,无监督学习首先需要一个合理的模型假设。基于图论的无监督学习方法中一个重要的发展方向就是流形学习,流形学习使用二元组 $G=(P,E)$ 表示图。P 表示图的节点,每个节点对应一个数据点;E 表示图的边,边的权值用矩阵 $\boldsymbol{W}$ 表示,它反映了数据点间的相似关系。除了二元组之外,图还有其他的表述形式,只要能够描述数据的相互关系的表达方式都是可以接受的。一些基于图论的无监督学习方法如下。

1.2.1.1 规范化切

规范化切(Ncut 算法)[10] 使用一个二元组 $G=(P,E)$ 表示图,Ncut 算法[10] 来源于近似求解规范化划分准则下的分割问题

$$\mathrm{Ncut}(P_1,P_2,\cdots,P_k) \triangleq \frac{1}{2}\sum_{i=1}^{k}\frac{W(P_i,\bar{P}_i)}{\mathrm{vol}(P_i)} \tag{1.1}$$

其中,$P_1,P_2,\cdots,P_k$ 是 P 的一组划分($P_1 \cup P_2 \cdots \cup P_k = P, P_i \cap P_j = \varnothing, i \neq j$,并且 $P_i \neq \varnothing, i=1,2,\cdots,k$),$W(P_i,P_j) \triangleq \sum_{a\in P_i, b\in P_j} w_{ab}$,$\mathrm{vol}(P_i) \triangleq \sum_{a\in P_i, b\in P} w_{ab}$,$\bar{P}_i$ 是 P_i 的补集。

上述问题等价于最小化如下目标函数[15]

$$\underset{\boldsymbol{V}^{\mathrm{T}}\boldsymbol{D}\boldsymbol{V}=\boldsymbol{I},\boldsymbol{V}\geqslant 0}{\arg\min}\ \mathrm{tr}(\boldsymbol{V}^{\mathrm{T}}\boldsymbol{L}\boldsymbol{V}) \tag{1.2}$$

或

$$\underset{\hat{\boldsymbol{V}}^{\mathrm{T}}\hat{\boldsymbol{V}}=\boldsymbol{I},\text{其中}\hat{\boldsymbol{V}}=\boldsymbol{D}^{1/2}\boldsymbol{V},\boldsymbol{V}\geqslant 0}{\arg\min}\ \mathrm{tr}(\hat{\boldsymbol{V}}^{\mathrm{T}}\boldsymbol{L}_{\mathrm{sym}}\hat{\boldsymbol{V}}) \tag{1.3}$$

其中,$D_{ii}=\sum_j w_{ij}$,$\boldsymbol{L}=\boldsymbol{D}-\boldsymbol{W}$,$\boldsymbol{L}_{\mathrm{sym}}=\boldsymbol{I}-\boldsymbol{D}^{-1/2}\boldsymbol{W}\boldsymbol{D}^{-1/2}$,$\mathrm{tr}(\cdot)$ 表示矩阵的迹,$\boldsymbol{I}$ 是单位矩阵,$\boldsymbol{V}\in\boldsymbol{R}^{n\times k}$ 是一个离散的特定矩阵。谱聚类将离散解放松为连续解,并去掉非负约束,即优化如下函数

$$\underset{\boldsymbol{V}^{\mathrm{T}}\boldsymbol{V}=\boldsymbol{I}}{\arg\min}\mathrm{tr}(\boldsymbol{V}^{\mathrm{T}}\boldsymbol{L}_{\mathrm{sym}}\boldsymbol{V}) \tag{1.4}$$

式(1.4)中的 $\boldsymbol{V}$ 是没有离散约束的,上述优化项可使用特征值分解的方法求得最优解。

1.2.1.2 流形学习

注意,Ncut 算法优化目标经过推导可得

$$\underset{\boldsymbol{V}^{\mathrm{T}}\boldsymbol{V}=\boldsymbol{I}}{\arg\min}\mathrm{tr}(\boldsymbol{V}^{\mathrm{T}}\boldsymbol{L}_{\mathrm{sym}}\boldsymbol{V}) = \underset{\boldsymbol{V}^{\mathrm{T}}\boldsymbol{V}=\boldsymbol{I}}{\arg\min}\frac{1}{2}\sum_{i,j=1}^{n}(V_i - V_j)^2 w_{ij} \tag{1.5}$$

上述右项即为流形学习的优化目标函数,不同的 $\boldsymbol{W}$ 的定义方法即形成不同的流形学习方法,如谱聚类[10,13]、LLE(局部线性嵌入)[11]、ISOMAP(等距特征映射)[16]和 LE(拉普拉斯特征映射)[12]等。流形和图关系的一个重要表现就是流形正则化[6],实际上,图在某种良好定义的情况下是可以充分逼近一个流形的。

1.2.1.3 核 k 均值

核 k 均值[17]是指通过非线性学习提高了原始 k 均值的方法,核 k 均值可以描述比高斯分布更复杂的分布,其目标函数为

$$\underset{C}{\operatorname{argmin}} \sum_{k} \frac{1}{n_k} \sum_{i,j \in C_k} w_{ij} = \underset{V^{\mathrm{T}}V=I,\ V\geqslant 0}{\operatorname{argmin}} \operatorname{tr}(\boldsymbol{V}^{\mathrm{T}}\boldsymbol{K}\boldsymbol{V}) \tag{1.6}$$

其中,C_k是含有n_k个点的第 k 类,$\boldsymbol{K}$ 是核相似矩阵,$\boldsymbol{V} \in \boldsymbol{R}^{n\times k}$是一个特定的离散矩阵。

有证明指出[18-19],当规范化划分目标函数中 $\boldsymbol{W}$ 等于核 k 均值中的核矩阵 $\boldsymbol{D}^{-1/2}\boldsymbol{W}\boldsymbol{D}^{-1/2}$时,规范化划分和核 k 均值是等价的。

1.2.1.4 SymNMF

SymNMF[19]是一种基于非负分解二元组图的方法,其目标函数为

$$\underset{V\geqslant 0}{\operatorname{argmin}} \| \boldsymbol{W} - \boldsymbol{V}^{\mathrm{T}}\boldsymbol{V} \|^2 \tag{1.7}$$

经过推导可知,谱聚类等价于优化如下目标函数

$$\underset{V^{\mathrm{T}}V=I}{\operatorname{argmin}} \| \boldsymbol{W} - \boldsymbol{V}^{\mathrm{T}}\boldsymbol{V} \|^2 \tag{1.8}$$

可见 SymNMF 放弃了正交约束,但是加上了非负约束。因此,谱聚类是求解规范化划分准则下的 NP 难问题的一种近似方法,SymNMF 也是求解规范化划分准则下的 NP 难问题的一种近似求解方法。

1.2.2 基于图论的半监督学习

定义 1.2 半监督学习(semi-supervised learning) 若训练样本集中仅存在部分标记样本,则此时的学习称为半监督学习。

一直以来,机器学习在图像识别、文本识别等模式识别领域有着广泛的应用。近年来,随着互联网的发展,数据的形式正发生着改变。标记样本变得珍贵和少量,相对的是大量未标记样本随之到来。机器学习面临的新任务是,开发半监督学习算法解决上述问题。

Lippmann 等[20]指出未标记样本可以帮助提高机器学习的效率,随后在1994年,Shahshahani 和 Landgrebe[21]正式提出了半监督学习这一概念。半监督学习通过利用未标记样本所带来的额外信息来提高学习的效率。图 1.1 展示了一个半监督学习的例子,圆形和正方形分别代表两类数据的标记样本,未标记样本由三角形表示,当只考虑标记样本时,得到的分类面由实线表示,当考虑所有样本时得到的分类面由虚线表示。可以发现,考虑所有样本得到的分类面更加合理。

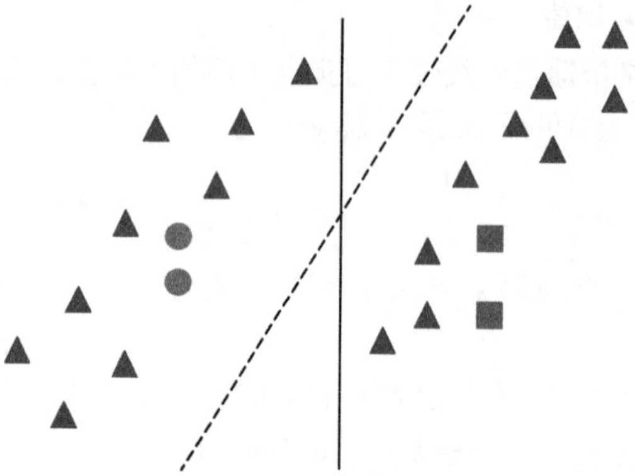

图 1.1　半监督学习示意图

通常把现有的半监督学习方法分为五类：生成式模型[22-23]，自训练[24]，协同训练[7,25]，低密度区域分割[3]，基于图论的半监督学习方法[6]。生成式模型假设不同类别的数据是由不同的“源”产生的，学习的目的是通过训练数据估计参数。自训练（self-training）利用学习器自身的预测来指导学习过程，即认为最置信的那部分预测数据是正确的。协同训练针对数据集有多个视图的情况，利用不同视图进行相互训练。低密度区域分割则假设决策边界位于密度较低的区域。基于图论的半监督学习方法注重全体数据的数据结构，也注重学习器对标记样本的训练误差，其经典方法包括流形正则化、局部和全局一致方法等。

1.2.2.1　流形正则化

流形正则化[6]（manifold regularization）是一种基于图论的半监督学习算法框架，它在基本支持向量机（SVM）[26]的基础上加入了流形正则化项来约束解空间，利用大量未标记数据使得学习器在图上的预测结果更加平滑，令相似的样本点具有相似的预测结果。基本的流形正则化问题可以描述为最小化

$$J(\boldsymbol{f}) = \frac{1}{2}\|\boldsymbol{f}\|_K^2 + c_1 \sum_{t=1}^{T} \boldsymbol{\sigma}_t h(f(x_t), y_t) + c_2 \sum_{i,j=1}^{T} w_{ij} d(f(x_i), f(x_j)) \quad (1.9)$$

其中，$\boldsymbol{f} \in \mathscr{H}_K$，$\|\boldsymbol{f}\|_K^2$是$\boldsymbol{f}$的 RKHS（再生希尔伯特空间）算子，$h$ 是对样本预测标记的损失函数，c_1与 c_2是各项权重，$d(f(x_i), f(x_j))$是描述两点预测值的距离函数，w_{ij}是其所定义的图的边权重，即全连接高斯权重图 $w_{ij} = \mathrm{e}^{-\|x_i - x_j\|^2/2\sigma^2}$ 或 k-NN 二元权重。

1.2.2.2　局部和全局一致方法

最小割法（mincut）[27]是最早出现的基于图论的半监督学习方法，起初是将两类样本分别看作源节点和目标节点进行分割，后来逐渐由两类分割向多类分

割发展。随后，Zhu 等[112]提出高斯场与调和函数方法（Gaussian fields and harmonic functions，GFHF），以得到一个图上的连续预测函数。GFHF 方法不允许对标记样本的分类存在偏差，但 Zhou 等[18]则允许这种偏差的存在，提出了局部和全局一致性方法（learning with local and global consistency，LGC），LGC 方法将偏差作为损失函数项融入目标函数中去，相应的优化问题为

$$\underset{f}{\operatorname{argmin}} \lambda \sum_{i=1}^{l} (f(x_i) - y_i)^2 + \boldsymbol{f}^{\mathrm{T}} \boldsymbol{L} \boldsymbol{f} \tag{1.10}$$

其中，$\lambda>0$ 是软约束；式中第一项是对标记数据的预测偏差惩罚项；第二项是对所有数据的标签预测平滑项；$\boldsymbol{L}$ 是归一化的拉普拉斯矩阵。

1.2.3　基于图论的监督学习

定义 1.3　监督学习（supervised learning）　若训练样本集中的样本标记全部已知，则此时的学习称为监督学习。

在监督学习中，人们希望监督学习的分类器可以显式表达出来，已解决未知样本问题（out-of-sample 问题）。可以显式表达的分类器中，线性映射是最简单也较为有效的分类器，近年来取得了很大的发展，这些方法主要包括局部保持投影（local preserving projection，LPP）[29-30]、邻域保持嵌入（neighborhood preserving embedded，NPE）[31]、线性判别分析（linear discriminant analysis，LDA）[32-33]、间隔 Fisher 分析（marginal fisher analysis，MFA）[34]、局部敏感判别分析（locality sensitive discriminant analysis，LSDA）[35]等。

LPP 是谱聚类方法或拉普拉斯方法的线性化，其目标函数是

$$\underset{\boldsymbol{P}}{\operatorname{argmin}} \operatorname{tr}(\boldsymbol{P}^{\mathrm{T}} \boldsymbol{X} \boldsymbol{L} \boldsymbol{X}^{\mathrm{T}} \boldsymbol{P}) \quad (\boldsymbol{P}^{\mathrm{T}} \boldsymbol{X} \boldsymbol{D} \boldsymbol{X}^{\mathrm{T}} \boldsymbol{P} = \boldsymbol{I}) \tag{1.11}$$

其中，$\boldsymbol{P}^{\mathrm{T}}\boldsymbol{X}=\boldsymbol{V}$ 是输出的响应，$\boldsymbol{L}=\boldsymbol{D}-\boldsymbol{W}$，$D_{ii}=\sum_j w_{ij}$，$\boldsymbol{W}$ 是二元组图。

原始的 LPP 方法并没有使用标记信息，于是许多方法通过使用标记信息改进了 LPP，主要体现在构图上，如判别性局部保持投影（discriminant locality preserving projections，DLPP）[36]。零空间判别性局部保持投影（null space discriminant locality preserving projections，NDLPP）[37]避免了 DLPP 中的小样本问题。基于不同的约束条件，替换 $\boldsymbol{P}^{\mathrm{T}}\boldsymbol{X}\boldsymbol{D}\boldsymbol{X}^{\mathrm{T}}\boldsymbol{P}=\boldsymbol{I}$ 为 $\boldsymbol{P}^{\mathrm{T}}\boldsymbol{X}\boldsymbol{X}^{\mathrm{T}}\boldsymbol{P}=\boldsymbol{I}$，即为正交局部保持投影（OLPP）方法[38]，正交判别局部保持投影（orthogonal discriminant locality preserving projections，ODLPP）[39]则利用标记信息改进了 OLPP。

邻域保持嵌入（neighborhood preserving embedded，NPE）[31]方法的优化目标是

$$\underset{P}{\operatorname{argmin}}\operatorname{tr}(\boldsymbol{P}^{\mathrm{T}}\boldsymbol{X}\boldsymbol{C}\boldsymbol{X}^{\mathrm{T}}\boldsymbol{P}) \quad (\boldsymbol{P}^{\mathrm{T}}\boldsymbol{X}\boldsymbol{X}^{\mathrm{T}}\boldsymbol{P}=\boldsymbol{I}) \tag{1.12}$$

其中，$\boldsymbol{P}^{\mathrm{T}}\boldsymbol{X}=\boldsymbol{V}$ 是输出的响应，$\boldsymbol{C}=\boldsymbol{I}-\boldsymbol{S}-\boldsymbol{S}^{\mathrm{T}}+\boldsymbol{S}^{\mathrm{T}}\boldsymbol{S}$，$\boldsymbol{S}$ 是数据间的重构系数。实际上，经过推导发现 NPE 属于 LPP 的学习框架：通过设定特定的二元组图 $\boldsymbol{W}=\operatorname{diag}(\boldsymbol{S})-\boldsymbol{S}$，$D_{ii}=\sum_{j}w_{ij}$，推导可得 $\boldsymbol{C}=\boldsymbol{D}-\boldsymbol{L}$。

LDA 的目标是寻找一组投影方向，使得映射后样本类间散度最大化且样本类内散度最小化，其目标函数为

$$J(\boldsymbol{W})=\frac{\operatorname{tr}(\boldsymbol{W}^{\mathrm{T}}\boldsymbol{S}_{\mathrm{b}}\boldsymbol{W})}{\operatorname{tr}(\boldsymbol{W}^{\mathrm{T}}\boldsymbol{S}_{\mathrm{w}}\boldsymbol{W})} \tag{1.13}$$

其中，$\boldsymbol{S}_{\mathrm{b}}$ 和 $\boldsymbol{S}_{\mathrm{w}}$ 分别为类间散度矩阵和类内散度矩阵。

MFA[34]在 LDA 的基础之上，重新刻画了类内散度和类间散度的定义，克服了 LDA 认为各类数据均是高斯分布的缺点。LSDA[35]在 LDA 的基础之上，将数据投影到一个子空间中，使具有相同标签且互为邻居的点更加靠近、具有不同标签的样本点更加远离，克服了 LDA 无法挖掘数据局部几何结构的缺点。

上述方法使用的构图方法是二元组图，即将数据关系以矩阵的关系存储，可以看作是图的显式表达。当使用样本对的约束关系作为图时，可看作是图的隐式表达。这时图的作用主要体现在约束上，一个经典的例子就是度量学习方法，度量学习方法也是经典的线性投影方法。一些著名的度量学习（metric learning）方法，如 KISS（keep it simple and straightforward）方法[40]、最大边界近邻学习（large margin nearest neighbor learning，LMNN）[41]和信息论度量学习（information theoretic metric learning，ITML）[42]等，在监督学习领域取得良好的效果。

1.2.4 图构建方法

图的构建方法是基于图论的学习中的重要环节，虽然本书并没有专门研究图构建方法，但这部分内容综述将为后续研究提供有价值的帮助。面向机器学习基本问题的图构建方法包括：经典图学习方法包括基于邻居的构图法［如 k 近邻（KNN）[16]、ε-球邻（ε-球）[43]、数据弯曲（data warping）[44]、局部 PCA（local PCA）[45]和 b-近邻匹配（b-matching neighbor graph）[46]等］；基于挖掘数据局部结构的构图法，如局部线性嵌入（LLE）[11]；基于自表示性的构图法，如稀疏子空间聚类构图法（SSC）[10]、l_1 图法[47]、低秩表示（LRR）构图法[48-49]、最小二乘回归（LSR）构图法[50]以及平滑重表示聚类（SMR 图）构图法[51]等。

假设数据集 $\boldsymbol{X}=[x_1,x_2,\cdots,x_n]\in\mathbf{R}^{d\times n}$，基于自表示性的构图依赖于如下假设

$$X=XZ,\quad \mathrm{diag}(Z)=0 \tag{1.14}$$

其中，$\mathrm{diag}(Z)$表示 Z 的对角线元素，$Z=(Z_{ij})_{i,j=1,2,\cdots,n}\in\mathbf{R}^{n\times n}$表示矩阵，元素$Z_{ij}$表示 x_i和 x_j的相似度。

自表示性构图假设每个样本可以被其他样本线性表示，其线性表示系数即为样本之间的相似度。因为 Z 往往是非对称的，通常进一步构建图如下：$W=(|Z|+|Z^{\mathrm{T}}|)/2$。

稀疏子空间聚（SSC）类构图法将每个样本表示成其他样本的一个线性组合，同时要求由尽可能少的样本来表示一个样本。求解 SSC 构图法的数学表示为

$$\underset{Z}{\mathrm{argmin}}\|Z\|_1 \quad (X=XZ,\ \mathrm{diag}(Z)=0) \tag{1.15}$$

其中，$\|Z\|_1$表示 Z 的 l_1范数，即 $\|Z\|_1=\sum_{i=1}^{n}\sum_{j}^{n}|Z_{ij}|$。

低秩表示（LRR）构图法要求表示矩阵 Z 具有低秩结构，求解 LLR 构图法的数学表示为

$$\underset{Z}{\mathrm{argmin}}\|Z\|_* \quad (X=XZ) \tag{1.16}$$

其中，$\|Z\|_*$表示 Z 的核范数，即 Z 的所有特征值之和。

最小二乘回归构图（LSR）的数学表示如下：

$$\underset{Z}{\mathrm{argmin}}\|Z\|_{\mathrm{F}} \quad (X=XZ,\ \mathrm{diag}(Z)=0) \tag{1.17}$$

其中，$\|Z\|_{\mathrm{F}}$表示 Z 的 Frobenius 范数，$\|Z\|_{\mathrm{F}}=\left(\sum_{i=1}^{n}\sum_{j=1}^{n}Z_{ij}^2\right)^{\frac{1}{2}}$。

如果数据是有噪声的，则 SSC、LRR 及 LSR 构图法都采用如下办法：将约束 $X=XZ$ 拓展为 $X=XZ+\mathscr{S}$。其中，$\mathscr{S}\in\mathbf{R}^{d\times n}$为噪声矩阵。通常不同方法对 $\mathscr{S}$ 的正则化约束不同，主要有以下三种范数形式：$\|\mathscr{S}\|_1$、$\|\mathscr{S}\|_{2,1}$和$\|\mathscr{S}\|_{\mathrm{F}}$。

考虑噪声$\|\mathscr{S}\|_{\mathrm{F}}$，最小二乘回归构图法可表示为

$$\underset{Z}{\mathrm{argmin}}\|X-XZ\|_{\mathrm{F}}^2+\lambda_0\|Z\|_{\mathrm{F}}^2 \tag{1.18}$$

其中，$\lambda_0>0$ 是正则化参数。

平滑重表示聚类构图法（SMR 构图法）拓展了 LSR 构图法，要求表示系数的平滑性，即 $x_i\to x_j$，则 $z_i\to z_j$。其考虑噪声$\|\mathscr{S}\|_{\mathrm{F}}$的数学表示如下

$$\underset{Z}{\mathrm{argmin}}\|X-XZ\|_{\mathrm{F}}^2+\lambda_0\mathrm{tr}(ZLZ^{\mathrm{T}}) \tag{1.19}$$

其中，L 为 $\mathscr{W}$ 的拉普拉斯矩阵，即 $L=D-\mathscr{W}$，$\mathscr{W}$是 KNN 图，D 是一个对角矩阵，且 $D_{ii}=\sum_{j=1}^{n}\mathscr{W}_{ij}$。

基于图论的学习算法的正则化项通常可以写为：$\|\boldsymbol{f}\|_K=\boldsymbol{f}^{\mathrm{T}}\boldsymbol{K}\boldsymbol{f}$，其中 $\boldsymbol{K}$ 是某个核矩阵。值得一提的是，图的拉普拉斯矩阵和核矩阵有密切的关系，例如，文献[52-53]就利用某种谱变换将图的拉普拉斯矩阵转换为更适应于学习的核矩阵。

1.2.5 基于图论的学习方法拓展

一些研究者将基于图论的学习和机器学习中的其他问题结合起来以拓展基于图论的学习方法。目前，许多研究者将协同正则化学习[138]引入基于图论的学习中，假设数据集具有多个充分且条件独立的视图，形成基于多视图的学习方法[140-142]。如前所述，研究者认为基于图论的学习和流形学习在某些情况下是等价的[6]，在数据量较多的时候，一个流形可以通过一个恰当定义的图进行逼近。实际上，流形正则化方法正是用一个图来近似表示流形的。目前，许多基于数据的方法，考虑融合流形正则化项以提高分类器的性能，如非负矩阵分解（nonnegative matrix factorization, NMF）[54-55]、低秩矩阵分解（low rank matrix factorization）[184-185]和稀疏表达（sparse coding）[56-58]等。

基于图论的非负矩阵分解（graph based nonnegative matrix factorization, GNMF）[59-60]在非负矩阵分解的基础之上，融合了流形约束，其优化目标为

$$\underset{U\geqslant 0,V\geqslant 0}{\operatorname{argmin}}\|\boldsymbol{X}-\boldsymbol{U}\boldsymbol{V}^{\mathrm{T}}\|_{\mathrm{F}}^2+\lambda_0\operatorname{tr}(\boldsymbol{V}^{\mathrm{T}}\boldsymbol{L}\boldsymbol{V}) \tag{1.20}$$

其中，$\lambda_0>0$ 是正则化参数，$\boldsymbol{U}=[\boldsymbol{U}_1,\boldsymbol{U}_2,\cdots,\boldsymbol{U}_k]$ 是非负字典矩阵，$\boldsymbol{V}=[\boldsymbol{V}_1,\boldsymbol{V}_2,\cdots,\boldsymbol{V}_n]$ 是非负系数矩阵。

低秩矩阵逼近模型[61]调整了约束条件，提出

$$\underset{U^{\mathrm{T}}U=I,V}{\operatorname{argmin}}\|\boldsymbol{X}-\boldsymbol{U}\boldsymbol{V}^{\mathrm{T}}\|_{\mathrm{F}}^2+\lambda_0\operatorname{tr}(\boldsymbol{V}^{\mathrm{T}}\boldsymbol{L}\boldsymbol{V}) \tag{1.21}$$

基于图论的稀疏表达（graph regularized sparse coding, GSC）[62]，通过融合拉普拉斯正则化项拓展了稀疏表达方法，拉普拉斯正则化项实质是流形学习项，其优化目标函数如下：

$$\begin{gathered}\underset{U,V}{\operatorname{argmin}}\|\boldsymbol{X}-\boldsymbol{U}\boldsymbol{V}^{\mathrm{T}}\|_{\mathrm{F}}^2+\lambda_1\operatorname{tr}(\boldsymbol{V}^{\mathrm{T}}\boldsymbol{L}\boldsymbol{V})+\lambda_2\sum_i\|\boldsymbol{V}_i\|_1\\(\|\boldsymbol{b}_i\|^2\leqslant c,\quad i=1,2,\cdots,k)\end{gathered} \tag{1.22}$$

其中，$\lambda_1>0,\lambda_2>0$ 是正则化参数。

从基于图论的学习思路来看，图学习结合了上述方法并取得了良好的效果。图学习往往被用作流形正则化项来融合一些基于数据自身的学习方法，以此来提高这些方法的性能。另外，从无向图向有向图[28]的拓展丰富了基于

图论的学习内容,这让基于路径传播[157]研究基于图论的学习方法[155]成为可能。

1.2.6 研究现状评述

上述内容总结了基于图论的无监督学习、半监督学习和监督学习,图的构建方法以及基于图论的学习方法拓展的研究现状。可以看到,虽然标记样本的丰富程度是可变的,但是利用数据关系、基于图论的学习思路是不变的。近年来,基于图论的学习受到了研究人员的广泛重视,并进入了一个蓬勃发展的阶段,但是,现有的基于图论的学习研究中,还存在以下问题。

(1) 理论框架问题。现有的基于图论的学习算法主要针对不同的问题,并根据不同问题的自身需要而进行设计,难以进行推广。如果建立基于图论的学习框架模型,在理论框架模型的层面上指导基于图论的学习方法的研究,那么就可以从统一的视角理解不同方法的本质特点和内在联系,进而将研究成果推广到不同的应用领域中去。

(2) 方法设计问题。基于不同问题需求发展基于图论的方法是解决不同问题的关键环节,现有的基于图论的学习方法大多是针对某一种假设而进行的设计,没有分析问题的基本构成要素和成分。例如在基于图论的半监督学习中,认识到它的原问题可以是图划分问题,这对约束条件的放松选择具有重要意义,另外,先验信息的融合设计也因此变得更加清晰。

(3) 实际应用问题。近年来,基于图论的学习算法的研究得到了很大的发展,并主要用于解决人脸识别、图像分割等问题。但是,大多基于图论的学习算法的计算量会随着样本数目的增加而变得很大,这在解决复杂问题时显得力不从心。目前许多有价值的实际问题,如视频安全监控,既是一个复杂问题,也是一个重要问题,因此,如何利用这些方法研究这样一个有价值的实际问题是值得人们关注的。

本书的研究内容正是基于以上问题而展开的。

1.3 本书的主要工作

1.3.1 针对的问题和研究思路

本书针对的问题是:机器学习中的三个基本学习问题,即无监督学习、半监督学习和监督学习问题。在众多机器学习方法中,基于重视数据之间相互关系而非数据本身的思路,本书选择基于图论的学习方法研究上述问题。但是,目前基于图论的学习方法缺乏统一的理论框架模型,这对深刻理解面向机器学习基本问题的基于图论的学习带来了一定的困难。为解决这一问题,本书研究了多种图划分问题,并在图划分准则下构建了统一的基于图论的学习理论框架模型。

在无监督学习中,数据往往无任何标记信息或相似性信息,如何通过无监督学习分析数据的一些基本特征并挖掘数据的潜在结构是基于图论的学习方法面临的第一个问题。为解决这一问题,人们研究了图划分问题的约束条件放松策略,提出了一种基于图论的无监督学习方法。

在半监督学习中,存在数量较多的无标记样本和少量的标记样本,如何通过半监督学习同时使用未标记样本和标记样本来改善学习器的性能,是基于图论的学习方法面临的第二个问题。为解决这一问题,人们研究了先验信息的融入策略,提出了一种基于图论的半监督学习方法。

在监督学习中,数据由训练集和测试集构成,如何通过监督学习利用训练集训练出学习器进而对测试集进行预测是基于图论的学习方法面临的第三个问题。为解决这一问题,人们研究了基于图论的监督学习问题,拓展了岭回归方法,提出了一种基于图论的监督学习方法。

在此基础之上,进一步拓展基于图论的学习方法以提升对机器学习问题的求解能力形成了新的问题。目前一些研究者的思路是将基于图论的学习和机器学习中的其他问题结合起来,如融合多视图的基于图论的学习方法[140-142]、融合非负矩阵分解的基于图论的学习方法[59-60]、融合稀疏分解的基于图论的学习方法[62]、融合低秩矩阵分解的基于图论的学习方法[61]等。受到这些思路的启发,本书在图划分准则下研究了基于图论的协同正则化学习和基于图论的多重正则化学习,以丰富基于图论的学习方法内容。在应用方面,针对公共场景监控视频的聚集性运动度量和分析问题,提出了一种基于路径传播和指数生成函数的基于图论的学习方法,并应用了基于图论的无监督学习方法,这为进一步研究基于图论的学习方法提供了新的前景。

1.3.2 研究内容及贡献

本书进行了基于图论的学习方法理论与应用研究,取得的成果和主要创新点如下。

1. 提出了一种基于图论的学习框架模型

本书总结了基于图论的学习与两种机器学习中的基本假设的关系,分析归纳了不同图划分原问题及其构成要素，通过比传统方法更加恰当地放松图划分原问题（NP 难问题）的约束条件，提出了一种基于图论的学习框架模型。模型的可拓展性强，支持多种图划分准则，使得算法设计具有较大的选择余地。在约束条件放宽的基础上选择严格保持非负性约束，并注重正交性约束和离散性约束。框架模型可以衍生出基于图论的无监督学习、半监督学习、监督学习、协同正则化学习和多重正则化学习等多种学习方法，这部分工作为基于图论的学习建立了理论基础。

2. 提出了一种基于图论的无监督学习方法

基于多种图划分准则研究了多类别无监督学习问题，通过实现约束条件的放松要求，提出了一种有效的基于图论的无监督学习方法。该方法在约束条件中仅保留严格的非负性约束，并通过设计 Logdet 正则化项将解的正交性约束和离散性约束融入目标函数中，最后实现对正交性约束和离散性约束的近似逼近；回顾了以往的相关研究工作中阐述了谱聚类方法和对称非负矩阵分解方法及所提方法的本质区别和联系，设计了相应的求解算法，分析了算法的计算复杂度，并证明了该算法的收敛性，实验验证了算法的无监督聚类效果。这部分工作为分析和设计基于图论的无监督学习算法提供了一个有效方法。

3. 提出了一种基于图论的半监督学习方法

这部分内容的关键是先验信息的融合问题，通过设计先验信息的融入方式，提出了一种基于图论的半监督学习方法。面向半监督分类问题和半监督聚类问题，共提出四种先验信息的融入方式，改善了传统方法融入先验信息受限制和低效的问题；回顾了以往的相关研究工作，发现著名的局部和全局一致性算法可以看作是第 4 章方法的一种简单情况，设计了相应的求解算法，分析了算法的计算复杂度并展示了算法的收敛性，最后实验验证了算法的半监督分类和聚类效果。这部分工作为分析和设计基于图论的半监督学习算法提供了一个有效方法。

4. 提出了一种基于图论的监督学习方法

这部分内容分析了基于图论的监督学习的关键步骤，采用线性投影的方法，通过拓展岭回归方法，提出一种有效的基于图论的监督学习方法，实现对不同类别样本的等距投影，改进了传统的基于图论的监督学习方法中不同类别样本投影后间隔可能无限大的弱点。具体地，通过设计不同的多变量标签矩阵，将岭回归拓展为一种基于图论的监督学习方法。进一步考虑了投影中维度的平滑性和投影矩阵的稀疏性，提出了稀疏平滑岭回归方法，新的标签矩阵构造方法不会降低原始岭回归方法的表现，同时还可以进一步提升稀疏平滑岭回归方法的性能,设计了相应的求解算法,实验验证了算法的监督分类效果。这部分工作为分析和设计基于图论的监督学习算法提供了一个有效方法。

5. 提出了一种基于图论的协同正则化学习方法

这部分研究内容的目的是:利用多个视图改善单视图下的学习性能。通过设计多种数据视图的融合方式,提出了一种有效的基于图论的协同正则化学习方法,该方法提升了基于图论的学习方法学习多视图的能力。面向基于图论的无监督学习或半监督学习问题,提出了六种多视图融合的方式,丰富了基于图论的协同正则化学习方法,设计了相应的求解算法,实验验证了算法的无监督聚类效果。这部分工作为分析和设计基于图论的协同正则化学习算法提供了一个有效方法。

6. 提出了一种基于图论的多重正则化学习方法

这部分内容基于非负矩阵分解天然非负性要求的观察,将非负矩阵分解作为多重正则化项融入第 2 章框架模型中,提出一种有效的基于图论的多重正则化学习方法,该方法提升了基于图论的学习方法在数据表示上的能力,并且可以得到无(半)监督学习中的显式映射;回顾了以往的相关研究工作,设计了相应的求解算法,实验验证了算法在无监督聚类、半监督分类和半监督聚类上的效果。这部分工作为分析和设计基于图论的多重正则化学习算法提供了一个有效方法。

7. 提出了一种基于图论的面向公共视频场景聚集性度量和分析的学习方法

这部分内容面向热点且难度较大的公共视频场景聚集性度量和分析问题,提出了一种基于图论的面向公共视频场景聚集性度量和分析的学习方法。首先,基于图论的学习定义聚集性运动主题;其次,利用路径传播和指数生成函数,提出了一种有效的计算场景聚集度的学习方法;最后,实现对场景的聚集性运动划分,并检验了基于图论的无监督学习方法的效果。该部分内容对国家公共安全具有一定的意义,实验展示了场景聚集性度量和场景聚集性运动划分的效果。

1.4 本书的组织结构

全文共有 8 章:第 1 章为绪论;第 2 章为本书的理论核心和学习框架模型;第 3~8 章为本书学习方法的核心部分,分别介绍基于图论的无监督学习、基于图论的半监督学习、基于图论的监督学习、基于图论的协同正则化学习、基于图论的多重正则化学习与基于图论的公共视频场景聚集性度量及分析。整体的组织结构如图 1.2 所示。

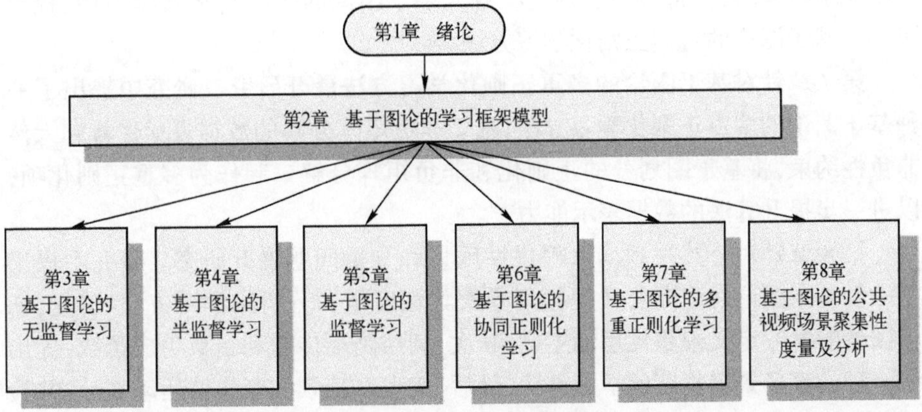

图 1.2　整体组织结构

各章的主要内容可以概括如下。

第 1 章绪论,阐述了本书的研究背景和问题界定,系统回顾和总结了与基于图论的学习相关的国内外研究现状,最后介绍了本书的研究内容及贡献。

第 2 章包括本书的两部分基础理论性内容,第一部分对现有的基于图论的学习问题进行分析和总结,为后续研究工作的开展划定了范围;第二部分提出了一种基于图论的学习框架模型,并定性地分析了如何根据该模型衍生出不同的基于图论的学习方法。

第 3 章针对基于图论的无监督学习方法展开研究。研究中考虑了多种图划分准则,放松了原问题的约束条件,严格保留了非负性,注重稀疏性约束,以合同近似的方法达到正交性约束,提出了一种基于图论的无监督多类别聚类算法,分析了算法复杂度,并证明了算法收敛性。

第 4 章针对基于图论的半监督学习方法展开研究。在基于图论的无监督学习方法基础之上,着重研究了先验信息的融入问题。根据先验信息的不同形式设计了多种先验信息的融入方法,提出了一种基于图论的半监督多类别分类算法,随后分析了算法复杂度。

第 5 章针对基于图论的监督学习方法展开研究。将基于图论的学习转换为岭回归学习问题,通过设计不同的多变量标签矩阵,可以将岭回归看作一种基于图论的监督学习方法。在岭回归的基础之上,进一步考虑了投影中维度的平滑性和投影矩阵的稀疏性,提出了稀疏平滑岭回归方法。

第 6 章针对基于图论的协同正则化学习方法展开研究。同时利用多个视图改善单视图下算法性能的关键在于协同正则化的策略,该章提出了多种协同正则化学习策略,并将协同正则化项融入基于图论的无(半)监督学习中,提出了一种基于图论的协同正则化学习方法。

第 7 章针对基于图论的多重正则化学习方法展开研究。研究中提出了一种基于图论的多重正则化学习方法,基于非负矩阵分解的数据表示优势和天然非负性约束,将基于图划分的正则化和非负矩阵分解一起作为多重正则化项,以进一步提升算法的数据表示能力。

第 8 章针对公共视频场景聚集性度量和分析问题展开研究。研究中提出了一种基于图论的面向公共视频场景聚集性度量和分析的学习方法,首先,基于图论的学习定义聚集性运动主题;其次,利用路径传播和指数生成函数,提出了一种计算场景聚集度的学习方法;最后,实现对场景的聚集性运动划分,并检验了基于图论的无监督学习方法的效果。

第2章

基于图论的学习框架模型

2.1 引 言

数据的差异带来信息,信息是机器学习中最重要的输入之一。对于机器学习而言,除信息之外还有一个非常重要的输入,就是先验假设(priori hypothesis)。先验假设并不是从现有的学习数据中所学习到的,而是对以往数据或其他类型数据特点和规律的一个总结。一个简单的例子就是,自然界许多数据都近似服从正态分布,那么正态分布就可以作为一个先验假设。但是,过强的先验假设往往会面临失效的情况,这反而影响了机器学习的性能。因此,先验假设不仅要有一定的适用性,而且要具有一定的泛化能力。

目前,机器学习有两个重要的先验学习假设:聚类假设和流形假设[24]。它们具有广泛的适用性,下面给出它们的定义。

定义 2.1　聚类假设　属于同一个聚类的样本有较大的可能拥有相同的标签。

定义 2.2　流形假设　相同类别的样本点落在同一个低维的流形上,流形上局部邻域内的样本点具有相似的性质,并有较大的可能拥有相同的标签。

如图 2.1 所示,“物以类聚,人以群分”,聚类假设要求属同一聚类的样本具有相同标签,并不要求某一类样本只属于同一个聚类。

流形假设认为同一类数据是在某一个低维的流形上的,如图 2.2 所示,二维中的数据点可认为落在一个一维的流形上。流形假设对于许多种数据是合理的,特别是对于多媒体数据,如人脸数据、视频数据等。例如,相关研究表明

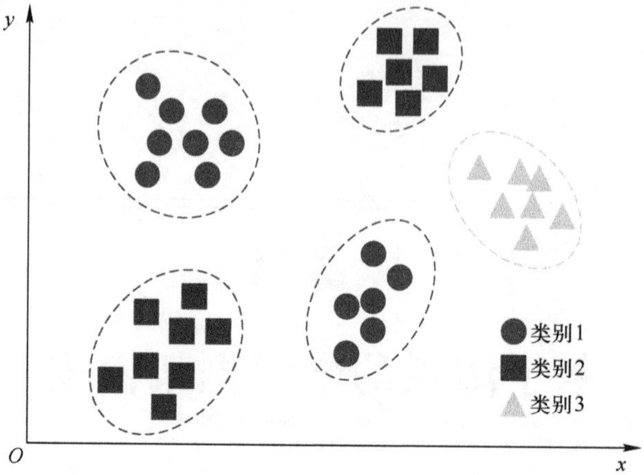

图 2.1　聚类假设示意图

人类分析文本数据的方式实质是学习数据的流形结构[12,16,65]。流形学习也可以用来进行子空间学习(subspace learning)[66-67],或者维数约简(dimensionality reduction)[34,68]。

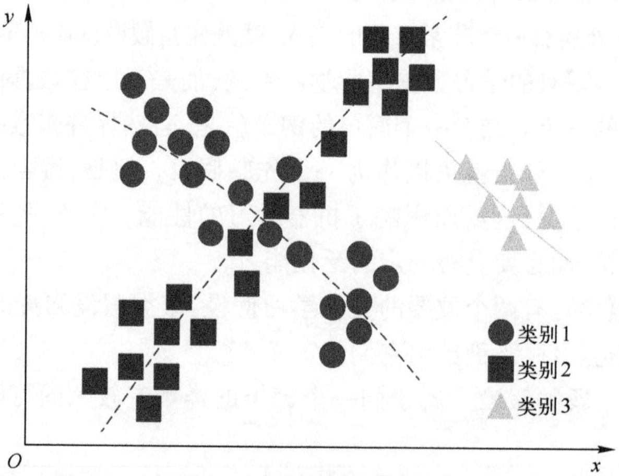

图 2.2　流形假设示意图

这两个假设并不矛盾,实质上都是通过考察数据间的相互关系来考察数据的分布关系,因此具有较强的适用性。流形假设比聚类假设的定义更为宽泛,不仅可以用于聚类分类问题,也可以用于拟合问题[69]。但是,准确刻画嵌入在高维空间中低维流形的数学表达往往是困难的。为解决这一问题,近年来许多研究者通过利用图的理论来求解流形的低维嵌入[70],这是因为图和流形都可以嵌入欧式空间中去研究，并具有很多相似的性质。

利用基于图论的方法同时考察流形假设和聚类假设：①基于图论的方法可以逼近流形，考察了流形假设；②基于图论的方法可以得到数据图，通过图划分可以分析数据的聚类问题，考察了聚类假设。

根据先验知识的丰裕程度，基于图论的学习方式包括无监督学习、半监督学习和监督学习等。基于图论的学习目的包括聚类、分类、降维及映射关系学习等。根据标签样本的数量，基于图论的学习方法的学习形式可以是无监督、半监督和监督的。其中，对于无监督学习，其学习目的可以是聚类问题、降维问题及特征选择问题等；对于半监督学习，其学习目的可以是聚类问题、分类问题、降维问题及特征选择问题；对于监督学习问题，其学习目的可以是映射关系学习问题、分类问题及降维问题等。

如何基于图进行学习呢？如果图规模足够大，那么图学习和复杂网络[71-73]具有相似性，可以通过统计和指标来分析图的一些基本性质，如度分布[72]、平均最短路径[74-75]、介数[76]及聚类系数[77-78]等。在图规模适中的情况下，一个基本的方法是基于图论的划分来分析一个图的性质[79]。实际上，图模型方法主要考察的是数据之间的相互关系，因此可以根据这一特点引入合适的先验假设。本书中基于图论的学习方法所依据的基本先验假设是图的划分准则[10,80-81,84]，即认为图基于数据关系是可划分的，且潜在存在若干个类别。值得说明的是，图划分问题中的图大多是无向图，本书研究的图方法，实质是研究图划分准则下规模适中的无向图研究方法。图的划分问题依赖一个划分准则，目前主要的图划分准则包括最小切[80]、比例切[81]、平均切[82]、最小最大切[83]和规范化切[10]等，本章2.3节将对这些图划分准则进行较为详细的介绍。

本章阐述了基于图论的学习方法，通过基于图论的学习考察两种机器学习假设，总结了多种图划分准则，提出了一种基于图论的学习框架模型（graph based learning framework based on normalized cut）。

2.2　基于图论的学习与两种假设

正如本章2.1节所述，基于图论的学习方法考察了机器学习的两种假设：流形假设和聚类假设。那么这两种假设能给学习带来什么好处呢？

实际上，就流形假设而言，它能够有效解决“维数灾难”（curse of dimensionality）的问题。“维数灾难”问题是机器学习中一个非常著名的问题，即：同一种学习器为了获得相同的泛化性能所需的计算量，与样本维数呈指数级关系。

流形假设认为,高维数据存在一个低维的流形结构,高维空间中一个很小区域的样本点在低维空间中的性质保持不变,因此可以在低维空间中对样本点进行学习,从而避免了维数过高的问题。

对于聚类假设,它强化了对数据关系而非数据本身的学习,即决定样本类别的不是其本身,而是其足够小邻域内的样本类别。

2.2.1 流形假设

流形假设认为在一个低维流形上,局部邻域内的样本点具有相似的性质并有较大的可能拥有相同的标签,流形假设实际上反映了决策函数在样本点上的局部平滑性,定义流形 $\mathscr{M}$ 上的函数 f 为

$$f(x):\mathscr{M}\rightarrow R \tag{2.1}$$

在给出流形正则化问题的数学描述之前,首先介绍一下流形的定义[43,63-64]。

定义 2.3(流形) 拓扑空间 $\mathscr{M}\in\mathbf{R}^D$在满足以下条件时,称 $\mathscr{M}$ 是一个 d 维流形。

(1) $\mathscr{M}$ 是 Hausdorff 拓扑空间,即对于 $\mathscr{M}$ 上任意两点 x 和 x',存在 x 的邻域 U 和 x'的邻域 V,满足 $U\cap V=\varnothing$。

(2)对任意一点 $x\in\mathscr{M}$,存在包含 x 的 d 维坐标邻域(U,φ),(U,φ)为拓扑空间中的开集与其在 $\mathbf{R}^D$的映射 φ 的有序对。

流形和图关系的一个重要表现就是流形正则化[6],实际上,在数据量较多的时候,一个流形可以通过一个恰当定义的图进行逼近,流形正则化的一般形式如下:

$$J(f,X)=\sum_{i,j=1}^{T}w_{ij}d(f(x_i),f(x_j)) \tag{2.2}$$

其中,$d(f(x_i),f(x_j))$是描述两点预测值的距离函数;w_{ij}是定义的图的边权重,即全连接高斯权重图 $w_{ij}=\mathrm{e}^{-\|x_i-x_j\|^2/2\sigma^2}$或 k-NN 二元权重。

2.2.2 聚类假设

在聚类假设下,学习的目标是使决策边界避开数据分布的高密度区域,进而在低密度区域分割数据。

在基于图论的无监督学习中,基于数据的稠密关系划分数据实质是图划分问题的重要依据。稠密关系和数据之间的相似度是密切相关的,一般地,认为数据距离远则具有较低的相似度,距离近则具有较高的相似度。图划分的重要

依据就是,划分组之间的整体相似度较低,划分组内部的整体相似度较高,这与聚类假设是一致的。

在基于图论的半监督学习中,引入了先验信息(或称为标签信息),同时存在标记数据(对)和大量无标记数据。标签信息用来学习算法的决策边界,在聚类假设下无标记数据用来探明数据分布的稀疏和稠密区域,从而指导算法对决策边界进行调整。这与本书中的基于图论的学习方法的假设是一致的,即半监督图划分方法。半监督图划分方法是本书提出的新问题,其实质是通过所有样本的划分结果来提高决策边界的泛化能力。

在基于图论的监督学习中,由于训练样本的标签全部已知,因此可以用样本的标签信息重新衡量样本间的相似关系,即认为标签相同的样本处于同一聚类,标签不同的样本处于不同聚类。这种新的相似关系满足聚类假设,可以用来指导基于图论的监督学习。实际上,目前基于图论的监督学习方法通常是学习一个线性映射,使映射后的数据能够尽量满足样本间新的相似关系。

2.3　图的划分准则

划分准则指根据权重关系,进行样本点的切割和划分。本节简要介绍图划分和切割的基本概念,并建立统一的框架模型。

基于图论的学习方法首先定义一个无向图,记为 $G=(P,E)$。P 是顶点的集合,每个顶点对应一个数据点。$\mathbf{E}$ 是边的集合,边的权值用矩阵 $\boldsymbol{W}=(w_{ij})_{i,j=1,2,\cdots,n}\in\boldsymbol{R}^{n\times n}$ 表示,它反映了数据点间的相似关系。$\boldsymbol{W}$ 是对称矩阵,$\boldsymbol{W}$ 中的元素 w_{ij} 表示顶点 i 和顶点 j 的连边。$w_{ij}=0$ 表示顶点 i 和顶点 j 之间无边连接,$\boldsymbol{W}$ 中的正数 w_{ij} 表示顶点 i 和顶点 j 被一条有权重的边相连。

2.3.1　2 类划分

图划分中一个基本的问题是图的二分(2-way partitioning)问题,即依据某种划分准则将图 G 划分为 $\mathbf{A}$ 和 $\mathbf{B}$ 两个不相交非空点集合,使得 $\mathbf{A}\cup\mathbf{B}=\mathbf{P}$,$\mathbf{A}\cap\mathbf{B}=\varnothing$。

2.3.1.1　最小划分准则

一种直观的划分准则(也称为最小切[80]划分)是:找到一种使得连接两个子图集合 $\mathbf{A}$、$\mathbf{B}$ 的边权值和最小的划分方法,即最小化

$$\mathrm{cut}(\mathbf{A},\mathbf{B})=\sum_{i\in\mathbf{A},j\in\mathbf{B}}\mathrm{w_{ij}} \tag{2.3}$$

对于点集 **P** 中的第 i 个顶点，定义划分指示函数

$$v_i=\begin{cases}1/\sqrt{n}, & i\in\mathbf{A}\\ -1/\sqrt{n}, & i\in\mathbf{B}\end{cases} \tag{2.4}$$

显然有

$$\boldsymbol{v}^{\mathrm{T}}\boldsymbol{v}=1 \tag{2.5}$$

于是，最小化式(2.3)等价于最小化

$$\begin{aligned} J_{\mathrm{Minicut}}(\mathbf{A},\mathbf{B}) &= \frac{1}{2}\sum_{i,j} w_{ij}\ (v_i-v_j)^2 \\ &= \sum_i d_{ii}v_i^2-\sum_{i,j} w_{ij}v_iv_j \\ &= \boldsymbol{v}^{\mathrm{T}}\boldsymbol{D}\boldsymbol{v}-\boldsymbol{v}^{\mathrm{T}}\boldsymbol{W}\boldsymbol{v}=\boldsymbol{v}^{\mathrm{T}}\boldsymbol{L}\boldsymbol{v} \end{aligned} \tag{2.6}$$

其中，$\boldsymbol{v}\triangleq[v_1,v_2,\cdots,v_n]^{\mathrm{T}}$是一个向量，$\boldsymbol{L}\triangleq\boldsymbol{D}-\boldsymbol{W}$，$\boldsymbol{D}$ 是一个对角矩阵，$\boldsymbol{D}=\mathrm{diag}(d_{11},d_{22},\cdots,d_{nn})$，对角线上的元素是 $\boldsymbol{W}$ 对应列(或行)的元素和，即 $d_{ii}=\sum\limits_i w_{ij}$。

在式(2.4)和式(2.5)的约束下求解式(2.6)是困难的，若放松约束条件。舍弃式(2.4)的离散性约束，求解式(2.6)变为

$$\underset{\boldsymbol{v}}{\mathrm{argmin}}\,\boldsymbol{v}^{\mathrm{T}}\boldsymbol{L}\boldsymbol{v}\quad(\boldsymbol{v}^{\mathrm{T}}\boldsymbol{v}=1) \tag{2.7}$$

通过拉格朗日乘子法，只需求解一个特征向量问题

$$\boldsymbol{L}\boldsymbol{v}=\lambda\boldsymbol{v} \tag{2.8}$$

其中，λ 是对应的拉格朗日乘子，式(2.8)最小的非零特征值对应的特征向量即为约束条件放松式(2.6)的解。这种方式的求解带来另一个问题，对于任意常数 c，式(2.6)等价于最小化

$$\frac{1}{2}\sum_{i,j} w_{ij}\ [\,(v_i+c)-(v_j+c)\,]^2 \tag{2.9}$$

因此，在得到式(2.8)的最优解 v^* 之后，没有最佳的阈值对顶点进行划分，通常认为 $\mathbf{A}=\{i\,|\,v_i^*<0\}$，$\mathbf{B}=\{i\,|\,v_i^*\geqslant 0\}$；或者对 v^* 进行升序排列，认为排序后的 v^* 中前一半顶点属于 **A**，后一半顶点属于 **B**。

最小划分准则下的理想划分如图 2.3 所示，边上的数字代表顶点间的权重，数值越大表明顶点间具有越高的相似性，在图 2.3 的 2 类理想划分中，图应当被划分为两个子图，使得连接两个子图间的边权重和最小。但是，从定义上来考察，最小划分仅考虑了不同子图间的连接问题，没有考虑子图的大小平衡问题。因此，当某些点和其他点都具有较小的连接权重时，这些点(可能是噪声点)就会被分成单独的一类，如图 2.4 所示，在这种情况下，最小化划分准则失效。

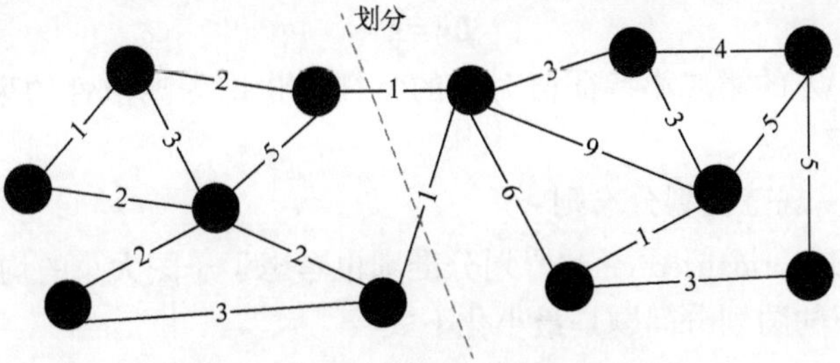

图 2.3　最小切分准则下的理想划分

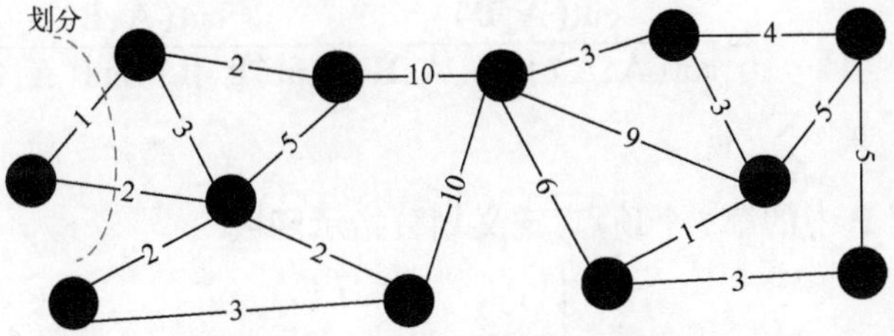

图 2.4　最小切分准则下的失效划分

2.3.1.2　比例划分准则

针对最小划分准则的问题，比例切(ratio cut)[81,84]划分准则考虑了子图大小的均衡约束，比例划分准则下的图划分问题是最小化下式

$$J_{\text{Ratiocut}}(\mathbf{A},\mathbf{B}) \triangleq \frac{\text{cut}(\mathbf{A},\mathbf{B})}{|\mathbf{A}|} + \frac{\text{cut}(\mathbf{A},\mathbf{B})}{|\mathbf{B}|} \tag{2.10}$$

其中，$\text{cut}(\mathbf{A},\mathbf{B}) = \sum_{i\in A, j\in B} w_{ij}$，$|\mathbf{A}|$代表集合 **A** 的势，即集合 **A** 中的顶点个数(**A** 为有限集合，**B** 同 **A**)。

对于点集 **P** 中的第 i 个顶点，定义划分指示函数

$$v_i = \begin{cases} \sqrt{|\mathbf{B}|/|\mathbf{A}|}, & i\in\mathbf{A} \\ -\sqrt{|\mathbf{A}|/|\mathbf{B}|}, & i\in\mathbf{B} \end{cases} \tag{2.11}$$

最小化式(2.10)等价于

$$\underset{v}{\text{argmin}}\frac{\boldsymbol{v}^{\text{T}}\boldsymbol{L}\boldsymbol{v}}{\boldsymbol{v}^{\text{T}}\boldsymbol{v}} \quad (\boldsymbol{v}^{\text{T}}\mathbf{1}=0, \boldsymbol{v}^{\text{T}}\boldsymbol{v}=n, \boldsymbol{v}\text{ 满足式(2.11)}) \tag{2.12}$$

其中，$\mathbf{1}$ 是所有元素为 1 的 $n\times1$ 维向量，$n=|\mathbf{A}|+|\mathbf{B}|$，上述问题为 NP 难问题。如果舍弃式(2.11)的约束，那么式(2.12)是一个瑞利商(Rayleigh quotient)问题[85]且可以转换为求解如下特征向量问题

$$\boldsymbol{Lv}=\lambda \boldsymbol{v} \tag{2.13}$$

式(2.13)λ 的第二小特征值对应的特征向量即为离散性约束条件放松下式(2.12)的解。

2.3.1.3 规范化划分准则

规范化切(normalized cut)[10]划分准则也考虑了子图大小的均衡约束，规范化划分准则下的图划分问题是最小化下式

$$\begin{aligned}J_{\text{Ncut}}(\mathbf{A},\mathbf{B}) &\triangleq \frac{\text{cut}(\mathbf{A},\mathbf{B})}{\text{vol}(\mathbf{A})}+\frac{\text{cut}(\mathbf{A},\mathbf{B})}{\text{vol}(\mathbf{B})}\\ &=\frac{\text{cut}(\mathbf{A},\mathbf{B})}{\text{cut}(\mathbf{A},\mathbf{A})+\text{cut}(\mathbf{A},\mathbf{B})}+\frac{\text{cut}(\mathbf{A},\mathbf{B})}{\text{cut}(\mathbf{B},\mathbf{B})+\text{cut}(\mathbf{A},\mathbf{B})}\end{aligned} \tag{2.14}$$

其中，$\text{vol}(\mathbf{A}) \triangleq \sum\limits_{i\in A,j\in P} w_{ij}$。

对于点集 **P** 中的第 i 个顶点，定义划分指示函数

$$v_i=\begin{cases}1, & i\in\mathbf{A}\\ -\dfrac{\text{vol}(\mathbf{A})}{\text{vol}(\mathbf{B})}, & i\in\mathbf{B}\end{cases} \tag{2.15}$$

最小化式(2.14)等价于

$$\underset{\boldsymbol{v}}{\text{argmin}}\frac{\boldsymbol{v}^{\mathrm{T}}\boldsymbol{Lv}}{\boldsymbol{v}^{\mathrm{T}}\boldsymbol{Dv}} \quad (\boldsymbol{v}^{\mathrm{T}}\boldsymbol{D}\mathbf{1}=0,\boldsymbol{v}\text{ 满足式(2.15)}) \tag{2.16}$$

其中，**1** 是所有元素为 1 的 $n\times1$ 维向量，上述问题为 NP 难问题。如果舍弃式(2.15)的约束，那么式(2.16)是一个瑞利商问题[85]且可以转换为求解如下特征向量问题

$$Lv=\lambda Dv \tag{2.17}$$

式(2.17)λ 的第二小特征值对应的特征向量即为离散性约束条件放宽情况下式(2.16)的解。

2.3.1.4 最小最大划分准则

最小最大(Min-max Cut)[83]划分准则如下：

$$J_{\text{Minmaxcut}}(\mathbf{A},\mathbf{B}) \triangleq \frac{\text{cut}(\mathbf{A},\mathbf{B})}{\text{cut}(\mathbf{A},\mathbf{A})}+\frac{\text{cut}(\mathbf{A},\mathbf{B})}{\text{cut}(\mathbf{B},\mathbf{B})} \tag{2.18}$$

对于点集 **P** 中的第 i 个顶点，定义划分指示函数

$$v_i=\begin{cases}\sqrt{\dfrac{\text{vol}(\mathbf{A})}{\text{vol}(\mathbf{B})}}, & i\in\mathbf{A}\\ \sqrt{\dfrac{\text{vol}(\mathbf{B})}{\text{vol}(\mathbf{A})}}, & i\in\mathbf{B}\end{cases} \tag{2.19}$$

最小化式(2.18)等价于

$$\underset{v}{\operatorname{argmin}} \frac{\boldsymbol{v}^{\mathrm{T}}\boldsymbol{L}\boldsymbol{v}}{\boldsymbol{v}^{\mathrm{T}}\boldsymbol{D}\boldsymbol{v}} \quad (\boldsymbol{v}^{\mathrm{T}}\boldsymbol{D}\boldsymbol{1}=0, v \text{ 满足式(2.19)}) \tag{2.20}$$

上述问题同样为 NP 难问题。如果舍弃 $\boldsymbol{v}$ 满足某个指示函数的离散性约束,根据瑞利商原理,求解式(2.20)只需求解如下问题

$$\boldsymbol{L}\boldsymbol{v}=\lambda\boldsymbol{D}\boldsymbol{v} \tag{2.21}$$

式(2.21)的第二小特征值对应的特征向量即为离散性约束条件放松情况下式(2.20)的解。

2.3.2　多类划分

在 2 类划分的基础之上,一个直观的想法是将 2 类划分问题拓展为多类划分(multi-way partitioning)问题。一般可以采用两种基本的策略:①递归划分,首先将一个图划分为 2 个子图,然后对每个子图再进行一次 2 类划分,重复这个过程,形成一个具有层次结构的划分,最后划分的类别数目可以人为给定,或者用阈值的方式进行控制;②k 类划分(k-way partitioning),根据划分类别 k,直接进行 k 类划分。本节主要介绍 k 类划分方法(最小切),拓展比例划分、规范化划分和最小最大划分准则下的多类($k \geqslant 2$)划分方法。

2.3.2.1　最小划分准则

最小划分准则下的多类划分优化函数为

$$J_{\text{Minicut}}(P_1,P_2,\cdots,P_k)=\sum_{i=1}^{k}\text{cut}(P_i,\overline{P}_i) \tag{2.22}$$

其中,$P_1,P_2,\cdots,P_k$ 是 $P(P_1\cup P_2\cup\cdots\cup P_k=P, P_i\cap P_j=\varnothing, i\neq j$ 且 $P_i\neq\varnothing, i=1,2,\cdots,k)$ 的划分,$\text{cut}(P_i,P_j)\triangleq\sum_{a\in P_i,b\in P_j} w_{ab}$,$\overline{P}_i=P\backslash P_i$ 是 P_i 的补集。

对于点集 P 中的顶点 j,对于第 i 类,定义划分指示函数

$$s_{ij}=\begin{cases}1, & j\in\mathbf{P}_i\\ 0, & j\in\overline{\mathbf{P}}_i\end{cases} \tag{2.23}$$

记 $\boldsymbol{s}_i=[s_{i1},s_{i2},\cdots,s_{in}]^{\mathrm{T}}(i=1,2,\cdots,k)$ 是类别 i 的划分指示函数,有

$$\begin{aligned}\text{cut}(\mathbf{P}_i,\overline{\mathbf{P}}_i) &= \sum_{i\in P_i,j\in\overline{P}_i} w_{ij}=\sum_{i\in P_i,j\in P} w_{ij}-\sum_{i\in P_i,j\in P_i} w_{ij}\\ &=\boldsymbol{s}_i^{\mathrm{T}}\boldsymbol{D}\boldsymbol{s}_i-\boldsymbol{s}_i^{\mathrm{T}}\boldsymbol{W}\boldsymbol{s}_i=\boldsymbol{s}_i^{\mathrm{T}}(\boldsymbol{D}-\boldsymbol{W})\boldsymbol{s}_i\end{aligned} \tag{2.24}$$

其中,$\boldsymbol{D}$ 是一个对角矩阵,对角线上的元素是 $\boldsymbol{W}$ 对应列(或行)的元素和,即 $D_{ii}=\sum_{i} w_{ij}$。

于是,在约束式(2.23)下,最小划分准则下的多类划分优化函数可写为

$$J_{\text{Minicut}}(P_1,P_2,\cdots,P_k)=\sum_{i=1}^{k}\boldsymbol{s}_i^{\mathrm{T}}(\boldsymbol{D}-\boldsymbol{W})\boldsymbol{s}_i \tag{2.25}$$

2.3.2.2 比例划分准则

比例划分准则下的多类划分优化函数为

$$J_{\text{Ratiocut}}(P_1,P_2,\cdots,P_k)=\sum_{i=1}^{k}\frac{\text{cut}(\mathbf{P}_i,\overline{\mathbf{P}}_i)}{|\mathbf{P}_i|} \tag{2.26}$$

其中,$|\mathbf{P}_i|$代表有限集合 $\mathbf{P}_i$的势,即集合 $\mathbf{P}_i$中的顶点个数。

对于点集 $\mathbf{P}$ 中的顶点j,固定第i类,定义划分指示函数

$$s_{ij}=\begin{cases}1, & j\in\mathbf{P}_i\\0, & j\in\overline{\mathbf{P}}_i\end{cases} \tag{2.27}$$

记 $\boldsymbol{s}_i=[s_{i1},s_{i2},\cdots,s_{in}]^{\mathrm{T}}(i=1,2,\cdots,k)$是类别$i$的划分指示函数,有

$$|\mathbf{P}_i|=\boldsymbol{s}_i^{\mathrm{T}}\boldsymbol{s}_i \tag{2.28}$$

于是,在约束式(2.27)下,比例划分准则下的多类划分优化函数可写为

$$J_{\text{Ratiocut}}(P_1,P_2,\cdots,P_k)=\sum_{i=1}^{k}\frac{\boldsymbol{s}_i^{\mathrm{T}}(\boldsymbol{D}-\boldsymbol{W})\boldsymbol{s}_i}{\boldsymbol{s}_i^{\mathrm{T}}\boldsymbol{s}_i} \tag{2.29}$$

记 $\boldsymbol{V}=[\boldsymbol{v}_1,\boldsymbol{v}_2,\cdots,\boldsymbol{v}_k]$,$\boldsymbol{v}_i=\dfrac{\boldsymbol{s}_i}{\|\boldsymbol{s}_i\|}$,式(2.29)变为

$$J_{\text{Ratiocut}}(P_1,P_2,\cdots,P_k)=\sum_{i=1}^{k}\boldsymbol{v}_i^{\mathrm{T}}(\boldsymbol{D}-\boldsymbol{W})\boldsymbol{v}_i=\text{tr}[\boldsymbol{V}^{\mathrm{T}}(\boldsymbol{D}-\boldsymbol{W})\boldsymbol{V}]$$

$$\left(\boldsymbol{V}^{\mathrm{T}}\boldsymbol{V}=\boldsymbol{I}_k,\boldsymbol{v}_i=\frac{\boldsymbol{s}_i}{\|\boldsymbol{s}_i\|},\quad \boldsymbol{s}_i\text{满足式(2.44)}\right) \tag{2.30}$$

其中,tr(·)代表矩阵·的迹,$\boldsymbol{I}_k$代表$k\times k$的单位矩阵。

2.3.2.3 规范化划分准则

规范化划分准则下的多类划分优化函数为

$$J_{\text{Ncut}}(P_1,P_2,\cdots,P_k)=\sum_{i=1}^{k}\frac{\text{cut}(\mathbf{P}_i,\overline{\mathbf{P}}_i)}{\text{vol}(\mathbf{P}_i)} \tag{2.31}$$

其中,$\text{vol}(P_i)\triangleq\sum_{a\in P_i,b\in P}w_{ab}$。

对于点集 $\mathbf{P}$ 中的顶点j,固定第i类,定义划分指示函数

$$s_{ij}=\begin{cases}1, & j\in\mathbf{P}_i\\0, & j\in\overline{\mathbf{P}}_i\end{cases} \tag{2.32}$$

记 $\boldsymbol{s}_i=[s_{i1},s_{i2},\cdots,s_{in}]^{\mathrm{T}}(i=1,2,\cdots,k)$是类别$i$的划分指示函数,有

$$\mathrm{vol}(P_i) = \sum_{i \in P_i, j \in P} w_{ij} = \boldsymbol{s}_i^{\mathrm{T}} \boldsymbol{D} \boldsymbol{s}_i \tag{2.33}$$

于是,在约束式(2.32)下,规范化划分准则下的多类划分优化函数可写为

$$J_{\mathrm{Ncut}}(P_1, P_2, \cdots, P_k) = \sum_{i=1}^{k} \frac{\boldsymbol{s}_i^{\mathrm{T}} (\boldsymbol{D} - \boldsymbol{W}) \boldsymbol{s}_i}{\boldsymbol{s}_i^{\mathrm{T}} \boldsymbol{D} \boldsymbol{s}_i} \tag{2.34}$$

记 $\boldsymbol{V} = [\boldsymbol{v}_1, \boldsymbol{v}_2, \cdots, \boldsymbol{v}_k]$, $\boldsymbol{v}_i = \dfrac{\boldsymbol{s}_i}{\|\boldsymbol{D}^{1/2} \boldsymbol{s}_i\|}$,式(2.34)变为

$$J_{\mathrm{Ncut}}(P_1, P_2, \cdots, P_k) = \sum_{i=1}^{k} \boldsymbol{v}_i^{\mathrm{T}} (\boldsymbol{D} - \boldsymbol{W}) \boldsymbol{v}_i = \mathrm{tr}[\boldsymbol{V}^{\mathrm{T}} (\boldsymbol{D} - \boldsymbol{W}) \boldsymbol{V}]$$

$$\left(\boldsymbol{V}^{\mathrm{T}} \boldsymbol{D} \boldsymbol{V} = \boldsymbol{I}_k, \boldsymbol{v}_i = \frac{\boldsymbol{s}_i}{\|\boldsymbol{D}^{1/2} \boldsymbol{s}_i\|}, \boldsymbol{s}_i \text{满足式(2.32)}\right) \tag{2.35}$$

若记 $\boldsymbol{V} = [\boldsymbol{v}_1, \boldsymbol{v}_2, \cdots, \boldsymbol{v}_k]$, $\boldsymbol{v}_i = \dfrac{\boldsymbol{D}^{1/2} \boldsymbol{s}_i}{\|\boldsymbol{D}^{1/2} \boldsymbol{s}_i\|}$,式(2.34)变为

$$J_{\mathrm{Ncut}}(P_1, P_2, \cdots, P_k) = \mathrm{tr}[\boldsymbol{V}^{\mathrm{T}} (\boldsymbol{I}_n - \boldsymbol{D}^{-1/2} \boldsymbol{W} \boldsymbol{D}^{-1/2}) \boldsymbol{V}]$$

$$\left(\boldsymbol{V}^{\mathrm{T}} \boldsymbol{V} = \boldsymbol{I}_k, \quad \boldsymbol{v}_i = \frac{\boldsymbol{D}^{1/2} \boldsymbol{s}_i}{\|\boldsymbol{D}^{1/2} \boldsymbol{s}_i\|}, \quad \boldsymbol{s}_i \text{满足式(2.32)}\right) \tag{2.36}$$

观察式(2.30)和式(2.36),可以发现比例切和规范化切优化函数的不同仅是矩阵($\boldsymbol{D} - \boldsymbol{W}$)和($\boldsymbol{I}_n - \boldsymbol{D}^{-1/2} \boldsymbol{W} \boldsymbol{D}^{-1/2}$)的区别,通常人们称 $\boldsymbol{L} = \boldsymbol{D} - \boldsymbol{W}$ 为拉普拉斯矩阵,称 $\widetilde{\boldsymbol{L}} = \boldsymbol{I}_n - \boldsymbol{D}^{-1/2} \boldsymbol{W} \boldsymbol{D}^{-1/2}$ 为规范化拉普拉斯矩阵。

2.3.2.4　最小最大划分准则

最小最大划分准则下的多类划分优化函数为

$$J_{\mathrm{Minmaxcut}}(P_1, P_2, \cdots, P_k) = \sum_{i=1}^{k} \frac{\mathrm{cut}(\mathbf{P}_i, \overline{\mathbf{P}}_i)}{\mathrm{cut}(\mathbf{P}_i, \mathbf{P}_i)} \tag{2.37}$$

对于点集 P 中的顶点 j,固定第 i 类,定义划分指示函数

$$s_{ij} = \begin{cases} 1, & j \in \mathbf{P}_i \\ 0, & j \in \overline{P}_i \end{cases} \tag{2.38}$$

记 $\boldsymbol{s}_i = [s_{i1}, s_{i2}, \cdots, s_{in}]^{\mathrm{T}}$ $(i = 1, 2, \cdots, k)$ 是类别 i 的划分指示函数,有

$$\mathrm{cut}(P_i, P_i) = \sum_{i \in P_i, j \in P_i} w_{ij} = \boldsymbol{s}_i^{\mathrm{T}} \boldsymbol{W} \boldsymbol{s}_i \tag{2.39}$$

在约束式(2.38)下,最小最大划分准则下的多类划分优化函数可写为

$$J_{\mathrm{Minmaxcut}}(P_1, P_2, \cdots, P_k) = \sum_{i=1}^{k} \frac{\boldsymbol{s}_i^{\mathrm{T}} (\boldsymbol{D} - \boldsymbol{W}) \boldsymbol{s}_i}{\boldsymbol{s}_i^{\mathrm{T}} \boldsymbol{W} \boldsymbol{s}_i} \tag{2.40}$$

记 $\boldsymbol{V}=[\boldsymbol{v}_1,\boldsymbol{v}_2,\cdots,\boldsymbol{v}_k]$，$\boldsymbol{v}_i=\dfrac{\boldsymbol{s}_i}{\|\boldsymbol{D}^{1/2}\boldsymbol{s}_i\|}$，式(2.40)变为

$$J_{\text{Minmaxcut}}(P_1,P_2,\cdots,P_k)=\sum_{i=1}^{k}\frac{\boldsymbol{v}_i^{\mathrm{T}}(\boldsymbol{D}-\boldsymbol{W})\boldsymbol{v}_i}{\boldsymbol{v}_i^{\mathrm{T}}\boldsymbol{W}\boldsymbol{v}_i}=\sum_{i=1}^{k}\frac{\boldsymbol{v}_i^{\mathrm{T}}\boldsymbol{D}\boldsymbol{v}_i}{\boldsymbol{v}_i^{\mathrm{T}}\boldsymbol{W}\boldsymbol{v}_i}-k$$

$$\left(\boldsymbol{V}^{\mathrm{T}}\boldsymbol{D}\boldsymbol{V}=\boldsymbol{I}_k,\quad \boldsymbol{v}_i=\frac{\boldsymbol{s}_i}{\|\boldsymbol{D}^{1/2}\boldsymbol{s}_i\|},\quad \boldsymbol{s}_i\text{满足式(2.38)}\right) \tag{2.41}$$

若记 $\boldsymbol{V}=[\boldsymbol{v}_1,\boldsymbol{v}_2,\cdots,\boldsymbol{v}_k]$，$\boldsymbol{v}_i=\dfrac{\boldsymbol{D}^{1/2}\boldsymbol{s}_i}{\|\boldsymbol{D}^{1/2}\boldsymbol{s}_i\|}$，式(2.40)变为

$$J_{\text{Minmaxcut}}(P_1,P_2,\cdots,P_k)=\sum_{i=1}^{k}\frac{\boldsymbol{v}_i^{\mathrm{T}}\boldsymbol{v}_i}{\boldsymbol{v}_i^{\mathrm{T}}\boldsymbol{D}^{-1/2}\boldsymbol{W}\boldsymbol{D}^{-1/2}\boldsymbol{v}_i}-k$$

$$\left(\boldsymbol{V}^{\mathrm{T}}\boldsymbol{V}=\boldsymbol{I}_k,\quad \boldsymbol{v}_i=\frac{\boldsymbol{D}^{1/2}\boldsymbol{s}_i}{\|\boldsymbol{D}^{1/2}\boldsymbol{s}_i\|},\quad \boldsymbol{s}_i\text{满足式(2.38)}\right) \tag{2.42}$$

2.3.2.5 小结

上述四种图划分准则下的多类划分优化函数可以写为

$$J_{\text{cut}}(P_1,P_2,\cdots,P_k)=\sum_{i=1}^{k}\frac{\text{cut}(\mathbf{P}_i,\overline{\mathbf{P}}_i)}{\rho(\mathbf{P}_i)} \tag{2.43}$$

$$\rho(\mathbf{P}_i)=\begin{cases}1, & \text{最小切}\\ |\mathbf{P}_i|, & \text{比例切}\\ \text{vol}(\mathbf{P}_i), & \text{规范化切}\\ \text{cut}(\mathbf{P}_i,\mathbf{P}_i), & \text{最小最大切}\end{cases} \tag{2.44}$$

对于点集 P 中的顶点 j，对于第 i 类，定义划分指示函数

$$s_{ij}=\begin{cases}1, & j\in P_i\\ 0, & j\in \overline{P}_i\end{cases} \tag{2.45}$$

记 $\boldsymbol{s}_i=[s_{i1},s_{i2},\cdots,s_{in}]^{\mathrm{T}}(i=1,2,\cdots,k)$ 是类别 i 的划分指示函数，有

$$\text{cut}(\mathbf{P}_i,\overline{\mathbf{P}}_i)=\boldsymbol{s}_i^{\mathrm{T}}(\boldsymbol{D}-\boldsymbol{W})\boldsymbol{s}_i \tag{2.46}$$

$$|\mathbf{P}_i|=\boldsymbol{s}_i^{\mathrm{T}}\boldsymbol{s}_i \tag{2.47}$$

$$\text{vol}(\mathbf{P}_i)=\sum_{i\in P_i,j\in P}w_{ij}=\boldsymbol{s}_i^{\mathrm{T}}\boldsymbol{D}\boldsymbol{s}_i \tag{2.48}$$

$$\text{cut}(\mathbf{P}_i,\mathbf{P}_i)=\sum_{i\in P_i,j\in P_i}w_{ij}=\boldsymbol{s}_i^{\mathrm{T}}\boldsymbol{W}\boldsymbol{s}_i \tag{2.49}$$

通过构建指示划分函数，可以得到优化目标函数式(2.25)(最小切)、式(2.30)(比例切)、式(2.35)(非标准规范化切)、式(2.36)(标准规范化切)、

式(2.41)(非标准最小最大切)和式(2.42)(标准最小最大切)。

以上研究的实质是无向加权图,如果给定一个权重矩阵为 $\boldsymbol{W}$ 的有向加权图(注意 $\boldsymbol{W}\neq\boldsymbol{W}^{\mathrm{T}}$),对于划分 $\mathbf{P}_i,P_j$,可以定义 $\mathrm{cut}(P_i,P_j)=\sum_{i\in P_i,j\in P_j}(w_{ij}+w_{ji})$,$\mathrm{cut}(P_i,P_i)=\sum_{i\in P_i,j\in P_i}(w_{ij}+w_{ji})$。

2.4　基于图论的学习框架模型

在 2.2 节中阐述了基于图论的学习方法与机器学习中的两个重要基本假设的关系,2.3 节列举了两类和多类的图划分准则。本节首先在图划分准则框架下给出了基于图论的学习问题的描述和基本假设,然后分析约束条件放松的方法,最后提出了一种基于图划分准则的基于图论的学习框架模型,最后对构成该学习框架的要素进行了定性分析。

2.4.1　问题描述与基本假设

给定数据集 $\boldsymbol{X}=[x_1,x_2,\cdots,x_n]\in\mathbf{R}^{m\times n}$,代表共有 n 个数据点,所有数据点的维度是 m。若存在样本先验信息,则记先验信息为 $\mathrm{PI}(X)=0$。先验信息可以是样本的类别信息,也可以是样本对的相似及不相似关系。通过数据集和先验信息将数据转换为数据关系图 G 是基于图论的学习的关键环节。记 $G=(P,E)$,其中 P 是图的顶点集合,E 是边的集合,边上的权重可以用相似度矩阵 $\boldsymbol{W}=(w_{ij})_{i,j=1,2,\cdots,n}\in\mathbf{R}^{n\times n}$来度量。

学习的目的是基于数据关系图和先验信息对数据进行进一步的分析、判断或信息挖掘。学习依据的基本假设是 2.3 节中的图划分准则,主要包括比例划分准则、规范化划分准则和最小最大划分准则。因此,基于图论的学习框架模型是一个求解下述问题的过程

$$
\begin{gathered}
\underset{V}{\operatorname{argmin}}\gamma_1\mathcal{O}_{\mathrm{co}}+\gamma_2\mathcal{O}_0(f,X)\\
(\boldsymbol{V}^{\mathrm{T}}\boldsymbol{V}=\boldsymbol{I}_k,\quad \mathrm{PI}(X)=0)
\end{gathered}
\tag{2.50}
$$

其中,$\gamma_1,\gamma_2>0$ 是调谐参数。$\mathcal{O}_{\mathrm{co}}$是一种图划分准则下的协同正则化项,当只利用一个视图时,$\mathcal{O}_{\mathrm{co}}=J_{\mathrm{cut}}(P_1,P_2,\cdots,P_k)$,代表某种图划分准则下的正则化项,可参见式(2.40)、式(2.41)和式(2.42)。$\boldsymbol{V}\in R^{n\times k}$是某种特定的离散划分指示矩阵,其每行只有一个非零元素,$\mathrm{PI}(X)=0$ 为某种先验信息约束。$\mathcal{O}_0(f,X)$为某种和数据本身有关的正则化项,和只与数据关系有关的正则化项 $\mathcal{O}_{\mathrm{co}}$一起被称

为多重正则化项。

2.4.2 约束条件放宽方法

注意问题式(2.50)是一个NP难问题,在正交约束条件 $\boldsymbol{V}^{\mathrm{T}}\boldsymbol{V}=\boldsymbol{I}_k$ 的基础上,$\boldsymbol{V}$ 的离散性约束也是一个很强的约束条件。在多类划分问题中,离散性最优解 $\boldsymbol{V}$ 蕴含了两个必要条件:①$\boldsymbol{V}$ 是非负的;②$\boldsymbol{V}$ 的每一行只有一个非零元素,并具有最大的稀疏度。由于达到离散性约束是困难的,而达到离散约束的两个必要条件是相对容易的。于是,一个合理的折中考虑是:舍弃解的离散性约束,保持解的非负约束和稀疏约束。值得注意的是,非负约束可以被绝对地达到,但是稀疏约束则是一个相对的度量值,即一个解的稀疏程度是可以被调整的。因此,在非负约束和稀疏约束的侧重上,选择严格保持解的非负性,并尽量提高解的稀疏性。若选择同时严格保持解的非负性约束和正交性约束 $\boldsymbol{V}^{\mathrm{T}}\boldsymbol{V}=\boldsymbol{I}_k$,那么解必将是离散的,于是面临的仍是一个NP难问题。因此,同时严格要求解的非负性约束和正交性约束是不可行的。严格要求解的正交性约束则必须完全放弃其非负性约束,但是,严格保持解的非负性约束并不会完全破坏解的正交性约束,实际上,在保持非负约束的基础上,解的正交性约束仍可以被近似地达到。基于上述考虑,可以舍弃解 $\boldsymbol{V}$ 的离散性约束,取而代之的是严格保持解的非负性、尽量提高解的稀疏性并尽量达到解的正交性,则问题式(2.50)变为

$$\underset{\boldsymbol{V}}{\operatorname{argmin}}\gamma_1\mathcal{O}_{\mathrm{co}}+\gamma_2\mathcal{O}_0(f,X)$$

$$\mathrm{PI}(X)=0,\boldsymbol{V}^{\mathrm{T}}\boldsymbol{V}\to\boldsymbol{I}_k,\boldsymbol{V}\geqslant0,\|\tilde{\boldsymbol{v}}_i\|_1\geqslant\delta,i=1,2,\cdots,n \tag{2.51}$$

其中,$0\ll\delta\leqslant1$ 是常数,$\|\tilde{\boldsymbol{v}}_i\|_1$ 代表向量 $\tilde{\boldsymbol{v}}_i$ 的 l_1 范数,即 $\|\tilde{\boldsymbol{v}}_i\|_1=\sum_j|\tilde{v}_{ij}|$。

2.4.3 模型分析

在2.4.2节中,本书提出了一种图划分准则下的基于图论的学习框架模型。可以发现,模型的构成有三个基本要素:①目标函数;②约束条件的放松选择;③目标函数的求解策略。在确定这些要素之后,就可以衍生出不同的具体的基于图论的学习算法。

在目标函数中,$\mathcal{O}_{\mathrm{co}}$ 是某种图划分准则下的协同正则化项,可允许同时学习多个视图。本书遵循循序渐进的原则,首先分析在单视图下的学习问题,然后展开多视图下的协同正则化学习。$\mathrm{PI}(X)=0$ 是某种先验信息,在无监督学习中不考虑这项约束,在半监督学习中考虑部分样本的标签信息,或者部分样本对的相似关系,在监督学习中,先验信息是所有样本的标签信息。$\mathcal{O}_0(f,X)$ 是某

种和数据有关的学习正则化项，本书第 7 章研究了这一问题，出于良好的数据表示优势和天然的非负约束，采用非负矩阵分解作为该正则化项。

由于原目标函数问题是一个 NP 难问题，因此采取约束条件放松是必要的。观察问题的约束条件特点，模型采用严格保持解的非负性约束、注重解的稀疏度约束和近似逼近正交性约束的方法，这是处理约束条件放松问题的一个折中考虑。

目标函数的求解策略是重要的研究工作，主要思路是通过正则化方法将约束项转移到目标函数中去，以进一步降低问题的复杂度，最后设计相应的算法进行解决，具体的求解方法将在后续章节进行描述。

2.5　本章小结

现有的基于图论的学习算法缺乏统一的理论框架，不同算法之间缺乏紧密的联系。本章分析和总结了现有的图划分准则，以图划分准则为基本出发点，研究基于图论的学习问题，提出了一种图划分准则下的基于图论的学习框架模型。该框架模型对图划分原问题（NP 难问题）的约束条件进行了分析，提出了放松约束条件的方法，最大程度保留了必要的约束条件；定性分析了框架模型中的三个要素，即目标函数、约束条件放宽方法及目标函数求解策略，为衍生出不同的基于图论的学习方法提供了基本方法和思路。

本章为基于图论的学习建立了理论基础，本书的主要工作都是基于本章所提的学习框架模型而展开的。

第3章

基于图论的无监督学习

3.1 引　言

基于图论的无监督学习,一个最重要的应用就是聚类分析。传统的聚类方法大多是针对“全维度”(full dimensional)的,面临高维度数据时往往会失效,如k-均值[86]、DBSCAN[87](基于密度的聚类算法)。

基于图论的聚类被广泛地用于许多领域,包括统计学、模式识别、图像处理、社会活动等[10,13,15,81]。与基于中心的聚类方法如k-均值和 Mean-shift 聚类[88-89]不同,基于图论的聚类具有处理非凸的数据分布。基于图论的聚类的问题是将内在相似的单元放在同一个组中,将不相似的单元放置在不同的组中。由于基于图论的学习用图来存储数据,因此基于图论的聚类问题也可以理解为:在图上寻找一组划分,使不同组之间的边具有相对较低的相似度,同一个组间的边具有较高的相似度。

实际上,基于图论的聚类问题往往被看作是图划分或图划分问题[79],一些常用有效的图划分准则包括比例切(radio cut)[81]、最小最大切(minmax cut)[83]和规范化切(ncut)[10]等。这些准则将导致最优解$\boldsymbol{V}$(也被称为划分指示函数)只能取离散值,通常是 0 或者b(b是特定的正值)。于是,寻找最优解问题是 NP 难问题。

回归到技术层面,放宽约束条件是通常采取的方法。一个著名的方法是舍弃离散性约束和非负性约束,允许解在R上取任意值,这种方法就是谱聚类方法(spectral clustering)[10,81]。谱聚类通过计算拉普拉斯矩阵的特征向量进行图划分，是一个较好的解决办法。但是，这种方法依赖于特征向量，假设解的维数是 k，仅当 k 个特征向量足够远时，获得的 k 维子空间才是稳定的[13]。另外，谱聚类方法得到的结果并不是非负的，这与划分指示函数的非负要求是矛盾的。实际上，谱聚类方法仅考虑了正交性约束但忽略了解的非负性和离散性约束。

因此，理想的约束条件放宽需要考虑非负性约束、正交性约束和离散性约束。于是，非负拉普拉斯嵌入（non-negative Laplacian embedding）[90]和对称非负矩阵分解（SymNMF）[19,91]（在严格的正交约束下，SymNMF 等价于谱聚类）可以严格地保持非负性，并尽量达到正交性约束。然而，这些方法中近似正交性约束（$\boldsymbol{V}^{\mathrm{T}}\boldsymbol{V}\approx\boldsymbol{I}_k$，其中 $\boldsymbol{I}_k$ 是 $k\times k$ 的单位矩阵）只是数值上的近似，并不能对最终解提供更加有效的信息。

本章通过合理地放宽图划分问题的约束条件，提出了一种新颖的基于图论的无监督学习方法；回顾了以往的相关研究工作，并指出了与这些研究工作之间的联系和区别。放宽了约束条件之后，基于合同近似逼近是解决所面临的图划分问题的关键。本章提出的方法在时间复杂度上具有优势，实验对比了多种经典聚类学习方法，证明了本章所提方法的有效性。

3.2　基本问题描述与模型定义

3.2.1　基于图论的无监督学习问题描述

考虑无监督学习问题中的数据 $\boldsymbol{X}=[x_1,x_2,\cdots,x_n]\in\mathbf{R}^{m\times n}$，代表共有 n 个数据点，所有数据点的维度是 m，学习目的是将这些数据点依据相似度关系划分为 k 个类别。不失一般性，本章考虑 $k\geqslant 2$ 的多类划分问题。

基于图论的学习可以用一个无向图 G 表示数据 X，记为 $G=(P,E)$，其中，$\mathbf{P}$ 是图的顶点（每个顶点对应一个数据点）集合，$\mathbf{E}$ 是边的集合（两个顶点之间的边衡量它们之间的相似关系）。具体地，数据的相似关系可以用相似度矩阵（或权值矩阵）来度量，记相似度矩阵 $\boldsymbol{W}=(w_{ij})_{i,j=1,2,\cdots,n}\in\mathbf{R}^{n\times n}$，$\boldsymbol{W}$ 是对称矩阵（$\boldsymbol{W}=\boldsymbol{W}^{\mathrm{T}}$）。$\boldsymbol{W}$ 中的正值 w_{ij} 意味着顶点 i 和顶点 j 被一条权重为 w_{ij} 的边连接，权重越大代表边连接的两个顶点相似度越大，如果 $w_{ij}=0$，意味着顶点 i 和顶点 j 之间没有边连接，注意图的顶点无自环，即 $w_{ii}=0$。

基于图论的无监督学习目的是找到 $\mathbf{P}$ 的一组划分 $\{P_1,P_2,\cdots,P_k\}$，使得这些划分非空、互不相交且能够完成对 $\mathbf{P}$ 中所有点的划分，即 $P_1 \cup P_2 \cup \cdots \cup P_k = \mathbf{P}, \mathbf{P}_i \cap \mathbf{P}_j = \varnothing, i \neq j$ 且 $\mathbf{P}_i \neq \varnothing, i=1,2,\cdots,k$。

给定图划分准则 $J_{\mathrm{Cut}}(P_1,P_2,\cdots,P_k)$，寻找划分 $\{P_1,P_2,\cdots,P_k\}$ 等价于优化目标函数

$$\underset{P_1,P_2,\cdots,P_k}{\operatorname{argmin}} J_{\mathrm{Cut}}(P_1,P_2,\cdots,P_k) \tag{3.1}$$

2.3.2 节分析了基于多种图划分准则的多类划分问题，在这些图划分准则中，较为合理的是比例切、最小最大切和规范化切(Ncut)[10]，因此，本章针对这三种图划分准则进行求解。

首先，简单回顾下这几种图划分准则的目标函数。

固定第 i 类，对于点集 $\mathbf{P}$ 中的顶点 j，定义划分指示函数

$$s_{ij} = \begin{cases} 1, & j \in \mathbf{P}_i \\ 0, & j \in \overline{\mathbf{P}}_i \end{cases} \tag{3.2}$$

记 $\boldsymbol{s}_i = [s_{i1}, s_{i2}, \cdots, s_{in}]^{\mathrm{T}} (i=1,2,\cdots,k)$ 是类别 i 的划分指示函数，有

$$J_{\mathrm{Ratiocut}}(P_1,P_2,\cdots,P_k) = \sum_{i=1}^{k} \frac{\boldsymbol{s}_i^{\mathrm{T}}(\boldsymbol{D}-\boldsymbol{W})\boldsymbol{s}_i}{\boldsymbol{s}_i^{\mathrm{T}}\boldsymbol{s}_i} \tag{3.3}$$

$$J_{\mathrm{Ncut}}(P_1,P_2,\cdots,P_k) = \sum_{i=1}^{k} \frac{\boldsymbol{s}_i^{\mathrm{T}}(\boldsymbol{D}-\boldsymbol{W})\boldsymbol{s}_i}{\boldsymbol{s}_i^{\mathrm{T}}\boldsymbol{D}\boldsymbol{s}_i} \tag{3.4}$$

$$J_{\mathrm{Minmaxcut}}(P_1,P_2,\cdots,P_k) = \sum_{i=1}^{k} \frac{\boldsymbol{s}_i^{\mathrm{T}}(\boldsymbol{D}-\boldsymbol{W})\boldsymbol{s}_i}{\boldsymbol{s}_i^{\mathrm{T}}\boldsymbol{W}\boldsymbol{s}_i} \tag{3.5}$$

其中，$\boldsymbol{D}$ 是一个对角矩阵，对角线上元素是 $\boldsymbol{W}$ 对应列(或行)的元素和，即 $D_{ii} = \sum_i w_{ij}$。

记 $\boldsymbol{V} = [\boldsymbol{v}_1, \boldsymbol{v}_2, \cdots, \boldsymbol{v}_k], \boldsymbol{v}_i = \frac{\boldsymbol{s}_i}{\|\boldsymbol{s}_i\|}$，式(3.3)(比例切)的目标函数变为

$$J_{\mathrm{Ratiocut}}(P_1,P_2,\cdots,P_k) = \sum_{i=1}^{k} \boldsymbol{v}_i^{\mathrm{T}}(\boldsymbol{D}-\boldsymbol{W})\boldsymbol{v}_i = \mathrm{tr}[\boldsymbol{V}^{\mathrm{T}}(\boldsymbol{D}-\boldsymbol{W})\boldsymbol{V}]$$
$$\left(\boldsymbol{V}^{\mathrm{T}}\boldsymbol{V} = \boldsymbol{I}_k, \quad \boldsymbol{v}_i = \frac{\boldsymbol{s}_i}{\|\boldsymbol{s}_i\|}\right) \tag{3.6}$$

其中，$\mathrm{tr}(\cdot)$ 代表矩阵 · 的迹，$\boldsymbol{I}_k$ 代表 $k \times k$ 的单位矩阵。

记 $\boldsymbol{V} = [\boldsymbol{v}_1, \boldsymbol{v}_2, \cdots, \boldsymbol{v}_k], \boldsymbol{v}_i = \frac{\boldsymbol{s}_i}{\|\boldsymbol{D}^{1/2}\boldsymbol{s}_i\|}$，式(3.4)(规范化切)的目标函数变为

$$J_{\mathrm{Ncut}}(P_1,P_2,\cdots,P_k) = \sum_{i=1}^{k} \boldsymbol{v}_i^{\mathrm{T}}(\boldsymbol{D}-\boldsymbol{W})\boldsymbol{v}_i = \mathrm{tr}[\boldsymbol{V}^{\mathrm{T}}(\boldsymbol{D}-\boldsymbol{W})\boldsymbol{V}]$$

$$\begin{cases}\boldsymbol{V}^{\mathrm{T}}\boldsymbol{D}\boldsymbol{V}=\boldsymbol{I}_k, & \boldsymbol{v}_i=\dfrac{\boldsymbol{s}_i}{\|\boldsymbol{D}^{1/2}\boldsymbol{s}_i\|}\end{cases} \tag{3.7}$$

若记 $\boldsymbol{V}=[\boldsymbol{v}_1,\cdots,\boldsymbol{v}_k]$，$\boldsymbol{v}_i=\dfrac{\boldsymbol{D}^{1/2}\boldsymbol{s}_i}{\|\boldsymbol{D}^{1/2}\boldsymbol{s}_i\|}$，式(3.4)(规范化切)的目标函数变为

$$J_{\mathrm{Ncut}}(P_1,P_2,\cdots,P_k)=\mathrm{tr}[\boldsymbol{V}^{\mathrm{T}}(\boldsymbol{I}_n-\boldsymbol{D}^{-1/2}\boldsymbol{W}\boldsymbol{D}^{-1/2})\boldsymbol{V}]$$

$$\begin{cases}\boldsymbol{V}^{\mathrm{T}}\boldsymbol{V}=\boldsymbol{I}_k, & \boldsymbol{v}_i=\dfrac{\boldsymbol{D}^{1/2}\boldsymbol{s}_i}{\|\boldsymbol{D}^{1/2}\boldsymbol{s}_i\|}\end{cases} \tag{3.8}$$

式(3.7)称为非标准规范化切，式(3.8)称为标准规范化切。可以发现比例切和标准规范化切优化函数的不同仅是矩阵$(\boldsymbol{D}-\boldsymbol{W})$和$(\boldsymbol{I}_n-\boldsymbol{D}^{-1/2}\boldsymbol{W}\boldsymbol{D}^{-1/2})$的区别，通常人们称 $\boldsymbol{L}=\boldsymbol{D}-\boldsymbol{W}$ 为拉普拉斯矩阵，称$\widetilde{\boldsymbol{L}}=\boldsymbol{I}_n-\boldsymbol{D}^{-1/2}\boldsymbol{W}\boldsymbol{D}^{-1/2}$为规范化拉普拉斯矩阵。

记 $\boldsymbol{V}=[\boldsymbol{v}_1,\boldsymbol{v}_2,\cdots,\boldsymbol{v}_k]$，$\boldsymbol{v}_i=\dfrac{\boldsymbol{s}_i}{\|\boldsymbol{D}^{1/2}\boldsymbol{s}_i\|}$，式(3.5)(最小最大切)变为

$$J_{\mathrm{Minmaxcut}}(P_1,P_2,\cdots,P_k)=\sum_{i=1}^{k}\frac{\boldsymbol{v}_i^{\mathrm{T}}(\boldsymbol{D}-\boldsymbol{W})\boldsymbol{v}_i}{\boldsymbol{v}_i^{\mathrm{T}}\boldsymbol{W}\boldsymbol{v}_i}=\sum_{i=1}^{k}\frac{\boldsymbol{v}_i^{\mathrm{T}}\boldsymbol{D}\boldsymbol{v}_i}{\boldsymbol{v}_i^{\mathrm{T}}\boldsymbol{W}\boldsymbol{v}_i}-k$$

$$\begin{cases}\boldsymbol{V}^{\mathrm{T}}\boldsymbol{D}\boldsymbol{V}=\boldsymbol{I}_k, & \boldsymbol{v}_i=\dfrac{\boldsymbol{s}_i}{\|\boldsymbol{D}^{1/2}\boldsymbol{s}_i\|}\end{cases} \tag{3.9}$$

若记 $\boldsymbol{V}=[\boldsymbol{v}_1,\boldsymbol{v}_2,\cdots,\boldsymbol{v}_k]$，$\boldsymbol{v}_i=\dfrac{\boldsymbol{D}^{1/2}\boldsymbol{s}_i}{\|\boldsymbol{D}^{1/2}\boldsymbol{s}_i\|}$，式(3.5)(最小最大切)变为

$$J_{\mathrm{Minmaxcut}}(P_1,P_2,\cdots,P_k)=\sum_{i=1}^{k}\frac{\boldsymbol{v}_i^{\mathrm{T}}\boldsymbol{v}_i}{\boldsymbol{v}_i^{\mathrm{T}}\boldsymbol{D}^{-1/2}\boldsymbol{W}\boldsymbol{D}^{-1/2}\boldsymbol{v}_i}-\boldsymbol{k}$$

$$\begin{cases}\boldsymbol{V}^{\mathrm{T}}\boldsymbol{V}=\boldsymbol{I}_k, & \boldsymbol{v}_i=\dfrac{\boldsymbol{D}^{1/2}\boldsymbol{s}_i}{\|\boldsymbol{D}^{1/2}\boldsymbol{s}_i\|}\end{cases} \tag{3.10}$$

式(3.9)称为非标准最小最大切，式(3.10)称为标准最小最大切。

由于 $\boldsymbol{s}_i(i=1,2,\cdots,k)$是离散的，所以 $\boldsymbol{v}_i(i=1,2,\cdots,k)$也是离散的，值得注意的是，问题式(3.6)~式(3.10)都是 NP 难问题。

一般地，求解非标准最小最大切时，可以先求解标准最小最大切。记非标准最小最大切的解为 $\boldsymbol{V}_1$，非标准最小最大切的解为 $\boldsymbol{V}_2$，观察式(3.9)、式(3.10)中 $\boldsymbol{s}_i$到 $\boldsymbol{v}_i$的变换，显然有解的变换关系 $\boldsymbol{V}_2=\boldsymbol{D}^{-1/2}\boldsymbol{V}_1$，这个关系对标准规范化切和非标准规范化切同样适用。因此，本章只关注比例切、标准规范化切和标准最小最大切的求解方法。

3.2.2 模型定义

在 3.2.1 节的基础上，本节关注如下三个目标函数式的优化问题，即比例划分、标准规范化划分和标准最小最大划分问题。

比例划分的优化目标是

$$\underset{V}{\operatorname{argmin}}\ \operatorname{tr}(\boldsymbol{V}^{\mathrm{T}}\boldsymbol{L}\boldsymbol{V})$$
$$(\boldsymbol{V}^{\mathrm{T}}\boldsymbol{V}=\boldsymbol{I}_k) \tag{3.11}$$

其中，$\boldsymbol{L}=\boldsymbol{D}-\boldsymbol{W}$ 为拉普拉斯矩阵；$\boldsymbol{W}$ 是相似度矩阵；tr(·)代表矩阵·的迹；$\boldsymbol{I}_k$ 代表 $k\times k$ 的单位矩阵；$\boldsymbol{D}$ 是一个对角矩阵，对角线上的元素是 $\boldsymbol{W}$ 对应列(或行)的元素和，即 $D_{ii}=\sum_i w_{ij}$，$\boldsymbol{V}\in\mathbf{R}^{n\times k}$ 是一个离散划分指示矩阵，如式(3.6)中定义。

标准规范化划分的优化目标是

$$\underset{V}{\operatorname{argmin}}\ \operatorname{tr}(\boldsymbol{V}^{\mathrm{T}}\widetilde{\boldsymbol{L}}\boldsymbol{V})$$
$$(\boldsymbol{V}^{\mathrm{T}}\boldsymbol{V}=\boldsymbol{I}_k) \tag{3.12}$$

其中，$\widetilde{\boldsymbol{L}}=\boldsymbol{I}_n-\boldsymbol{D}^{-1/2}\boldsymbol{W}\boldsymbol{D}^{-1/2}$ 为规范化拉普拉斯矩阵；$\boldsymbol{V}\in\mathbf{R}^{n\times k}$ 是一个离散划分指示矩阵，如式(3.8)中定义。

标准最小最大划分的优化目标是

$$\underset{V}{\operatorname{argmin}}\sum_{i=1}^{k}\frac{\boldsymbol{v}_i^{\mathrm{T}}\boldsymbol{v}_i}{\boldsymbol{v}_i^{\mathrm{T}}\boldsymbol{L}_\alpha\boldsymbol{v}_i}-k$$
$$\boldsymbol{V}^{\mathrm{T}}\boldsymbol{V}=\boldsymbol{I}_k \tag{3.13}$$

其中，$\boldsymbol{v}_i$ 是 $\boldsymbol{V}$ 的第 i 列，$\boldsymbol{V}=[\boldsymbol{v}_1,\boldsymbol{v}_2,\cdots,\boldsymbol{v}_k]\in\mathbf{R}^{n\times k}$ 是一个离散划分指示矩阵，如式(3.10)中定义，记 $\boldsymbol{D}^{-1/2}\boldsymbol{W}\boldsymbol{D}^{-1/2}=\boldsymbol{L}_\alpha$。

注意在 NP 难问题即式(3.11)~式(3.13)中，有两个共同的约束条件，即解的正交性约束 $\boldsymbol{V}^{\mathrm{T}}\boldsymbol{V}=\boldsymbol{I}_k$ 和解的离散性约束。值得注意的是，离散性是一个很强的约束条件，完全放弃这个条件是不合理的，应当在“离散性约束带来难以接受的复杂度”和“舍弃离散性约束是不合理的”这两个方面进行折中考虑。离散性最优解 $\boldsymbol{V}$ 蕴含了两个必要条件：①$\boldsymbol{V}$ 是非负的；②记 $\boldsymbol{V}=[\widetilde{\boldsymbol{v}}_1,\widetilde{\boldsymbol{v}}_2,\cdots,\widetilde{\boldsymbol{v}}_n]$，$\boldsymbol{V}$ 的第 i 行 $\widetilde{\boldsymbol{v}}_i(i=1,2,\cdots,n)$ 只有一个非 0 元素，从稀疏度的角度讲，$\widetilde{\boldsymbol{v}}_i$ 的稀疏度为 1。在 2.4.2 节中分析了约束条件的放宽方法，且论述了同时达到解的正交性约束和解的非负性约束的不可行性，最后选择了严格保持解的非负性、尽量提高解的稀疏性和尽量达到解的正交性的约束条件放宽策略。

基于上述考虑，舍弃解 $\boldsymbol{V}$ 的离散性约束，比例划分式(3.11)的优化目标

变为

$$\underset{V}{\operatorname{argmin}}\ \operatorname{tr}(\boldsymbol{V}^{\mathrm{T}}\boldsymbol{L}\boldsymbol{V})$$

$$(\boldsymbol{V}^{\mathrm{T}}\boldsymbol{V}\to\boldsymbol{I}_k,\quad \boldsymbol{V}\geqslant 0,\quad \|\tilde{\boldsymbol{v}}_i\|_1\geqslant\delta,\quad i=1,2,\cdots,n) \tag{3.14}$$

其中，$0\ll\delta\leqslant 1$ 是一个常数，$\|\tilde{\boldsymbol{v}}_i\|_1$ 代表向量 $\tilde{\boldsymbol{v}}_i$ 的 l_1 范数，即 $\|\tilde{\boldsymbol{v}}_i\|_1=\sum_j|\tilde{v}_{ij}|$。

类似地，标准规范化划分式(3.12)的优化目标变为

$$\underset{V}{\operatorname{argmin}}\ \operatorname{tr}(\boldsymbol{V}^{\mathrm{T}}\tilde{\boldsymbol{L}}\boldsymbol{V})$$

$$(\boldsymbol{V}^{\mathrm{T}}\boldsymbol{V}\to\boldsymbol{I}_k,\quad \boldsymbol{V}\geqslant 0,\quad \|\tilde{\boldsymbol{v}}_i\|_1\geqslant\delta,\quad i=1,2,\cdots,n) \tag{3.15}$$

舍弃常数项 k，标准最小最大划分式(3.13)的优化目标变为

$$\underset{V}{\operatorname{argmin}}\sum_{i=1}^{k}\frac{\boldsymbol{v}_i^{\mathrm{T}}\boldsymbol{v}_i}{\boldsymbol{v}_i^{\mathrm{T}}\boldsymbol{D}^{-1/2}\boldsymbol{W}\boldsymbol{D}^{-1/2}\boldsymbol{v}_i}$$

$$(\boldsymbol{V}^{\mathrm{T}}\boldsymbol{V}\to\boldsymbol{I}_k,\quad \boldsymbol{V}\geqslant 0,\quad \|\tilde{\boldsymbol{v}}_i\|_1\geqslant\delta,\quad i=1,2,\cdots,n) \tag{3.16}$$

3.3　基于图论的无监督学习算法框架

本节针对3.2.2节的模型定义，研究求解问题式(3.14)~式(3.16)的算法框架。针对式(3.14)~式(3.16)中约束条件复杂且难以求解的问题，采用正则化方法[92-93]的思路，使用Logdet散度和合同近似的思路，简化原问题中的约束条件项，提出一种高效的基于合同近似的基于图论的学习算法框架。

在式(3.14)~式(3.16)中，一个重要的约束条件是 $\boldsymbol{V}^{\mathrm{T}}\boldsymbol{V}=\boldsymbol{I}_k$，一个常用的求解方法是将这个约束条件作为一个正则化项放入优化目标中去，但是，应当尽力提高这一过程的质量。同时，稀疏性约束也是一个棘手的问题，本节提出一种有效的正则化手段解决这些问题。

3.3.1　Logdet 正则化

首先介绍Logdet散度，Logdet散度也被称为斯坦因损失(Stein's loss)[94]，定义如下：

$$D_{\mathrm{ld}}(\boldsymbol{A},\boldsymbol{A}_0)=\operatorname{tr}(\boldsymbol{A}\boldsymbol{A}_0^{-1})-\operatorname{logdet}(\boldsymbol{A}\boldsymbol{A}_0^{-1})-n \tag{3.17}$$

其中，$\boldsymbol{A},\boldsymbol{A}_0$ 是 $n\times n$ 的矩阵。Logdet散度具有许多良好的性质[95-96]，如

(1) 尺度不变形。满足 $D_{\mathrm{ld}}(\boldsymbol{A},\boldsymbol{A}_0)=D_{\mathrm{ld}}(\alpha\boldsymbol{A},\alpha\boldsymbol{A}_0)$，其中，$\alpha>0$。

(2) 转换不变形。对于任意可逆矩阵 $\boldsymbol{B}$，有 $D_{\mathrm{ld}}(\boldsymbol{A},\boldsymbol{A}_0)=D_{\mathrm{ld}}(\boldsymbol{B}^{\mathrm{T}}\boldsymbol{A}\boldsymbol{B},\boldsymbol{B}^{\mathrm{T}}\boldsymbol{A}_0\boldsymbol{B})$。

(3) 秩空间保持。当且仅当 $\mathrm{rank}(\boldsymbol{A})=\mathrm{rank}(\boldsymbol{A}_0)$ 时，$D_{\mathrm{ld}}(\boldsymbol{A},\boldsymbol{A}_0)$ 是有限的。

考虑如下正则化项

$$R\equiv \mathrm{tr}(\boldsymbol{V}^{\mathrm{T}}\boldsymbol{V})-\mathrm{logdet}(\boldsymbol{V}^{\mathrm{T}}\boldsymbol{V}) \tag{3.18}$$

它是一个严格的凸函数[95]，并且是 Logdet 散度的一种特殊情况，通过简单的运算可知 $D_{\mathrm{ld}}(\boldsymbol{V}^{\mathrm{T}}\boldsymbol{V},\boldsymbol{I})=R$。

注意，当且仅当 $\mathrm{rank}(\boldsymbol{V}^{\mathrm{T}}\boldsymbol{V})=\mathrm{rank}(\boldsymbol{I})=k$ 时，$D_{\mathrm{ld}}(\boldsymbol{V}^{\mathrm{T}}\boldsymbol{V},\boldsymbol{I})$ 才是有限的，优化 $D_{\mathrm{ld}}(\boldsymbol{V}^{\mathrm{T}}\boldsymbol{V},\boldsymbol{I})$ 意味着 $\boldsymbol{V}^{\mathrm{T}}\boldsymbol{V}$ 需要是半正定的。更进一步，正则化项 R 将使 $\mathrm{rank}(\boldsymbol{V})=k$。在函数 $R=\mathrm{tr}(\boldsymbol{V}^{\mathrm{T}}\boldsymbol{V})-\mathrm{logdet}(\boldsymbol{V}^{\mathrm{T}}\boldsymbol{V})$ 中，不需要担心 $\boldsymbol{V}^{\mathrm{T}}\boldsymbol{V}$ 半正定性的约束，因为在优化过程中这一约束会自动达到[95]。

3.3.2 学习框架

将正则化项 $R=D_{\mathrm{ld}}(\boldsymbol{V}^{\mathrm{T}}\boldsymbol{V},\boldsymbol{I})$ 放入优化目标中去，并舍弃强约束 $\boldsymbol{V}^{\mathrm{T}}\boldsymbol{V}=\boldsymbol{I}_k$，是正则化过程的关键一步。正则化项 R 不仅要求 $\boldsymbol{V}^{\mathrm{T}}\boldsymbol{V}$ 在数值上更加接近 $\boldsymbol{I}_k$，而且要求 $\boldsymbol{V}^{\mathrm{T}}\boldsymbol{V}$ 和 $\boldsymbol{I}_k$ 是合同的，也就是说使得 $\boldsymbol{V}^{\mathrm{T}}\boldsymbol{V}$ 和 $\boldsymbol{I}_k$ 具有相同的秩和相同个数的正特征值[97]。

另外，正则化项 $R=D_{\mathrm{ld}}(\boldsymbol{V}^{\mathrm{T}}\boldsymbol{V},\boldsymbol{I})$ 将导致 $\widetilde{\boldsymbol{v}}_i(i=1,2,\cdots,n)$ 是稀疏的，因此可以舍弃稀疏性约束。

式(3.14)~式(3.16)变为

$$\underset{\boldsymbol{V}\geqslant 0}{\mathrm{argmin}}\ \mathrm{tr}(\boldsymbol{V}^{\mathrm{T}}\boldsymbol{L}\boldsymbol{V})+\lambda R \tag{3.19}$$

$$\underset{\boldsymbol{V}\geqslant 0}{\mathrm{argmin}}\ \mathrm{tr}(\boldsymbol{V}^{\mathrm{T}}\widetilde{\boldsymbol{L}}\boldsymbol{V})+\lambda R \tag{3.20}$$

$$\underset{\boldsymbol{V}\geqslant 0}{\mathrm{argmin}}\sum_{i=1}^{k}\frac{\boldsymbol{v}_i^{\mathrm{T}}\boldsymbol{v}_i}{\boldsymbol{v}_i^{\mathrm{T}}\boldsymbol{L}_\alpha\boldsymbol{v}_i}+\lambda R \tag{3.21}$$

其中，$\boldsymbol{L}=\boldsymbol{D}-\boldsymbol{W}$ 是拉普拉斯矩阵；$\widetilde{\boldsymbol{L}}=\boldsymbol{I}_n-\boldsymbol{D}^{-1/2}\boldsymbol{W}\boldsymbol{D}^{-1/2}$ 是规范化拉普拉斯矩阵，记 $\boldsymbol{L}_\alpha=\boldsymbol{D}^{-1/2}\boldsymbol{W}\boldsymbol{D}^{-1/2}=\boldsymbol{I}_n-\widetilde{\boldsymbol{L}}$。正则化参数 $\lambda>0$ 保证了 $\boldsymbol{V}^{\mathrm{T}}\boldsymbol{V}$ 和 $\boldsymbol{I}_k$ 之间的合同性约束，同时 λ 也控制了解 $\boldsymbol{V}$ 的稀疏性。

使用正则化项 $R=\mathrm{tr}(\boldsymbol{V}^{\mathrm{T}}\boldsymbol{V})-\mathrm{logdet}(\boldsymbol{V}^{\mathrm{T}}\boldsymbol{V})$ 是将正交性约束和稀疏性约束正则化到目标函数的一个新颖的方法，本节算法框架严格保持了非负性，最终得到的解具有软聚类特点，即一个数据点可以以不同置信度被分到若干个类中去。另外，通过参数调整可以调节本节算法框架下所得解的稀疏度。

3.4 基于图论的无监督学习算法

3.3 节提出了一种基于图论的无监督学习算法框架，本节进一步研究学习算法求解式(3.19)~式(3.21)。

3.4.1　迭代法

3.4.1.1　比例切

式(3.19)(比例切)的目标函数可以写为

$$\mathcal{O}_{\text{Ratiocut}}=\text{tr}(\boldsymbol{V}^{\text{T}}\boldsymbol{L}\boldsymbol{V}+\lambda\boldsymbol{V}^{\text{T}}\boldsymbol{V})-\lambda\text{logdet}(\boldsymbol{V}^{\text{T}}\boldsymbol{V}) \tag{3.22}$$

记 ϕ_{jk} 是约束 $v_{jk}\geqslant 0$ 的拉格朗日乘子,另外,记 $\boldsymbol{\Phi}=[\phi_{jk}]$,式(3.22)的拉格朗日函数 $\mathcal{L}_{\text{Ratiocut}}$ 可以写为

$$\mathcal{L}_{\text{Ratiocut}}=\text{tr}(\boldsymbol{V}^{\text{T}}\boldsymbol{L}\boldsymbol{V})+\lambda\text{tr}(\boldsymbol{V}^{\text{T}}\boldsymbol{V})-\lambda\text{logdet}(\boldsymbol{V}^{\text{T}}\boldsymbol{V})+\text{tr}(\boldsymbol{\Phi}\boldsymbol{V}^{\text{T}}) \tag{3.23}$$

$\mathcal{L}_{\text{Ratiocut}}$ 对 $\boldsymbol{V}$ 求导,有

$$\frac{\partial\mathcal{L}_{\text{Ratiocut}}}{\partial\boldsymbol{V}}=2\boldsymbol{L}\boldsymbol{V}+2\lambda\boldsymbol{V}-2\lambda\boldsymbol{V}(\boldsymbol{V}^{\text{T}}\boldsymbol{V})^{-1}+\boldsymbol{\Phi} \tag{3.24}$$

使用 KKT 条件[98] $\phi_{jk}v_{jk}=0$,可得关于 v_{jk} 的如下等式

$$(\boldsymbol{L}\boldsymbol{V})_{jk}v_{jk}+\lambda\boldsymbol{V}_{jk}v_{jk}-\lambda(\boldsymbol{V}(\boldsymbol{V}^{\text{T}}\boldsymbol{V})^{-1})_{jk}v_{jk}=0 \tag{3.25}$$

根据上述等式,可得如下更新规则

$$v_{jk}\leftarrow v_{jk}\frac{(\boldsymbol{L}^{-}\boldsymbol{V}+\lambda[\boldsymbol{V}(\boldsymbol{V}^{\text{T}}\boldsymbol{V})^{-1}]^{+})_{jk}}{(\boldsymbol{L}^{+}\boldsymbol{V}+\lambda\boldsymbol{V}+\lambda[\boldsymbol{V}(\boldsymbol{V}^{\text{T}}\boldsymbol{V})^{-1}]^{-})_{jk}} \tag{3.26}$$

其中,一个矩阵 $\boldsymbol{B}$ 被写成正负两个部分:$\boldsymbol{B}_{ik}^{+}=(|\boldsymbol{B}_{ik}|+\boldsymbol{B}_{ik})/2$,$\boldsymbol{B}_{ik}^{-}=(|\boldsymbol{B}_{ik}|-\boldsymbol{B}_{ik})/2$。注意,如果 $\boldsymbol{W}\geqslant 0$(通常要求 $\boldsymbol{W}$ 非负),可知对于比例切而言,有 $\boldsymbol{L}^{+}=\boldsymbol{D}$,$\boldsymbol{L}^{-}=\boldsymbol{W}$。

3.4.1.2　标准规范化切

对于标准规范化划分同理式(3.20),将 $\boldsymbol{L}$ 替换为 $\widetilde{\boldsymbol{L}}$,其目标函数可以写为

$$\mathcal{O}_{\text{Ncut}}=\text{tr}(\boldsymbol{V}^{\text{T}}\widetilde{\boldsymbol{L}}\boldsymbol{V}+\lambda\boldsymbol{V}^{\text{T}}\boldsymbol{V})-\lambda\text{logdet}(\boldsymbol{V}^{\text{T}}\boldsymbol{V}) \tag{3.27}$$

对照比例切的更新规则,式(3.20)(标准规范化切)的更新规则为

$$v_{jk}\leftarrow v_{jk}\frac{(\widetilde{\boldsymbol{L}}^{-}\boldsymbol{V}+\lambda[\boldsymbol{V}(\boldsymbol{V}^{\text{T}}\boldsymbol{V})^{-1}]^{+})_{jk}}{(\widetilde{\boldsymbol{L}}^{+}\boldsymbol{V}+\lambda\boldsymbol{V}+\lambda[\boldsymbol{V}(\boldsymbol{V}^{\text{T}}\boldsymbol{V})^{-1}]^{-})_{jk}} \tag{3.28}$$

其中,$\widetilde{\boldsymbol{L}}^{+}=\boldsymbol{I}_n$,$\widetilde{\boldsymbol{L}}^{-}=\boldsymbol{D}^{-1/2}\boldsymbol{W}\boldsymbol{D}^{-1/2}=\boldsymbol{L}_{\alpha}$。

3.4.1.3　标准最小最大切

对于标准最小最大切式(3.21),其优化目标函数为

$$\mathcal{O}_{\text{Minmaxcut}}=\sum_{i=1}^{k}\frac{\boldsymbol{v}_i^{\text{T}}\boldsymbol{v}_i}{\boldsymbol{v}_i^{\text{T}}\boldsymbol{L}_{\alpha}\boldsymbol{v}_i}+\lambda\boldsymbol{R} \tag{3.29}$$

记 ϕ_{jk}是约束 $v_{jk}\geqslant 0$ 的拉格朗日乘子,另外,记 $\boldsymbol{\Phi}=[\phi_{jk}]$,式(3.29)的拉格朗日函数 $\mathcal{L}_{\text{Minmaxcut}}$可以写为

$$\mathcal{L}_{\text{Minmaxcut}}=\sum_{i=1}^{k}\frac{\boldsymbol{v}_i^{\mathrm{T}}\boldsymbol{v}_i}{\boldsymbol{v}_i^{\mathrm{T}}\boldsymbol{L}_\alpha\boldsymbol{v}_i}+\lambda\operatorname{tr}(\boldsymbol{V}^{\mathrm{T}}\boldsymbol{V})-\lambda\operatorname{logdet}(\boldsymbol{V}^{\mathrm{T}}\boldsymbol{V})+\operatorname{tr}(\boldsymbol{\Phi}\boldsymbol{V}^{\mathrm{T}}) \quad (3.30)$$

$\mathcal{L}_{\text{Minmaxcut}}$对 $\boldsymbol{V}$ 求导,有

$$\frac{\partial\mathcal{L}_{\text{Minmaxcut}}}{\partial\boldsymbol{V}}=2(\boldsymbol{V}_\beta-\boldsymbol{L}_\alpha\boldsymbol{V}_\gamma)+2\lambda\boldsymbol{V}-2\lambda\boldsymbol{V}(\boldsymbol{V}^{\mathrm{T}}\boldsymbol{V})^{-1}+\boldsymbol{\Phi} \quad (3.31)$$

其中

$$\boldsymbol{V}_\beta=\left[\frac{1}{\boldsymbol{v}_1^{\mathrm{T}}\boldsymbol{L}_\alpha\boldsymbol{v}_1}\boldsymbol{v}_1,\frac{1}{\boldsymbol{v}_2^{\mathrm{T}}\boldsymbol{L}_\alpha\boldsymbol{v}_2}\boldsymbol{v}_2,\cdots,\frac{1}{\boldsymbol{v}_k^{\mathrm{T}}\boldsymbol{L}_\alpha\boldsymbol{v}_k}\boldsymbol{v}_k\right] \quad (3.32)$$

$$\boldsymbol{V}_\gamma=\left[\frac{\boldsymbol{v}_1^{\mathrm{T}}\boldsymbol{v}_1}{(\boldsymbol{v}_1^{\mathrm{T}}\boldsymbol{L}_\alpha\boldsymbol{v}_1)^2}\boldsymbol{v}_1,\frac{\boldsymbol{v}_2^{\mathrm{T}}\boldsymbol{v}_2}{(\boldsymbol{v}_2^{\mathrm{T}}\boldsymbol{L}_\alpha\boldsymbol{v}_2)^2}\boldsymbol{v}_2,\cdots,\frac{\boldsymbol{v}_k^{\mathrm{T}}\boldsymbol{v}_k}{(\boldsymbol{v}_k^{\mathrm{T}}\boldsymbol{L}_\alpha\boldsymbol{v}_k)^2}\boldsymbol{v}_k\right] \quad (3.33)$$

使用 KKT 条件[98] $\phi_{jk}v_{jk}=0$,可得关于 v_{jk}的如下等式

$$(\boldsymbol{V}_\beta-\boldsymbol{L}_\alpha\boldsymbol{V}_\gamma)_{jk}\boldsymbol{v}_{jk}+\lambda\boldsymbol{V}_{jk}\boldsymbol{v}_{jk}-\lambda(\boldsymbol{V}(\boldsymbol{V}^{\mathrm{T}}\boldsymbol{V})^{-1})_{jk}v_{jk}=0 \quad (3.34)$$

注意 $\boldsymbol{L}_\alpha=\boldsymbol{D}^{-1/2}\boldsymbol{W}\boldsymbol{D}^{-1/2}$非负,根据上述等式,可得如下更新规则

$$v_{jk}\leftarrow v_{jk}\frac{(\boldsymbol{L}_\alpha\boldsymbol{V}_\gamma+\lambda[\boldsymbol{V}(\boldsymbol{V}^{\mathrm{T}}\boldsymbol{V})^{-1}]^{+})_{jk}}{(\boldsymbol{V}_\beta+\lambda\boldsymbol{V}+\lambda[\boldsymbol{V}(\boldsymbol{V}^{\mathrm{T}}\boldsymbol{V})^{-1}]^{-})_{jk}} \quad (3.35)$$

3.4.2 算法收敛性

命题 3.1 在更新规则式(3.26)、式(3.28)和式(3.35)下,对应的式(3.22)、式(3.27)和式(3.29)中的目标函数 $\mathcal{O}$ 是非增的。当且仅当 $\boldsymbol{V}$ 在一个稳定点时,更新规则式(3.26)、式(3.28)和式(3.35)下对应的式(3.22)、式(3.27)和式(3.29)中的目标函数是不变的。

现在,需要证明 $\mathcal{O}$ 在更新规则式(3.26)、式(3.28)和式(3.35)下是非增的,受到期望最大化算法(expectation maximization algorithm)[99]启发,本节利用辅助函数(auxiliary function)进行证明。

定义 3.1 $G(v,v')$是 $F(v)$的辅助函数的满足条件为

$$G(v,v')\geqslant F(v),\quad G(v,v)=F(v) \quad (3.36)$$

根据定义 3.1,可以给出如下一个重要的引理。

引理 3.1 如果 G 是 F 的辅助函数,那么 F 在下面的更新下是非增的

$$v^{t+1}=\underset{v}{\operatorname{argmin}}\,G(v,v^t) \quad (3.37)$$

证明:

$$F(v^{t+1})\leqslant G(v^{t+1},v^t)\leqslant G(v^t,v^t)=F(v^t)$$ ■

证明完毕。

现在,将证明给定一个合适的辅助函数,式(3.26)、式(3.28)和式(3.35)中 $\boldsymbol{V}$ 的更新实质上等价于式(3.37)的更新。考虑 $\boldsymbol{V}$ 中的任意元素 v_{ab},使用 F_{ab} 表示 $\mathcal{O}$($\mathcal{O}_{\text{Ratiocut}}$,$\mathcal{O}_{\text{Ncut}}$ 和 $\mathcal{O}_{\text{Minmaxcut}}$)中与 v_{ab} 相关的一部分。现在分别证明比例切、标准规范化切和标准最小最大切在更新规则式(3.26)、式(3.28)和式(3.35)下的收敛性。

3.4.2.1　比例切

对于式(3.19)(比例切),有

$$F'_{ab}=\left(\frac{\partial\,\mathcal{O}_{\text{Ratiocut}}}{\partial\,\boldsymbol{V}}\right)_{ab}=(2\boldsymbol{L}\boldsymbol{V}+2\lambda\boldsymbol{V}-2\lambda\boldsymbol{V}(\boldsymbol{V}^{\mathrm{T}}\boldsymbol{V})^{-1})_{ab}\tag{3.38}$$

$$F''_{ab}=(2\boldsymbol{L}+2\lambda\boldsymbol{I})_{aa}+2\lambda Q_{ab}\tag{3.39}$$

其中,$Q_{ab}=(EL)_{ab}[(\boldsymbol{V}^{\mathrm{T}}\boldsymbol{V})^{-1}]_{ab}-[\boldsymbol{V}(\boldsymbol{V}^{\mathrm{T}}\boldsymbol{V})^{-1}\boldsymbol{V}^{\mathrm{T}}]_{ab}(EL)_{ab}[(\boldsymbol{V}^{\mathrm{T}}\boldsymbol{V})^{-1}]_{ab}-[\boldsymbol{V}(\boldsymbol{V}^{\mathrm{T}}\boldsymbol{V})^{-1}]_{ab}(EL)_{ba}[\boldsymbol{V}(\boldsymbol{V}^{\mathrm{T}}\boldsymbol{V})^{-1}]_{ab}=-[\boldsymbol{V}(\boldsymbol{V}^{\mathrm{T}}\boldsymbol{V})^{-1}]_{ab}$。

因为 $\boldsymbol{V}$ 的更新方式实质上是矩阵的每个元素进行更新,因此只需证明 F_{ab} 中的每一个元素在更新规则式(3.26)下是非增的。

引理 3.2　函数

$$\begin{aligned}G(v,v_{ab}^{(t)})&=F_{ab}(v_{ab}^{(t)})+F'_{ab}(v-v_{ab}^{(t)})\\&\quad+\frac{(\lambda[\boldsymbol{V}(\boldsymbol{V}^{\mathrm{T}}\boldsymbol{V})^{-1}]^{-}+\boldsymbol{L}^{+}\boldsymbol{V}+\lambda\boldsymbol{V})_{ab}}{v_{ab}^{(t)}}(v-v_{ab}^{(t)})^2\end{aligned}\tag{3.40}$$

是 F_{ab}(比例切)的辅助函数。

证明:

显然有 $G(v,v)=F(v)$,只需证明 $G(v,v_{ab}^{(t)})\geqslant F_{ab}(v)$。首先,对 $F_{ab}(v)$ 进行泰勒(Taylor)展开

$$F_{ab}(v)=F_{ab}(v_{ab}^{(t)})+F'_{ab}(v-v_{ab}^{(t)})+\frac{F''_{ab}}{2}(v-v_{ab}^{(t)})^2\tag{3.41}$$

对照式(3.40)的辅助函数,发现 $G(v,v_{ab}^{(t)})\geqslant F_{ab}(v)$ 等价于

$$\frac{(\boldsymbol{L}^{+}\boldsymbol{V}+\lambda\boldsymbol{V})_{ab}+\lambda([\boldsymbol{V}(\boldsymbol{V}^{\mathrm{T}}\boldsymbol{V})^{-1}]^{-})_{ab}}{v_{ab}^{(t)}}\geqslant(\boldsymbol{L}+\lambda\boldsymbol{I})_{aa}+\lambda(\boldsymbol{Q})_{ab}\tag{3.42}$$

有

$$(\boldsymbol{L}^{+}\boldsymbol{V}+\lambda\boldsymbol{V})_{ab}=\sum_{j=1}^{n}(\boldsymbol{L}^{+}+\lambda\boldsymbol{I})_{aj}v_{jb}^{(t)}\geqslant(\boldsymbol{L}^{+}+\lambda\boldsymbol{I})_{aa}v_{ab}^{(t)}\geqslant(\boldsymbol{L}^{+}-\boldsymbol{L}^{-}+\lambda\boldsymbol{I})_{aa}v_{ab}^{(t)}$$

$$= (\boldsymbol{L} + \lambda \boldsymbol{I})_{aa} v_{ab}^{(t)} \tag{3.43}$$

并且

$$\lambda([\boldsymbol{V}(\boldsymbol{V}^{\mathrm{T}}\boldsymbol{V})^{-1}]^{-})_{ab} \geqslant -\lambda(\boldsymbol{V}(\boldsymbol{V}^{\mathrm{T}}\boldsymbol{V})^{-1})_{ab} v_{ab}^{(t)} \tag{3.44}$$

证明完毕。

于是,式(3.42)成立,于是有 $G(v,v_{ab}^{(t)}) \geqslant F_{ab}(v)$。 ■

基于引理3.1和引理3.2,现在给出命题3.1收敛性的证明。

证明:

将式(3.40)中的 $G(v,v_{ab}^{(t)})$ 代入式(3.37),有

$$\begin{aligned} v_{ab}^{(t+1)} &= \underset{v}{\operatorname{argmin}} G(v,v_{ab}^{(t)}) \\ &= v_{ab}^{(t)} - v_{ab}^{(t)} \frac{F'_{ab}(v_{ab}^{(t)})}{2(\lambda[\boldsymbol{V}(\boldsymbol{V}^{\mathrm{T}}\boldsymbol{V})^{-1}]^{-} + \boldsymbol{L}^{+}\boldsymbol{V} + \lambda \boldsymbol{V})_{ab}} \\ &= v_{ab}^{(t)} \frac{(\lambda[\boldsymbol{V}(\boldsymbol{V}^{\mathrm{T}}\boldsymbol{V})^{-1}]^{+} + \boldsymbol{L}^{-}\boldsymbol{V})_{ab}}{(\lambda[\boldsymbol{V}(\boldsymbol{V}^{\mathrm{T}}\boldsymbol{V})^{-1}]^{-} + \boldsymbol{L}^{+}\boldsymbol{V} + \lambda \boldsymbol{V})_{ab}} \end{aligned} \tag{3.45}$$

由于式(3.40)是一个辅助函数,于是 F_{ab} 在这个更新规则下是非增的。因此,证明了式(3.26)中 $\boldsymbol{V}$ 的更新实质上等价于式(3.37)的更新,$\mathcal{O}_{\mathrm{Ratiocut}}$ 在更新步骤式(3.26)下是非增的。证明完毕。 ■

3.4.2.2 标准规范化切

在证明更新规则式(3.26)和式(3.28)的收敛性时,标准规范化切和比例切是等价的,这源于拉普拉斯矩阵 $\boldsymbol{L}=\boldsymbol{D}-\boldsymbol{W}$ 和规范化拉普拉斯矩阵 $\widetilde{\boldsymbol{L}}=\boldsymbol{I}_n-\boldsymbol{D}^{-1/2}\boldsymbol{W}\boldsymbol{D}^{-1/2}$ 的性质。由于 $\boldsymbol{W}$ 非负,易知 $\boldsymbol{L}^{+}=\boldsymbol{D}$,$\boldsymbol{L}^{-}=\boldsymbol{W}$,$\widetilde{\boldsymbol{L}}^{+}=\boldsymbol{I}_n$,$\widetilde{\boldsymbol{L}}^{-}=\boldsymbol{D}^{-1/2}\boldsymbol{W}\boldsymbol{D}^{-1/2}$,$\widetilde{\boldsymbol{L}}^{+}$ 和 $\boldsymbol{L}^{+}$ 同为对角矩阵。因此,在3.4.2.1节的基础上,只需将 $\boldsymbol{L}$ 替换为 $\widetilde{\boldsymbol{L}}$ 即可。于是式(3.28)中 $\boldsymbol{V}$ 的更新实质上等价于式(3.37)的更新,$\mathcal{O}_{\mathrm{Ncut}}$ 在更新步骤式(3.28)下是非增的。 ■

3.4.2.3 标准最小最大切

对于式(3.21)(标准最小最大切),有

$$\begin{aligned} F'_{ab} &= \left(\frac{\partial \mathcal{O}_{\mathrm{Minmaxcut}}}{\partial \boldsymbol{V}}\right)_{ab} = (2(\boldsymbol{V}_{\beta} - \boldsymbol{L}_{\alpha}\boldsymbol{V}_{\gamma}) + 2\lambda \boldsymbol{V} - 2\lambda \boldsymbol{V}(\boldsymbol{V}^{\mathrm{T}}\boldsymbol{V})^{-1})_{ab} \\ &= 2\frac{v_{ab}}{\boldsymbol{v}_b^{\mathrm{T}}\boldsymbol{L}_{\alpha}\boldsymbol{v}_b} - 2\boldsymbol{L}_{\alpha}\frac{\boldsymbol{v}_b^{\mathrm{T}}\boldsymbol{v}_b}{(\boldsymbol{v}_b^{\mathrm{T}}\boldsymbol{L}_{\alpha}\boldsymbol{v}_b)^2} v_{ab} + (2\lambda \boldsymbol{V} - 2\lambda \boldsymbol{V}(\boldsymbol{V}^{\mathrm{T}}\boldsymbol{V})^{-1})_{ab} \end{aligned} \tag{3.46}$$

$$F''_{ab} = 2\left[\frac{1}{\boldsymbol{v}_b^{\mathrm{T}}\boldsymbol{L}_{\alpha}\boldsymbol{v}_b} - \frac{2[(\boldsymbol{L}_{\alpha}\boldsymbol{v}_b)_a]v_{ab}}{(\boldsymbol{v}_b^{\mathrm{T}}\boldsymbol{L}_{\alpha}\boldsymbol{v}_b)^2}\right]$$

$$-2(\boldsymbol{L}_{\alpha})_{aa}\left[\frac{\boldsymbol{v}_b^{\mathrm{T}}\boldsymbol{v}_b+2v_{ab}^2}{(\boldsymbol{v}_b^{\mathrm{T}}\boldsymbol{L}_{\alpha}\boldsymbol{v}_b)^2}-4\frac{[(\boldsymbol{L}_{\alpha}\boldsymbol{v}_b)_a]\boldsymbol{v}_b^{\mathrm{T}}\boldsymbol{v}_b v_{ab}}{(\boldsymbol{v}_b^{\mathrm{T}}\boldsymbol{L}_{\alpha}\boldsymbol{v}_b)^3}\right]+2\lambda\boldsymbol{I}_{aa}+2\lambda\boldsymbol{Q}_{ab}$$

$$=2\left[\frac{1}{\boldsymbol{v}_b^{\mathrm{T}}\boldsymbol{L}_{\alpha}\boldsymbol{v}_b}-\frac{2[(\boldsymbol{L}_{\alpha}\boldsymbol{v}_b)_a]\boldsymbol{v}_{ab}}{(\boldsymbol{v}_b^{\mathrm{T}}\boldsymbol{L}_{\alpha}\boldsymbol{v}_b)^2}\right]+2\lambda\boldsymbol{I}_{aa}+2\lambda\boldsymbol{Q}_{ab} \tag{3.47}$$

其中，$\boldsymbol{L}_{\alpha}=\boldsymbol{D}^{-1/2}\boldsymbol{W}\boldsymbol{D}^{-1/2}$，由于 $\boldsymbol{W}$ 的对角线元素为0，所以 $(\boldsymbol{L}_{\alpha})_{aa}=0$。

因为 $\boldsymbol{V}$ 的更新方式实质上是矩阵的每个元素进行更新，因此只需证明 F_{ab} 中的每一个元素在更新规则式(3.35)下是非增的。

引理3.3　函数

$$G(v,v_{ab}^{(t)})=F_{ab}(v_{ab}^{(t)})+F'_{ab}(v-v_{ab}^{(t)})+\frac{(\lambda[\boldsymbol{V}(\boldsymbol{V}^{\mathrm{T}}\boldsymbol{V})^{-1}]^{-}+\boldsymbol{V}_{\beta}+\lambda\boldsymbol{V})_{ab}}{v_{ab}^{(t)}}(v-v_{ab}^{(t)})^2 \tag{3.48}$$

是 F_{ab}（最小最大切）的辅助函数。

证明：

显然有 $G(v,v)=F(v)$，只需证明 $G(v,v_{ab}^{(t)})\geqslant F_{ab}(v)$。首先，对 $F_{ab}(v)$ 进行泰勒展开

$$F_{ab}(v)=F_{ab}(v_{ab}^{(t)})+F'_{ab}(v-v_{ab}^{(t)})+\frac{F''_{ab}}{2}(v-v_{ab}^{(t)})^2 \tag{3.49}$$

对照式(3.48)的辅助函数，发现 $G(v,v_{ab}^{(t)})\geqslant F_{ab}(v)$ 等价于

$$\frac{(\boldsymbol{V}_{\beta})_{ab}+\lambda\boldsymbol{V}_{ab}+\lambda([\boldsymbol{V}(\boldsymbol{V}^{\mathrm{T}}\boldsymbol{V})^{-1}]^{-})_{ab}}{v_{ab}^{(t)}}\geqslant\frac{1}{\boldsymbol{v}_b^{\mathrm{T}}\boldsymbol{L}_{\alpha}\boldsymbol{v}_b}-2\frac{[(\boldsymbol{L}_{\alpha}\boldsymbol{v}_b)_a]v_{ab}}{(\boldsymbol{v}_b^{\mathrm{T}}\boldsymbol{L}_{\alpha}\boldsymbol{v}_b)^2}+\lambda\boldsymbol{I}_{aa}+\lambda(\boldsymbol{Q})_{ab} \tag{3.50}$$

由于下列不等式成立

$$\frac{2[(\boldsymbol{L}_{\alpha}\boldsymbol{v}_b)_a]v_{ab}}{(\boldsymbol{v}_b^{\mathrm{T}}\boldsymbol{L}_{\alpha}\boldsymbol{v}_b)^2}\geqslant 0 \tag{3.51}$$

因此

$$\frac{1}{\boldsymbol{v}_b^{\mathrm{T}}\boldsymbol{L}_{\alpha}\boldsymbol{v}_b}-\frac{2[(\boldsymbol{L}_{\alpha}\boldsymbol{v}_b)_a]v_{ab}}{(\boldsymbol{v}_b^{\mathrm{T}}\boldsymbol{L}_{\alpha}\boldsymbol{v}_b)^2}\leqslant\frac{1}{\boldsymbol{v}_b^{\mathrm{T}}\boldsymbol{L}_{\alpha}\boldsymbol{v}_b} \tag{3.52}$$

所以

$$\frac{(\boldsymbol{V}_{\beta})_{ab}}{v_{ab}^{(t)}}=\frac{1}{\boldsymbol{v}_b^{\mathrm{T}}\boldsymbol{L}_{\alpha}\boldsymbol{v}_b}\geqslant\frac{1}{\boldsymbol{v}_b^{\mathrm{T}}\boldsymbol{L}_{\alpha}\boldsymbol{v}_b}-\frac{2[(\boldsymbol{L}_{\alpha}\boldsymbol{v}_b)_a]v_{ab}}{(\boldsymbol{v}_b^{\mathrm{T}}\boldsymbol{L}_{\alpha}\boldsymbol{v}_b)^2} \tag{3.53}$$

显然

$$\lambda \boldsymbol{V}_{ab}=\lambda\sum_{j=1}^{M}\boldsymbol{I}_{aj}v_{jb}^{(t)}\geqslant\lambda\boldsymbol{I}_{aa}v_{ab}^{(t)} \tag{3.54}$$

并且

$$\lambda([\boldsymbol{V}(\boldsymbol{V}^{\mathrm{T}}\boldsymbol{V})^{-1}]^{-})_{ab}\geqslant-\lambda(\boldsymbol{V}(\boldsymbol{V}^{\mathrm{T}}\boldsymbol{V})^{-1})_{ab}v_{ab}^{(t)} \tag{3.55}$$

于是,式(3.48)成立,于是有 $G(v,v_{ab}^{(t)})\geqslant F_{ab}(v)$。

证明完毕。

基于引理3.1和引理3.3,现在给出命题3.1收敛性的证明。

证明:

将式(3.48)中的 $G(v,v_{ab}^{(t)})$ 代入式(3.37),有

$$\begin{aligned}v_{ab}^{(t+1)}&=\underset{v}{\operatorname{argmin}}G(v,v_{ab}^{(t)})\\&=v_{ab}^{(t)}-v_{ab}^{(t)}\frac{F'_{ab}(v_{ab}^{(t)})}{2(\lambda[\boldsymbol{V}(\boldsymbol{V}^{\mathrm{T}}\boldsymbol{V})^{-1}]^{-}+\boldsymbol{V}_{\beta}+\lambda\boldsymbol{V})_{ab}}\\&=v_{ab}^{(t)}\frac{(\lambda[\boldsymbol{V}(\boldsymbol{V}^{\mathrm{T}}\boldsymbol{V})^{-1}]^{+}+\boldsymbol{L}_{\alpha}\boldsymbol{V}_{\gamma})_{ab}}{(\lambda[\boldsymbol{V}(\boldsymbol{V}^{\mathrm{T}}\boldsymbol{V})^{-1}]^{-}+\boldsymbol{V}_{\beta}+\lambda\boldsymbol{V})_{ab}}\end{aligned} \tag{3.56}$$

由于式(3.48)是一个辅助函数,于是 F_{ab} 在这个更新规则下是非增的。因此,证明了式(3.35)中 $\boldsymbol{V}$ 的更新实质上等价于式(3.37)的更新,$\mathcal{O}_{\mathrm{Minmaxcut}}$ 在更新步骤式(3.35)下是非增的。

3.4.3 复杂度分析

本节讨论3.4节算法的计算消耗,在更新规则式(3.26)、式(3.28)和式(3.35)中,主要计算部分包括:矩阵的加法、乘法和除法,所有这些运算都是浮点运算。通过大O分析法(复杂度分析),可以分析迭代算法每代的计算复杂度。表3.1展示了3.4.1节中不同更新规则下的计算量,假设更新规则在 t 代后停止,那么在更新规则式(3.26)、式(3.28)和式(3.35)下总的计算量是 $O(tn^2k)$。在谱聚类中,主要的计算量是拉普拉斯矩阵的特征向量计算,其计算复杂度是 $O(n^3)$。因此,更新规则式(3.26)、式(3.28)和式(3.35)比谱聚类有更低的计算量,特别是当数据点数目比较多的时候。

表3.1 不同更新规则的算法复杂度

更新规则	加法	乘法	除法	复杂度总计
式(3.26)	$2n^2k+5nk+2k^3$	$2n^2k+2nk^2+2k^3$	nk	$O(n^2k)$
式(3.28)	$2n^2k+5nk+2k^3$	$2n^2k+2nk^2+2k^3$	nk	$O(n^2k)$
式(3.35)	$n^2k+11nk+2k^3$	$n^2k+2nk^2+2k^3+6nk$	$nk+2k$	$O(n^2k)$

在更新规则式(3.26)、式(3.28)中,主要计算量是乘法计算 $L^-V(\widetilde{L}^-V)$ 和 $L^+V(\widetilde{L}^+V)$;在更新规则式(3.35)中,主要计算量是乘法计算 $L_\alpha V_\gamma$。这些计算的复杂度都是 $O(n^2k)$。然而,一般权重矩阵 W 是非负的,那么 $L^+(\widetilde{L}^+)$ 是一个对角矩阵,有 $L^+V=(\mathrm{diag}(L^+)\cdot \mathbf{1}_k)\circ V$,$\widetilde{L}^+V=V$,其中"∘"表示 Hadarmard 乘积(元素对应相乘)。$(\mathrm{diag}(L^+)\cdot \mathbf{1}_k)\circ V$ 的计算复杂度是 $O(nk)$。如果选择稀疏的权重矩阵 W,那么矩阵 L^- 和 L_α 也是稀疏的,另外,在更新过程中 $V(V_\gamma)$ 会变得稀疏,因此 L^-V 和 $L_\alpha V_\gamma$ 是稀疏矩阵乘法问题[100-102],当考虑稀疏矩阵的乘法时,计算量会得到进一步地削减。

3.5 与以往工作之间的区别和联系

3.5.1 核 k 均值,谱聚类和对称非负矩阵分解

本章主要研究了无监督图划分问题,在比例划分准则、规范化划分准则和最小最大化划分准则下进行基于图论的无监督学习。实际上,图划分和其他一些经典算法存在着紧密联系。比如核 k 均值(kernel k-means)[17]算法,核 k 均值算法提高了 k 均值,改善了 k 均值不能处理数据在输入空间线性不可分的问题。核 k 均值的优势是它可以处理比高斯分布更复杂的数据分布,其目标函数是

$$\underset{P}{\operatorname{argmin}} \sum_k \frac{1}{n_k} \sum_{i,j\in P_k} w_{ij} = \underset{V^\mathrm{T}V=I,V\geqslant 0}{\operatorname{argmin}} \operatorname{tr}(V^\mathrm{T}KV) \tag{3.57}$$

其中,P_k 是有个 n_k 点的第 k 个聚类;K 是成对的核相似矩阵;$V\in\mathbf{R}^{n\times k}$ 是一个特定的离散矩阵。

观察式(3.57)和式(3.11)、式(3.12),可以发现核 k 均值方法和比例切和规范化切有着紧密的联系,文献[19,103]指出,使用相似度矩阵 W 的标准规范化切等价于使用核矩阵 $D^{-1/2}WD^{-1/2}$ 的核 k 均值方法。上述离散性优化目标函数是 NP 难问题,人们往往采取约束放松的方法,解决实数域上的问题,代替解决离散域上的问题。

解决本章所面临的式(3.11)~式(3.13)的问题,已经有许多研究者进行了尝试。这些方法中比较著名的是谱聚类方法[10,13]。谱聚类方法是一种通过放松约束条件解决上述问题的方法,它只要求严格保留正交约束,但将离散解放松到实数域上进行求解,求解的主要工具是拉普拉斯矩阵,不同的拉普拉斯矩阵可以用来解决不同的问题。例如,放松规范化切得到标准化谱聚类问题,放

松比例切得到非标准化谱聚类问题[15]。文献[15]指出谱聚类可以看作是一种基于随机游走的图划分,使得随机游走能够在同一个聚类上停留更长的时间,而很少跳出。

对称非负矩阵分解(SymNMF)[19]是另一个解决上述问题的方法,最小化 SymNMF 可以写作

$$\underset{V\geqslant 0}{\operatorname{argmin}}\|\boldsymbol{W}-\boldsymbol{V}^{\mathrm{T}}\boldsymbol{V}\|^2 \tag{3.58}$$

其中,$\boldsymbol{V}$ 可以是任意非负正交矩阵,有研究指出分解 $\boldsymbol{W}=\boldsymbol{V}^{\mathrm{T}}\boldsymbol{V}$ 等价于严格正交关系下的核 k 均值[19]。

另外,非标准化谱聚类可以写作 $\underset{V^{\mathrm{T}}V=I}{\operatorname{argmin}}\|\boldsymbol{W}-\boldsymbol{V}^{\mathrm{T}}\boldsymbol{V}\|^2$, SymNMF 可以写作 $\underset{V\geqslant 0}{\operatorname{argmin}}\|\boldsymbol{W}-\boldsymbol{V}^{\mathrm{T}}\boldsymbol{V}\|^2$,也就是说,放松 $\boldsymbol{V}$ 的约束,只保持 $\boldsymbol{V}\geqslant 0$[91]。可以看到,谱聚类方法和 SymNMF 方法解决的是同一个问题,只是约束条件放宽方式不同而已。

3.5.2 解的非负性,维度和稀疏性

如前所述,图划分的最优解是非负和离散的。实际上,诸如非负矩阵分解(nonnegative matrix factorization, NMF)[59,54,104-105]、非负稀疏表达(nonnegative sparse coding)[106]和非负拉普拉斯嵌入(nonnegative Laplacian embedding)[90]等许多算法都受益于解的非负性,因此在求解时保持解的非负性是有直观上的帮助的。

实际上,本章研究的无监督图划分方法和谱聚类方法都是学习数据新的表示的过程,新的数据维度往往被设定为样本的类别数目,这和流形嵌入方法具有一定的相似性,值得注意的是,文献[90]指出比例切谱聚类[19]和拉普拉斯嵌入是相同的。在无监督学习中,对数据维度的变化是许多学习方法的重要内容,诸如特征选择、数据降维、线性投影和子空间学习等,但是它们之间也存在着区别,一般地,子空间学习后的数据维度最小,特征选择和数据降维学习后的数据维度较大。本节暂将学习后数据维度很小的学习称为判别或分类,将学习后数据维度仍较大的学习称为特征提取。这样,基于图论的无监督学习是一种判别过程,而非特征提取过程。

注意图划分问题中理想解的稀疏度[107]是1,即具有最强的稀疏性。稀疏性是重要的,近年来取得长足发展的稀疏表达实际就受益于解的稀疏性。然而,稀疏表达的解往往具有较高的维数,根据上述定义,稀疏表达适合被划分为特征提取过程,这一定程度上使得稀疏表达更容易获得高稀疏性的解。而在本章

研究中，当解的维数被限定于类别的数目时，直接的稀疏性约束难以取得良好效果。但是，同时利用非负性约束和正交性约束也可以使解具有较好的稀疏性，本章研究方法为提高解的稀疏性提供了另外一种途径。

3.5.3　权重矩阵

在图划分中，称表达数据关系的权重矩阵为图，称构造图的方法为图构建方法。图的质量对于学习过程是十分重要的。目前，有许多将数据点转换为一个权重矩阵的经典方法，这些方法通常有两个重要内容：连接策略和权重设定。

1. 连接策略

连接策略是指决定两个顶点之间是否连边的策略，一些常见的连接策略包括以下几方面。

（1）全连接图：任意两个顶点都被边连接。

（2）ε-球图：距离小于 ε 的顶点将被连接。

（3）p-近邻图：如果两个顶点中的某一个顶点是另外一个最近的 p 个邻居之一，那么这两个顶点将被连边，这样得到的图是稀疏的。

（4）b-匹配图[46]：在构建图的过程中增加一个 b-匹配的约束，使得每个顶点的度等于常数 b。这个方法保证了学习过程中图的对称性和平衡性。

（5）l_1 图[47]：l_1 图在图构建中使用了稀疏表达策略，每个点可以被为数不多的一些点表达，这些可以表达它的点被认为是这个点的邻居。在学习过程中，边的权重值同时可以确定。

还有一些其他方法，例如数据变形（data warping）[44]、局部主成分分析法（local PCA）[45]等。在以上的方法中，稀疏权重矩阵如 k-近邻图和 b-匹配图是经常被采用的方法[15]。

2. 权重设定

权重设定通常包括两种方法：第一种是在边连接学习时自动确定的，如 l_1 图；第二种是通过定义一些距离函数确定的，如高斯距离、余弦距离和常数距离等。

实际应用中，有许多常用的方法定义 $\boldsymbol{W}$，比如标准权重、热力权重、点积权重等。

（1）标准权重，$\boldsymbol{W}_{ij}=1$，当且仅当 $\boldsymbol{x}_i \in N_p(\boldsymbol{x}_j)$ 或 $\boldsymbol{x}_j \in N_p(\boldsymbol{x}_i)$。其中，$N_p(\boldsymbol{x}_i)$ 表示 $\boldsymbol{x}_i$ 的 p 个邻居。

（2）热力权重，如果 i 和 j 是连接的（$\boldsymbol{x}_i \in N_p(\boldsymbol{x}_j)$ 或 $\boldsymbol{x}_j \in N_p(\boldsymbol{x}_i)$），令

$$\boldsymbol{W}_{ij}=\mathrm{e}^{\frac{-\|x_i-x_j\|^2}{2\sigma^2}}$$

其中，$i \neq j$, $W_{ii}=0$, $\sigma=\frac{\sum_{i=1}^{n}\sum_{j=1}^{n}\sqrt{d_E^2(x_i,x_j)}}{n^2}$，$d_E^2(\boldsymbol{x}_i,\boldsymbol{x}_j)$表示$\boldsymbol{x}_i$和$\boldsymbol{x}_j$的欧几里得距离。

(3) 点积权重，如果点i和j被连接，则

$$\boldsymbol{W}_{ij}=\boldsymbol{x}_i^{\mathrm{T}}\boldsymbol{x}_j$$

3.6 实验结果与分析

本章3.4节算法称为基于合同近似的图聚类(congruency approximated graph-based clustering,CAC)算法，分别称比例切准则下、标准规范化切准则下和标准最小最大切准则下的CAC算法为CAC_r、CAC_n和CAC_m。本节以无监督聚类任务来测试CAC系列算法的表现：首先，利用一个简单人造数据集测试了算法的实验效果图；然后，在5个真实数据基础上测试了算法的聚类表现。本章实验的硬件环境为Intel(R) Core(TM) i5-2410M CPU @ 2.30GHz，内存为4GB，软件环境为Microsoft Windows7系统，Matlab 2010b编程①。

3.6.1 实验说明

3.6.1.1 对比算法

为了证实CAC方法在聚类实验上带来的提升，对比了4个算法：主成分分析法(principle component subspace, PCA)[108]、非负矩阵分解法(nonnegative matrix factorization, NMF)[54]、对称非负矩阵分解法(symmetric nonnegative matrix factorization, SymNMF)[19-91]和标准谱聚类方法(normalized spectral clustering, SC)[10]。所有方法遵循以下聚类流程：①数据表示；②在新的数据表示上进行k均值聚类。显然，PCA算法实质是PCA+k-均值聚类方法。

3.6.1.2 实验流程

对于基于图论的算法(SC, SymNMF和CAC)，使用欧几里得空间中的经典p-NN图作为权重矩阵进行实验，其中，$p=5$。对于每个数据集，在不同聚类数目k下挑选样本进行实验。当给定聚类数目k时，实验流程如下。

(1) 在规范过的数据中随机选择k类样本作为数据进行聚类，规范化方法是使每个数据点的各维元素的平方和为1。

---

① 本书其他章节实验部分与本章节硬件环境相同。

(2) 在挑选过的数据集上，采取不同的算法得到新的数据表示，设定数据表示的维度等于挑选的数据集的类别数目 k。

(3) 然后，在新的数据表示上进行 k-均值聚类，重复 20 次。

(4) 最后，对比聚类结果和真实值，计算各算法的准确度(accuracy)和标准互信息(normalized mutual information)。

给定聚类数目 k 后，在数据集中重复随机挑选 50~200 次 k 类数据分别进行上述实验流程，将实验均值作为最后的实验报告值。

3.6.1.3　评价度量指标

使用聚类准确度(clustering accuracy，AC)和标准互信息(normalized mutual information，$\overline{\mathrm{MI}}$)度量聚类结果[104]。准确度的定义如下

$$\mathrm{AC} = \frac{\sum_{i=1}^{n} \delta(l_i, l_i^*)}{n} \tag{3.59}$$

其中，$\delta(x,y)$ 是三角函数(delta function)，当 $x=y$ 时，$\delta(x,y)=1$，当 $x\neq y$ 时，$\delta(x,y)=0$。l_i 是样本 x_i 的标签真实值，l_i^* 是 Kuhn-Munkres 算法[109]赋予的标签值。

互信息度量是指：对于两个聚类集合 C 和 C'，它们的互信息被定义为

$$\mathrm{MI}(C,C') = \sum_{c_i \in C, c_j' \in C'} p(c_i, c_j') lg \frac{p(c_i, c_j')}{p(c_i)p(c_j')} \tag{3.60}$$

其中，$p(c_i)$ 和 $p(c_j')$ 分别是一个样本属于聚类 c_i 和 c_j' 的概率，$p(c_i, c_j')$ 是联合概率。标准互信息 $\overline{\mathrm{MI}}$ 定义如下

$$\overline{\mathrm{MI}}(C,C') = \frac{MI(C,C')}{\max(H(C),H(C'))} \tag{3.61}$$

其中，$H(C)$ 和 $H(C')$ 是 C 和 C' 的熵。

3.6.2　示例

由于篇幅限制，和其他方法对比时，只展示 CAC_n 方法的表现。CAC_r、CAC_n 和 CAC_m 算法的对比将在 3.6.4 节给出，实际上，它们具有相近的表现。

双月(two moons)数据集是一个常用的人造数据集，本节使用一个通用的生成方法①，如图 3.1 所示，共 200 个数据点、两个类别，类别用不同颜色和形状标记。

① http://manifold.cs.uchicago.edu/manifold_regularization/manifold.html.

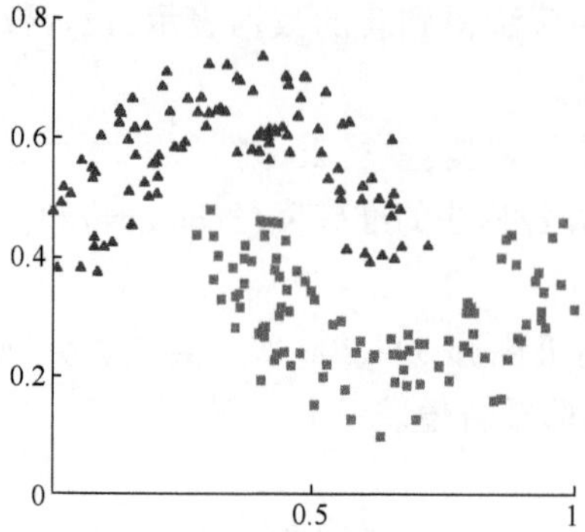

(a) 理想划分结果

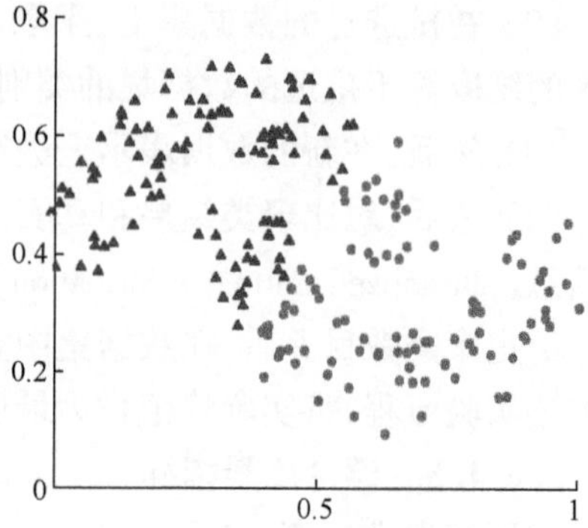

(b) 主要成分分析法划分结果

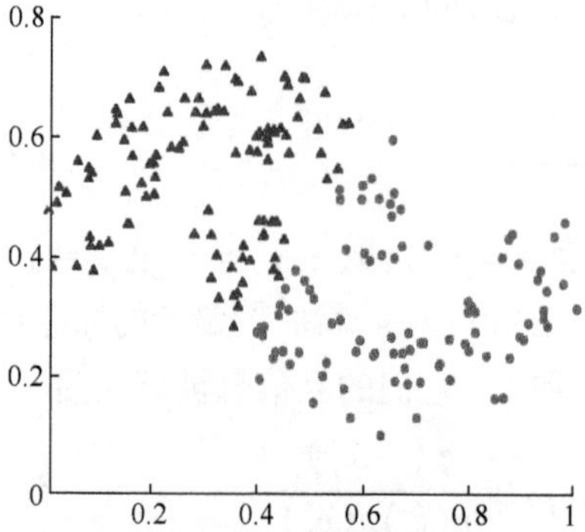

(c) 非负矩阵分解法划分结果

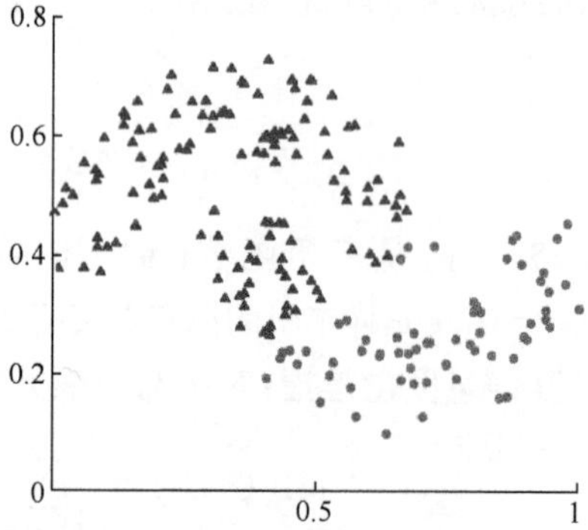

(d) 标准谱聚类法划分结果

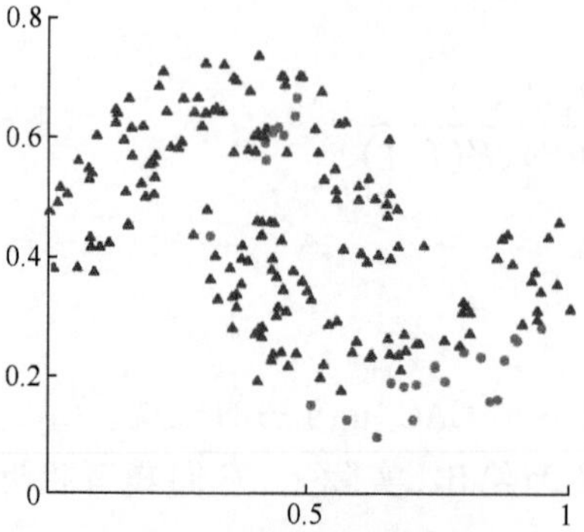

(e) 对称非负矩阵分解法划分结果

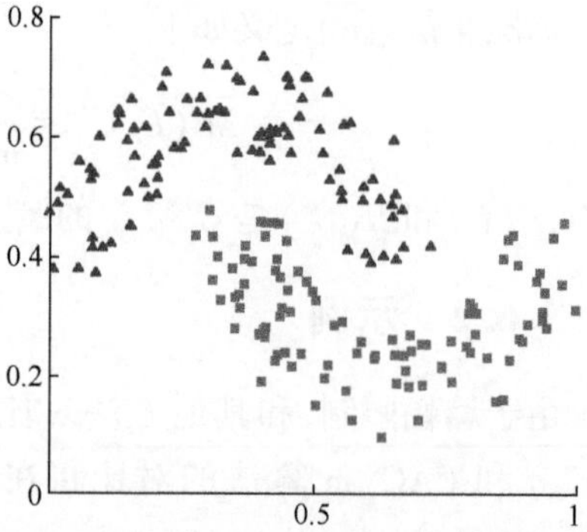

(f) 基于合同近似的图聚类法划分结果

图 3.1 在双月数据集上的无监督聚类实验

(a) 真实值;(b)~(f) PCA,NMF,谱聚类,SymNMF 和 CAC_n 得到的结果。

3.6.3　真实数据集

（1）COIL20 数据集。COIL20 数据集①包含 20 类不同视角的经过降采样的 32×32 的灰度图像，每类图像有 72 张图像。

（2）PIE 数据集。PIE 数据集②包含了 68 个人的经过降采样的 32×32 的灰度图像，每个人有不同光照条件下的共 42 张图像。

（3）Yale 数据集。Yale 数据集③包含 15 个测试者的 165 张灰度图像，每个测试者有 11 张图像，每张图像来自不同的表情和外形，图像经过降采样，每张图像被一个 1024 维的向量表示。

（4）FEI 人脸数据集。FEI 人脸数据集④是一个巴西人脸数据集，有 200 个人，每个人有 14 张图片，总共 2800 张图片。所有图片在白色的背景下拍照，人脸在水平角度上存在 180°的变化，每张图片的初始大小是 640×480 像素。挑选 50 人（FEI 中的第 1 部分）用作实验，每张图片被降采样至 24×32 像素，每个像素是 256 灰度级。

（5）TDT2 数据集。TDT2 数据集⑤是一个文本数据集，共有 30 类，包括 9394 个文件，每个文件用一个长度为 36771 的向量表示，挑选最大的 15 类的每前 50 个文件被用作实验数据。

图 3.2 展示了图像数据集的部分原始图像，表 3.2 总结了所有数据集的重要统计指标。

表 3.2　五个数据集的统计指标

数据集	大小（n）	维度（m）	类别（k）
COIL20	1440	1024	20
PIE	2856	1024	68
Yale	165	1024	15
FEI	700	768	50
TDT2	750	36771	15

① http://www.uk.research.att.com/facedatabase.html.

② http://www.zjucadcg.cn/dengcai/GNMF/

③ http://cvc.yale.edu/projects/yalefaces/yalefaces.html.

④ http://fei.edu.br/~cet/facedatabase.html.

⑤ http://www.zjucadcg.cn/dengcai/GNMF/

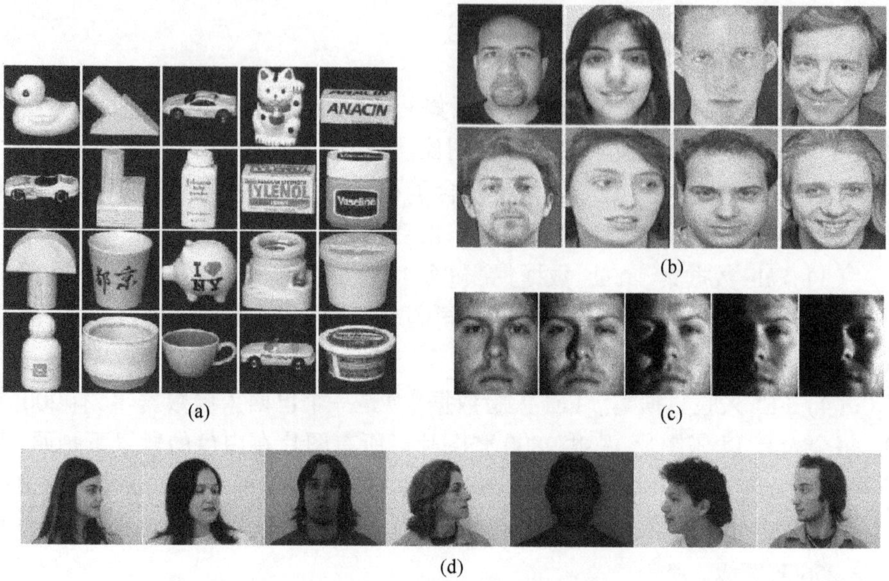

图 3.2 COIL20,PIE,Yale 和 FEI 数据集上的原始图像示例

3.6.4 聚类结果

对于所有基于图论的方法,如文献[60,91]所建议,使用 p-近邻和欧几里得空间中的高斯距离作为权重矩阵图,并设定 $p=5$。标准 CAC_n 和非标准 CAC_n 得到相似的结果,将报告较好的一个;标准 CAC_m 和非标准 CAC_m 得到相似的结果,同样将报告较好的一个。算法的平均结果如表 3.3 所列,从这些结果中(包括聚类准确度和标准互信息)可以观察到以下几方面。

表 3.3 不同算法在五个数据集上的聚类结果

数据	k	AC/%					$\overline{MI}$/%				
		PCA	NMF	SC	SymNMF	CAC_n	PCA	NMF	SC	SymNMF	CAC_n
COIL20	4	58.9	75.1	80.2	88.1	**94.1**	70.2	67.7	71.7	84.1	**88.2**
	8	55.9	61.4	77.7	83.2	**89.7**	70.9	70.1	86.1	87.5	**89.9**
	12	50.7	54.8	72.6	79.0	**86.2**	72.4	72.8	86.6	86.3	**87.7**
	16	46.7	51.8	71.1	77.9	**83.1**	74.6	73.1	86.5	87.0	**88.4**
	20	42.6	48.0	68.3	75.5	**81.8**	75.1	73.4	88.5	88.2	**89.5**

续表

数据	k	AC/%					$\overline{\text{MI}}$/%				
		PCA	NMF	SC	SymNMF	CAC_n	PCA	NMF	SC	SymNMF	CAC_n
PIE	10	27.1	50.4	81.5	89.1	**92.4**	34.1	67.3	89.0	90.2	**93.6**
	20	23.2	46.1	78.3	86.3	**88.0**	43.4	76.0	88.6	90.1	**92.4**
	30	21.5	44.2	75.0	80.1	**83.2**	47.7	79.0	89.6	88.6	**90.8**
	40	20.2	43.5	70.0	77.7	**80.8**	50.1	80.6	88.8	89.3	**89.7**
	50	19.5	43.6	69.4	76.1	**79.2**	51.8	81.7	**89.3**	87.0	89.0
Yale	2	53.0	66.6	68.1	83.3	**85.9**	46.4	30.3	45.9	**58.7**	55.3
	5	31.2	50.0	44.1	53.5	**54.2**	39.7	41.2	42.0	**45.1**	42.4
	10	23.3	39.4	42.5	**46.7**	44.9	44.0	43.5	**50.0**	44.3	46.6
	15	18.8	32.6	35.8	**45.1**	44.8	47.4	44.8	52.4	48.4	**52.7**
FEI	5	49.6	68.9	58.8	89.8	**93.1**	74.5	76.0	83.5	90.5	**93.1**
	10	45.2	57.4	69.3	80.0	**86.2**	75.3	75.5	84.5	81.1	**88.7**
	15	43.4	51.7	73.1	74.5	**81.5**	75.2	75.3	82.5	77.6	**86.3**
	20	41.5	46.9	71.7	70.0	**77.9**	74.5	73.9	81.8	74.3	**85.7**
	30	39.8	42.8	69.3	66.4	**73.0**	73.7	73.8	79.6	72.2	**84.0**
	50	40.5	39.1	64.8	60.1	**65.3**	74.8	73.6	78.2	70.0	**82.9**
TDT2	2	51.0	97.1	67.1	82.8	**97.4**	86.8	**90.1**	86.2	61.8	87.2
	4	45.7	89.2	57.9	61.5	**87.2**	84.9	83.3	**87.0**	55.2	86.5
	6	47.4	83.8	58.4	53.0	**84.3**	82.0	79.5	**82.6**	52.5	82.0
	10	40.8	**77.7**	60.6	47.6	75.1	77.8	77.5	**78.9**	51.4	78.6
	12	39.1	**76.6**	58.3	46.3	70.2	76.5	76.7	**77.3**	51.5	76.9
	15	37.4	**74.4**	55.0	43.1	66.4	74.6	74.8	**76.0**	51.4	74.1

(1) 在大多数情况下，CAC_n 表现好于其他方法。

(2) 基于图论的方法（SymNMF，SC 和 CAC_n）在图像数据集上（COIL20，PIE，Yale 和 FEI）表现好于 PCA+k 均值和 NMF 方法，表明了基于图论的方法在处理图像数据集上的优势。NMF 方法在文本数据集上（TDT2）表现较好，说明 NMF 方法在处理文本数据上的优越性。

(3) CAC_n 方法在 COIL20、PIE 和 FEI 数据上表现突出，这主要是因为这些数据相对比较干净（噪声较少），并且有良好的流形结构，这表明 CAC_n 方法在学习数据流形结构上的优越性。表 3.4 对比了 CAC_m、CAC_n 和 CAC_r 算法,从这些结果中(包括聚类准确度和标准互信息),可以观察到:CAC 系列算法具有相近的表现;在 COIL20 数据集上,CAC_r 具有最好的表现;在其他数据集上,随着挑选类别数的变化,CAC 系列算法各有优劣的表现。

表 3.4　CAC 系列算法在五个数据集上的聚类结果

数据	k	AC /%			$\overline{MI}$/%		
		CAC_r	CAC_n	CAC_m	CAC_r	CAC_n	CAC_m
COIL20	4	93.7	**94.1**	93.4	**88.6**	88.2	88.2
	8	**90.3**	89.7	88.3	**90.3**	89.9	89.7
	12	**89.9**	86.2	86.3	**88.6**	87.7	87.7
	16	**87.5**	83.1	82.8	**89.4**	88.4	88.1
	20	**85.2**	81.8	83.7	**90.3**	89.5	89.3
PIE	10	91.7	**92.4**	91.2	93.2	**93.6**	92.4
	20	**89.8**	88.0	87.4	**93.5**	92.4	93.3
	30	**84.6**	83.2	83.6	**92.2**	90.8	92.0
	40	81.0	80.8	**81.9**	**91.1**	89.7	90.4
	50	78.8	79.2	**80.0**	**91.3**	89.0	90.3
Yale	2	81.9	**85.9**	**85.9**	52.1	**55.3**	**55.3**
	5	49.8	**54.2**	54.1	39.7	**42.4**	41.9
	10	42.2	**44.9**	42.3	45.7	46.6	**47.3**
	15	**44.9**	44.8	44.6	52.7	52.7	**53.3**
FEI	5	**93.9**	93.1	93.5	**93.6**	93.1	93.3
	10	85.1	86.2	**87.3**	**89.3**	88.7	88.6
	15	78.6	**81.5**	81.2	**87.7**	86.3	87.2
	20	76.0	**77.9**	77.6	**86.9**	85.7	86.0
	30	71.0	73.0	**73.4**	**85.5**	84.0	85.3
	50	62.3	**65.3**	63.8	65.6	82.9	**83.4**
TDT2	2	**97.4**	**97.4**	97.3	87.1	**87.2**	87.0
	4	85.6	**87.2**	86.6	**86.5**	**86.5**	86.1
	6	81.0	84.3	**85.1**	**83.2**	82.0	82.8
	10	67.4	**75.1**	74.8	**79.8**	78.6	78.5
	12	62.1	70.2	**70.6**	**79.4**	76.9	77.4
	15	59.5	**66.4**	66.0	**76.4**	74.1	74.3

3.6.5　算法分析

3.6.5.1　稀疏度分析

规范的数据表达的稀疏度[107]定义如下

$$\text{sparseness}(\boldsymbol{v}) = \frac{\sqrt{k} - \sum |v_i| / \sqrt{\sum v_i^2}}{\sqrt{k} - 1} \tag{3.62}$$

其中，v_i是 v 的第 i 个元素，k 是向量 $\boldsymbol{v}$ 的维度。

最稀疏的解的稀疏度是 1，一个解（向量）的所有元素都相等则其稀疏度为 0。如图 3.3 所示，给定一个合适的 λ，CAC 能够轻松地得到一个稀疏的解，这说明 CAC 擅长稀疏编码。

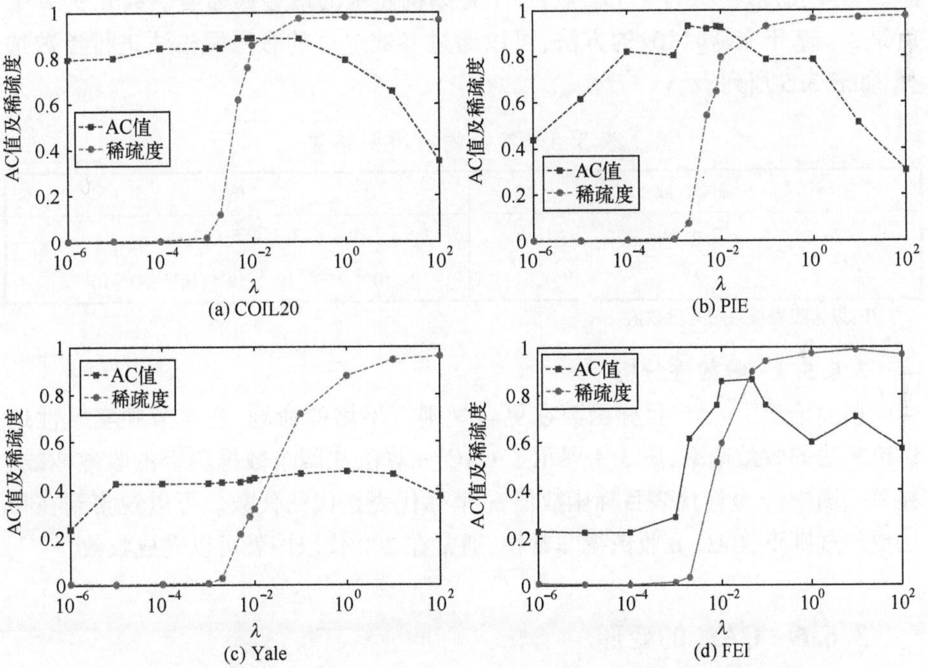

图 3.3　给定 $k=10$，CAC_n 方法的表现和解的稀疏度与参数 λ 的关系

如果聚类数目 k 是未知的，可以通过估计 k 与 CAC 解的平均稀疏度来确定，初步实验分析最佳的 k 值往往将带来最稀疏的解。

CAC 得到的解和模糊集（fuzzy set）[186]有密切的联系，实际上可以轻松地将

CAC 的解转换为一个模糊集。在此基础上,可以分析一个解的模糊度[187,188],以及其他不确定度量指标如熵(entropy)[189]和不明确度(ambiguity)[190]等。值得说明的是,一个图划分的最优解(转换为模糊集)将具有最低的模糊度、最低的不明确度和最高的稀疏度。实际上,初步实验表明,聚类(或分类)正确的点往往具有较高的稀疏度、较低的模糊度和较低的不明确度,聚类(或分类)错误的点往往具有较低的稀疏度、较高的模糊度和较高的不明确度。因此以解的稀疏度、模糊度和不明确度等指标来分析一个解的好坏是可行的。

3.6.5.2 参数选择

CAC 方法中最重要的参数就是 λ,λ 直接控制了解的稀疏度。图 3.3 展示了 λ 的变化和 CAC_n 表现与解稀疏度的关系,λ 在一个较大的范围内(10^{-4}~10^{-1})变动时,CAC_n 方法仍有良好的表现,这说明 CAC_n 方法对参数并不敏感。另外,CAC 中共有 2 个参数,一个是图构建中的最近邻邻居个数 p,另一个就是 λ。基于文献[110]的方法,可以通过参数组合的有限网格法进行参数选择,如表 3.5 所列。

表 3.5 参数的有限网格法

参　数	值
p	2,3,4,**5**,6,7,8
λ	10^{-5},10^{-4},10^{-3},$\mathbf{10^{-2}}$,$\mathbf{10^{-1}}$,10^{0},10^{1}

注:黑体代表被采用的参数值。

3.6.5.3 收敛性分析

前面给出了 CAC 目标函数在更新规则下不增的命题,在本节中实验性地讨论算法的收敛速率,图 3.4 展示了 CAC_n 算法在四个数据集上的收敛曲线。在每个图中,y 坐标代表目标函数值,x 坐标代表迭代的代数。可以观察到在乘法更新规则下,CAC_n 收敛得非常快,通常在 200 代以内就可以完成收敛。

3.6.6 CAC 的变形

3.6.6.1 增加参数

将图划分的目标函数表示为 $J(\boldsymbol{V})$,$J(\boldsymbol{V})$ 可以是式(3.11)~式(3.13)中的一个,有

$$\underset{\boldsymbol{V}^{\mathrm{T}}\boldsymbol{V}=\boldsymbol{I},\boldsymbol{V}\geqslant 0}{\operatorname{argmin}} J(\boldsymbol{V})=\underset{\boldsymbol{V}^{\mathrm{T}}\boldsymbol{V}=\boldsymbol{I},\boldsymbol{V}\geqslant 0}{\operatorname{argmin}} \alpha J(\boldsymbol{V})=\underset{\boldsymbol{U}=\sqrt{\alpha}\boldsymbol{V},\boldsymbol{U}^{\mathrm{T}}\boldsymbol{U}=\alpha\boldsymbol{I},\boldsymbol{U}\geqslant 0}{\operatorname{argmin}} J(\boldsymbol{U}) \tag{3.63}$$

其中,$\alpha>0$ 是常数,$\boldsymbol{V}$ 和 $\boldsymbol{U}$ 是特定的指示函数矩阵。

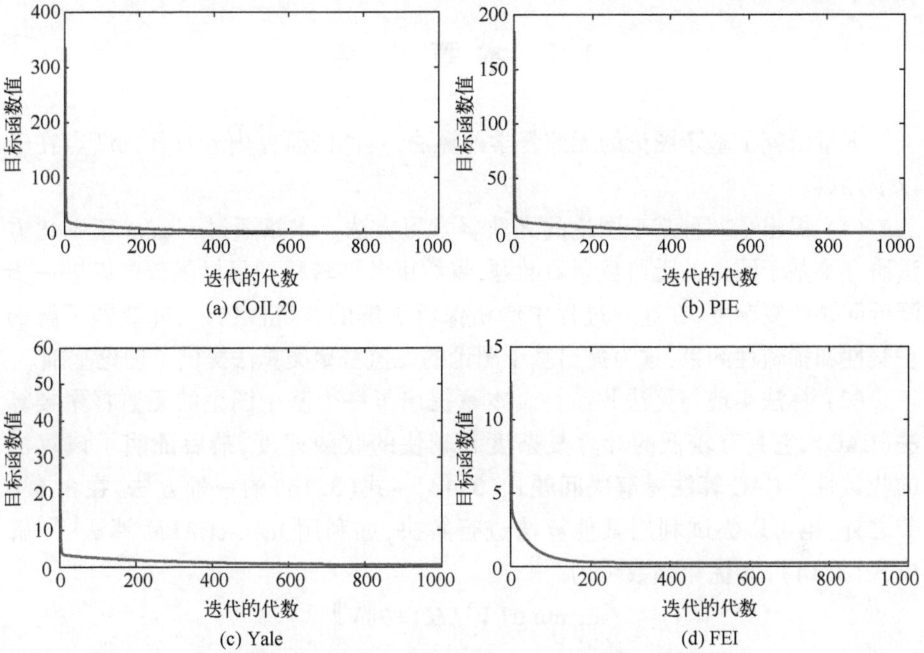

图 3.4　给定 $k=10$,CAC_n 算法目标函数值的收敛曲线

以上问题可以通过 CAC 算法进行解决,考虑正则化项 $\hat{R}=D_{\mathrm{ld}}(\boldsymbol{U}^{\mathrm{T}}\boldsymbol{U},\alpha\boldsymbol{I})$ $(\alpha>0)$,CAC 的目标函数为

$$\underset{\boldsymbol{U}\geqslant 0}{\operatorname{argmin}} J(\boldsymbol{U})+\lambda_2\hat{R} \tag{3.64}$$

其中,$\lambda_2>0$ 是正则化参数,去掉常数项,式(3.64)可以写为

$$\underset{\boldsymbol{U}\geqslant 0}{\operatorname{argmin}} J(\boldsymbol{U})+\lambda_1\operatorname{tr}(\boldsymbol{U}^{\mathrm{T}}\boldsymbol{U})-\lambda_2\operatorname{logdet}(\boldsymbol{U}^{\mathrm{T}}\boldsymbol{U}) \tag{3.65}$$

其中,$\lambda_1=\dfrac{\lambda_2}{\alpha}>0$,$\lambda_2>0$ 是正则化调谐参数,可以通过参数选择工作找到一个更好的 CAC 解。

3.6.6.2　无约束 CAC

将 CAC 算法中非负约束条件放入目标函数,式(3.63)变为

$$\underset{\boldsymbol{V}}{\operatorname{argmin}} J(\boldsymbol{V}) + \lambda R - \beta\sum_{ij}\min(0,V_{ij}) \tag{3.66}$$

其中,$\beta>0$ 是调谐参数,通过求解无约束的最优化问题,就可以得到上述函数的极小值,例如,求解无约束优化问题一个简单有效的方法是梯度下降法。

3.7 本章小结

本章研究了基于图论的无监督学习算法，具体的研究内容及其创新点在于以下几点。

(1) 提出了一种基于图论的无监督学习方法。本章通过 Logdet 正则化方法研究了基于图论的无监督学习问题，将约束条件转移到目标函数中以进一步降低问题的复杂度，在这一过程中严格保留了解的非负性约束，并兼顾了解的正交性和稀疏性约束，这为提出基于图论的无监督聚类算法提供了理论基础。

(2) 算法实现与算法收敛性。本章提出了一个基于图论的无监督聚类算法(CAC)，它具有较低的计算复杂度和较快的收敛速度，最后证明了该算法的收敛性。CAC 算法是解决问题式(3.14)～式(3.16)的一种方法，在 3.6.6 节之外，也可以尝试利用其他算法进行解决，如利用 Inexact ALM 算法[132]解决式(3.14)，其优化函数可为

$$\underset{\boldsymbol{V},\boldsymbol{H}}{\operatorname{argmin}}\ \operatorname{tr}(\boldsymbol{V}^{\mathrm{T}}\boldsymbol{L}\boldsymbol{H})+\theta\|\boldsymbol{V}\|_1$$

$$(\boldsymbol{H}^{\mathrm{T}}\boldsymbol{H}=\boldsymbol{I},\quad \boldsymbol{V}-\boldsymbol{H}=0,\quad \boldsymbol{V}\geqslant 0) \tag{3.67}$$

其中，$\theta>0$ 是一个常数，$\|\boldsymbol{V}\|_1$代表矩阵 $\boldsymbol{V}$ 的 l_1 范数，即 $\|\boldsymbol{V}\|_1=\sum_{ij}|V_{ij}|$。

(3) 进行了算法应用与分析。本章对影响算法的各个要素进行了具体的分析，实验结果表明 CAC 在图像聚类上具有良好的表现，特别当数据具有清晰的流形结构时，CAC 方法的表现十分出众。在聚类表现之外，CAC 的另一项优势是能够在大范围的参数变动下表现良好。

本章深入分析了基于图论的无监督学习问题，为设计基于图论的无监督学习算法提供了一个有效的方法。

第4章

基于图论的半监督学习

4.1 引　言

在很多实际应用中,人们可以轻松获取大量未标记样本,但获得标记样本往往是困难的,这使得能够获得的标记样本是少量的,若只使用标记样本进行训练会造成学习器泛化能力较差,相反,若能将大量未标记样本也加以利用,那么将能够有效提升数据的利用率和学习器的性能。这种同时利用标记样本和未标记样本来提高学习器性能的方法,称为半监督学习方法(semi-supervised learning, SSL)[113-116]。

作为半监督学习的一个重要分支,基于图论的半监督学习(graph based semi-supervised learning, GSSL)[18,111-112,117-119]近年来受到了人们的广泛重视,它具有较高的计算精度和计算效率。经典的基于图论的半监督学习包括高斯场与调和函数方法(Gaussian fields and harmonic functions,GFHF)[112]、局部全局一致性方法(local and global consistency,LGC)[18]、贪婪梯度最大切方法(greedy gradient max-cut,GGMC)[111]、流形正则化方法(manifold regularization, MR)[6]等。LGC 和 GFHF 方法在优化过程中将未标记样本的标签矩阵看作是唯一变量,而 GGMC 方法采取双向优化的方法,同时优化未标记样本的标签矩阵和有标记样本的初始标签。这些方法往往采用单一的先验信息融入手段,不同方法之间缺乏统一的内在联系。实际上,研究先验信息融入手段本身也是一项有价值的工作。

根据样本标记信息的不同,基于图论的半监督学习又可分为基于图论的半监督分类学习和基于图论的半监督聚类学习。如果标记信息是样本的类别信息,则对应的任务是半监督分类学习任务,即基于所有样本特别是标记样本推断所有未标记样本的类别。如果标记信息是样本对相似与否的关系信息,则对应的任务是半监督聚类学习任务。传统的聚类问题一般是无监督的,但是有研究表明半监督聚类往往会获得更好的学习效果[116]。

半监督学习是基于少量标记信息决策出其他无标记样本的标签信息,加之数据的不充分和噪声的存在,因此半监督学习往往是一个不适定的逆问题[120-121]。所以,解决半监督学习的办法往往是基于先验知识对学习过程加以限制,把不适定问题转化为适定问题[122-123]。为理解逆问题,首先介绍正问题(forward problem),令 H_1,H_2 为希尔伯特(Hilbert)空间,考虑以下数学模型:

$$\mathrm{T}\boldsymbol{f}=g \tag{4.1}$$

其中,$\mathrm{T}:H_1\rightarrow H_2$ 为线性有界算子,$g\in H_2$ 为观测数据,$\boldsymbol{f}$ 为模型参数。

正问题通常是指在给定模型参数 $\boldsymbol{f}$、已知 $\boldsymbol{T}$ 的条件下预测观测数据 $\boldsymbol{g}$。逆问题的目标是:对于给定的观测数据,预测模型的中间参数或模型的结构,即根据 $\boldsymbol{T}$ 和 $\boldsymbol{g}$ 求解 $\boldsymbol{f}$。通俗地说,若正问题是指由因索果,那么逆问题则是知果求因。

通过引入 Moore-Penrose[92] 广义解 $\boldsymbol{f}^+=\boldsymbol{T}^+\boldsymbol{g}$,可以保证解的存在性和唯一性,其中 $\boldsymbol{f}^+=\underset{f\in H_1}{\operatorname{argmin}}\|\mathrm{T}\boldsymbol{f}-\boldsymbol{g}\|_{H_2}^2$。但是,算子 $\boldsymbol{T}^+$ 在无界条件下,广义解 $\boldsymbol{f}^+$ 并不连续地依赖于观测数据 $\boldsymbol{g}$,而且数据 $\boldsymbol{g}$ 往往是含有噪声的,因此求解 $\boldsymbol{f}^+$ 仍然是一个不适定问题。目前,解决不适定问题的主流方法是通过增加解的约束条件,将一个不适定问题转化为适定问题,这种方法称为正则化(regularization)方法,常用的正则化方法有 Ivanov 正则化和 Tikhonov 正则化[92]。

Ivanov 正则化定义为如下形式

$$f_{\lambda_1}=\underset{f\in H_1,F(f)\leqslant\lambda_1}{\operatorname{argmin}}\|\mathbf{T}\boldsymbol{f}-\boldsymbol{g}\|_{H_2}^2 \tag{4.2}$$

Tikhonov 正则化定义为

$$f_{\lambda_2}=\underset{f\in H_1}{\operatorname{argmin}}\|\mathbf{T}\boldsymbol{f}-\boldsymbol{g}\|_{H_2}^2+\lambda_2F(\boldsymbol{f}) \tag{4.3}$$

其中,$\lambda_1,\lambda_2\geqslant0$ 称为正则化参数,$F(\boldsymbol{f})$ 为惩罚函数,当 $\lambda_1\rightarrow\infty$ ($\lambda_2\rightarrow0$) 时,$f_{\lambda_1}(f_{\lambda_2})$ 收敛于优化解 $\boldsymbol{f}^+$。

本章在基于图论的无监督学习框架下,基于正则化求解逆问题的思路来解决半监督学习问题,提出了一种基于图论的半监督学习方法。首先采用标签设计和基于图论的学习方法对半监督分类问题进行了描述和定义,同时采用度量学习和基于图论的学习方法对半监督聚类问题进行了描述和定义;其次提出了基于图论的半监督学习算法;最后在多个数据集上进行了半监督分类和半监督聚类实验,实验结果表明了本章算法的有效性。

4.2 基本问题描述与模型定义

4.2.1 基于图论的半监督分类学习

4.2.1.1 半监督分类学习问题描述

给定 n 个数据:(x_1,y_1,σ_1),(x_2,y_2,σ_2),…,(x_n,y_n,σ_n)。其中,(x_i,y_i,σ_i) $(i=1,2,\cdots,n)$代表第 i 个训练样本的状态:$x_i\in\mathbf{R}^m$ 是样本点;$y_i\in\{1,2\cdots,k\}$ 是样本的标签(样本共有 $k\geqslant 2$ 个类别);$\sigma_i\in\{0,1\}$ 描述了样本是否为标记样本,$\sigma_i=1$ 代表第 i 个样本为标记样本,$\sigma_i=0$ 则代表第 i 个样本是无标记的。半监督分类学习的任务是根据已有数据状态推断出 $\sigma_i=0(i=1,2,\cdots,n)$的样本的标签,即无标记样本的标签。

4.2.1.2 模型定义

学习器的一项重要能力就是泛化能力,即可以从训练集推广到新的样本的能力。描述泛化能力的一个重要手段是经验风险最小化(empirical risk minimization,ERM),其优化目标为

$$\min_{f\in H_1}\frac{1}{l}\sum_{i=1}^{l}\ell(f(x_i),y_i)) \tag{4.4}$$

其中,$\ell((f(x_i),y_i))$为损失函数。若 $\ell=(f(x_i)-y_i))^2$,则式(4.4)称为最小均方误差(least squares,LS)模型。

基于 Tikhonov 正则化的学习问题可以描述为

$$\min_{f\in H_1}\frac{1}{l}\sum_{i=1}^{l}\ell(f(x_i),y_i))+\lambda_2F(f) \tag{4.5}$$

其中,$\lambda_2\geqslant 0$ 为正则化调谐参数。式(4.5)中,第一项为经验损失项,代表了决策函数 f 对观测数据的拟合度;第二项为正则化项,通常描述了决策函数 f 的复杂度或者光滑度。

加入约束条件 $F_2(f)\leqslant\lambda_1$,基于 Tikhonov 正则化的学习问题可以描述为

$$\min_{f\in H_1,F_2(f)\leqslant\lambda_1}\frac{1}{l}\sum_{i=1}^{l}\ell(f(x_i),y_i))+\lambda_2F(f) \tag{4.6}$$

定义一个 $n\times k$ 的矩阵 $\boldsymbol{Y}$,如果 $Y_{ij}=1$ 表示数据 x_i是标记样本,即 $\sigma_i=1$,且样本的类别是 $j(1\leqslant j\leqslant k)$,其他情况 $Y_{ij}=0$,则 $\boldsymbol{Y}$ 可被称为标签矩阵。

本章在图划分的框架下,利用 Tikhonov 正则化方法,研究半监督学习问题,并构建基于图论的半监督学习框架,回顾问题式(3.11)~式(3.13)

$$\underset{V}{\operatorname{argmin}}J \quad (V\geqslant 0,\boldsymbol{V}^{\mathrm{T}}\boldsymbol{V}=\boldsymbol{I}_k) \tag{4.7}$$

其中,$J=F(f)$,$F_2(f)\leqslant\lambda_1$即为 $\boldsymbol{V}^{\mathrm{T}}\boldsymbol{V}=\boldsymbol{I}_k$,$\boldsymbol{V}$ 是某个特定的离散划分指示函数。对于比例切,$J=\operatorname{tr}(\boldsymbol{V}^{\mathrm{T}}\boldsymbol{L}\boldsymbol{V})$;对于标准规范化切,$J=\operatorname{tr}(\boldsymbol{V}^{\mathrm{T}}\widetilde{\boldsymbol{L}}\boldsymbol{V})$;对于标准最小最大切,$J=\sum_{i=1}^{k}\frac{\boldsymbol{v}_i^{\mathrm{T}}\boldsymbol{v}_i}{\boldsymbol{v}_i^{\mathrm{T}}\boldsymbol{L}_\alpha\boldsymbol{v}_i}$。其中,$\boldsymbol{L}=\boldsymbol{D}-\boldsymbol{W}$,$\boldsymbol{L}_\alpha=\boldsymbol{D}^{-1/2}\boldsymbol{W}\boldsymbol{D}^{-1/2}$,$\widetilde{\boldsymbol{L}}=\boldsymbol{I}_n-\boldsymbol{D}^{-1/2}\boldsymbol{W}\boldsymbol{D}^{-1/2}$。

考虑经验损失项 $\ell(f(x_i),y_i))$,式(4.7)变为

$$\underset{\boldsymbol{V}^{\mathrm{T}}\boldsymbol{V}=\boldsymbol{I},\boldsymbol{V}\geqslant 0}{\operatorname{argmin}}J+\mu f(\boldsymbol{V},\boldsymbol{Y}) \tag{4.8}$$

其中,$\mu>0$ 是正则化参数,$f(\boldsymbol{V},\boldsymbol{Y})=\ell(f(x_i),y_i))$。由于 $\boldsymbol{V}$ 的离散性约束,式(4.8)的问题仍是一个 NP 难问题。获得解 $\boldsymbol{V}$ 之后,无标记样本 x_i的标签类别 y_i可以如下确定:$y_i=\{j\mid V_{ij}\neq 0\}$ 或者 $y_i=\underset{j}{\operatorname{argmax}}V_{ij}$。4.2.1.3 节将具体介绍经验损失项$f(\boldsymbol{V},\boldsymbol{Y})$的设计。

参照基于图论的无监督学习方法,舍弃解 $\boldsymbol{V}$ 的离散性约束,式(4.8)的优化目标变为

$$\underset{V}{\operatorname{argmin}}J+\mu f(\boldsymbol{V},\boldsymbol{Y})$$
$$(\boldsymbol{V}^{\mathrm{T}}\boldsymbol{V}\to\boldsymbol{I}_k,\boldsymbol{V}\geqslant 0,\|\tilde{\boldsymbol{v}}_i\|_1\geqslant\delta,i=1,2,\cdots,n) \tag{4.9}$$

其中,$0\ll\delta\leqslant 1$ 是一个常数,$\|\tilde{\boldsymbol{v}}_i\|_1$代表向量$\tilde{\boldsymbol{v}}_i$的 $L1$ 范数,即 $\|\tilde{\boldsymbol{v}}_i\|_1=\sum_j|\tilde{v}_{ij}|$。

4.2.1.3 经验损失项

现在考虑如何定义$f(\boldsymbol{V},\boldsymbol{Y})$,最简单的定义方式是

$$f(\boldsymbol{V},\boldsymbol{Y})=\|\boldsymbol{V}-\boldsymbol{Y}\|_{\mathrm{F}}^2 \tag{4.10}$$

其中,$\|\cdot\|_{\mathrm{F}}$ 是矩阵的 Frobenius 范数。记矩阵 $\boldsymbol{B}=[b_{ij}]\in\mathbf{R}^{n\times k}$,有 $\|\boldsymbol{B}\|_{\mathrm{F}}^2=\sum_{i=1}^{n}\sum_{j=1}^{k}b_{ij}^2$。

若舍弃式(4.8)中的所有约束,并按式(4.10)定义经验损失项。那么式(4.8)就变成了经典的全局局部一致性方法(LGC)。式(4.10)并不是一个最佳的经验损失项,因为当样本点较少时,标记样本在式(4.10)几乎无法得到

体现。

因此一个直观的想法是在经验损失项中仅关注有标签的样本，考虑如下定义

$$f(\boldsymbol{V},\boldsymbol{Y})=\|\boldsymbol{K}\circ\boldsymbol{V}-\boldsymbol{Y}\|_{\mathrm{F}}^{2} \tag{4.11}$$

其中，∘表示 Hadarmard 乘积(元素对应相乘)，$\boldsymbol{K}$ 是一个 $n\times c$ 矩阵，当 x_i 被标记时，$K_{iz}=1(z=1,2,\cdots,c)$，否则 $K_{iz}=0(z=1,2,\cdots,c)$。

这里展示一个简单的实例来理解式(4.10)和式(4.11)定义的区别，考虑标签矩阵

$$\boldsymbol{Y}=\begin{bmatrix}0&1&0\\0&0&0\\0&0&0\\1&0&0\\0&0&0\end{bmatrix} \tag{4.12}$$

标签 $\boldsymbol{Y}$ 采用通用的定义标准，$\boldsymbol{Y}\in\mathbf{R}^{5\times3}$ 表明共有 5 个数据点和 3 个类别，$Y_{1,2}=1$ 代表第一个数据点是标记数据且属于第二类，$Y_{4,1}=1$ 代表第四个数据点是标记数据且属于第一类，$\boldsymbol{Y}_{2,:}=\boldsymbol{0},\boldsymbol{Y}_{3,:}=\boldsymbol{0},\boldsymbol{Y}_{5,:}=\boldsymbol{0}$ 则代表第二个、三个、五个数据点是无标记样本。

基于 $\boldsymbol{K}$ 的定义，有

$$\boldsymbol{K}=\begin{bmatrix}1&1&1\\0&0&0\\0&0&0\\1&1&1\\0&0&0\end{bmatrix} \tag{4.13}$$

假设式(4.8)的最优解是

$$\boldsymbol{V}_{*}=\begin{bmatrix}0&1/\sqrt{3}&0\\0&1/\sqrt{3}&0\\0&1/\sqrt{3}&0\\1&0&0\\0&0&1\end{bmatrix} \tag{4.14}$$

给定两个近似解

$$V_1=\begin{bmatrix}1/\sqrt{3} & 0 & 0\\ 0 & 1/\sqrt{3} & 0\\ 0 & 1/\sqrt{3} & 0\\ 0 & 0 & 1\\ 0 & 0 & 1\end{bmatrix},\quad V_2=\begin{bmatrix}0 & 1/\sqrt{3} & 0\\ 0 & 1/\sqrt{3} & 0\\ 0 & 1/\sqrt{3} & 0\\ 1 & 0 & 0\\ 0 & 0 & 3\end{bmatrix} \tag{4.15}$$

有

$$\|V_1-Y\|_F^2=5$$

$$\|V_2-Y\|_F^2=9.84$$

$$\|K\circ V_1-Y\|_F^2=3.33$$

$$\|K\circ V_2-Y\|_F^2=0.17$$

于是，基于式(4.10)定义，V_1比V_2是更好的解；基于式(4.11)定义，V_2比V_1是更好的解。显然，观察式(4.14)和式(4.15)可知，V_2是一个更好的解。

实际上，由于Y的定义，式(4.10)和式(4.11)的定义都是针对V的硬约束，即要求V中的元素非0即1。

现在考虑针对V的软约束和硬约束在数值上的约束不同，软约束只要求对于标记样本x_i，V的第i行的最大值等于等i行的和，第i行的其他元素等于0。软约束定义如下

$$f(V,Y)=\mu_1\|U\circ V\|^2+\mu_2\|Y\circ V-Y\circ(V\mathbf{1}_k\mathbf{1}_k^{\mathrm{T}})\|_F^2 \tag{4.16}$$

其中，U是一个$n\times c$的矩阵，如果x_i是标记样本且其标签是$j\in\{1,2,\cdots,k\}$，那么$U_{iz}=1(z=1,2,\cdots,k;z\neq j)$，$U_{ij}=0$，如果$x_i$是无标记样本，则$U_{iz}=0(z=1,2,\cdots,c)$。$\mathbf{1}_k$是一个向量，$\mathbf{1}_c=[1,\cdots,1]^{\mathrm{T}}\in\mathbf{R}^{k\times 1}$。

式(4.16)中的第一项将使$V_{iz}=0\ (z=1,2,\cdots,c;z\neq j)$，第二项将使$V_{ij}$等于$V$中第$i$行的和。现在给出一个简单示例，基于式(4.12)、式(4.14)和式(4.15)，有

$$U=\begin{bmatrix}1 & 0 & 1\\ 0 & 0 & 0\\ 0 & 0 & 0\\ 0 & 1 & 1\\ 0 & 0 & 0\end{bmatrix} \tag{4.17}$$

注意

$$\|U\circ V_1\|^2=1.33$$

$$\|U\circ V_2\|^2=0$$

$$\|Y\circ V_1-Y\circ(V_1\mathbf{1}_k\mathbf{1}_k^{\mathrm{T}})\|^2=1.33$$

$$\|Y\circ V_2-Y\circ(V_2\mathbf{1}_k\mathbf{1}_k^{\mathrm{T}})\|^2=0$$

考虑式(4.16),显然 V_2是比 V_1更好的解。

对于硬约束而言,式(4.11)是更好的选择;对于软约束而言式(4.16)是更好的选择。

4.2.1.4　$\mu=\infty$

在问题式(4.9)中,若设定$\mu=\infty$,那么目标函数则变成

$$\underset{V}{\operatorname{argmin}} J$$

$$(V_l=Y_l, V_u^{\mathrm{T}}V_u\to I_k, V_u\geqslant 0, \|\tilde{v}_{u_i}\|_1\geqslant\delta, i=1,2,\cdots,n) \tag{4.18}$$

其中,$0\ll\delta\leqslant 1$ 是一个常数,$\|\tilde{v}_{u_i}\|_1$ 代表向量$\tilde{v}_{u_i}$的 l_1 范数,即 $\|\tilde{v}_{u_i}\|_1=\sum\limits_j|\tilde{v}_{u_{ij}}|$。$V_l$, V_u对应标记样本和未标记样本的解,$V=[V_l;V_u]$。

将 L 按如下方式分成四部分

$$L=\begin{bmatrix}L_{ll} & L_{lu}\\ L_{ul} & L_{uu}\end{bmatrix} \tag{4.19}$$

有

$$V^{\mathrm{T}}LV=[V_l;V_u]^{\mathrm{T}}\begin{bmatrix}L_{ll} & L_{lu}\\ L_{ul} & L_{uu}\end{bmatrix}[V_l;V_u]=V_l^{\mathrm{T}}L_{ll}V_l+V_l^{\mathrm{T}}L_{lu}V_u+V_u^{\mathrm{T}}L_{ul}V_l+V_u^{\mathrm{T}}L_{uu}V_u$$

由于 $V_l=Y_l$, $L_{lu}=L_{ul}^{\mathrm{T}}$,舍弃常数项 $V_l^{\mathrm{T}}L_{ll}V_l$,式(4.18)变为以下形式。

对于比例切

$$\underset{V_u\in R^{u\times k}}{\operatorname{argmin}}\operatorname{tr}(2V_u^{\mathrm{T}}L_{ul}Y_l+V_u^{\mathrm{T}}L_{uu}V_u)$$

$$(V_l=Y_l, V_u^{\mathrm{T}}V_u\to I_k, V_u\geqslant 0, \|\tilde{v}_{u_i}\|_1\geqslant\delta, i=1,2,\cdots,n) \tag{4.20}$$

对于标准规范化切

$$\underset{V_u\in R^{u\times k}}{\operatorname{argmin}}\operatorname{tr}(2V_u^{\mathrm{T}}\tilde{L}_{ul}Y_l+V_u^{\mathrm{T}}\tilde{L}_{uu}V_u)$$

$$(V_l=Y_l, V_u^{\mathrm{T}}V_u\to I_k, V_u\geqslant 0, \|\tilde{v}_{u_i}\|_1\geqslant\delta, i=1,2,\cdots,n) \tag{4.21}$$

记 V 的第 i 列是 v_i,而 v_{l_i}, v_{u_i} 对应标记样本和未标记样本解的第 i 列,$v_i=[v_{l_i};v_{u_i}]$。将 L_α按如下方式分成四部分

$$L_\alpha=\begin{bmatrix}L_{\alpha_{ll}} & L_{\alpha_{lu}}\\ L_{\alpha_{ul}} & L_{\alpha_{uu}}\end{bmatrix} \tag{4.22}$$

对于标准最小最大切有

$$\underset{V_u \in R^{u\times k}}{\operatorname{argmin}} \sum_{i=1}^{k} \frac{\boldsymbol{v}_i^{\mathrm{T}}\boldsymbol{v}_i}{\boldsymbol{v}_i^{\mathrm{T}}\boldsymbol{L}_\alpha \boldsymbol{v}_i} = \sum_{i=1}^{k} \frac{\boldsymbol{v}_{l_i}^{\mathrm{T}}\boldsymbol{v}_{l_i} + \boldsymbol{v}_{u_i}^{\mathrm{T}}\boldsymbol{v}_{u_i}}{\boldsymbol{v}_{l_i}^{\mathrm{T}}\boldsymbol{L}_{\alpha_{ll}}\boldsymbol{v}_{l_i} + 2\boldsymbol{v}_{u_i}^{\mathrm{T}}\boldsymbol{L}_{\alpha_{ul}}\boldsymbol{v}_{l_i} + \boldsymbol{v}_{u_i}^{\mathrm{T}}\boldsymbol{L}_{\alpha_{uu}}\boldsymbol{v}_{u_i}}$$

$$(\boldsymbol{v}_{l_i}=\boldsymbol{y}_{l_i}, \boldsymbol{V}_u^{\mathrm{T}}\boldsymbol{V}_u \to \boldsymbol{I}_k, \boldsymbol{V}_u \geqslant 0, \|\tilde{\boldsymbol{v}}_{u_i}\|_1 \geqslant \delta, i=1,2,\cdots,n) \tag{4.23}$$

4.2.2 基于图论的半监督聚类学习

4.2.2.1 半监督聚类学习问题描述

记给定数据样本对是$(\boldsymbol{x}_i, \boldsymbol{x}_j, \boldsymbol{\sigma}_{ij})$，$(i=1,2,\cdots,n, j=1,2,\cdots,n)$，其中$(\boldsymbol{x}_i, \boldsymbol{y}_i, \boldsymbol{\sigma}_i)$$(i=1,2,\cdots,n)$代表第 i 个训练样本的状态，$\boldsymbol{x}_i \in R^m$是样本点，$\sigma_{ij} \in \{0,1,-1\}$描述了样本对之间的相似关系，$\sigma_{ij}=1$ 代表样本 $\boldsymbol{x}_i$和 $\boldsymbol{x}_j$之间是相似的，$\sigma_{ij}=-1$ 代表样本 x_i和 x_j之间是不相似的，$\boldsymbol{\sigma}_{ij}=0$ 则代表样本 $\boldsymbol{x}_i$ 和 $\boldsymbol{x}_j$之间的相似关系未知。半监督聚类学习的任务是根据已有数据状态推断出 $\boldsymbol{\sigma}_{ij}=0$ 的样本对之间的相似关系，即完成聚类工作。

4.2.2.2 模型定义

在无监督学习中，样本相似关系的计算是在欧几里得空间中进行的，如果提供了样本对的相似关系，一个合理的想法是根据先验样本对的相似关系对欧几里得空间中所有样本的相似性计算加以约束。考虑某种图划分的正则化项 J，在式(4.7)的基础之上，依据 Ivanov 正则化的思路，加入约束 $F_3(\boldsymbol{L}^*) \leqslant \lambda_3$，最后得到问题

$$\underset{\boldsymbol{V}^{\mathrm{T}}\boldsymbol{V}=\boldsymbol{I}, \boldsymbol{V}\geqslant 0, F_3(\boldsymbol{L}^*)\leqslant\lambda_3}{\operatorname{argmin}} J \tag{4.24}$$

其中，约束 $F_3(\boldsymbol{L}^*) \leqslant \lambda_3$，$\boldsymbol{L}^*$代表拉普拉斯矩阵 $\boldsymbol{L}$ 或者 $\boldsymbol{L}_\alpha$。对拉普拉斯矩阵的约束实质是对相似关系矩阵 $\boldsymbol{W}$ 的约束，使得 $\boldsymbol{W}$ 尽量满足先验样本对之间的相似关系，即相似的样本在 $\boldsymbol{W}$ 中具有较大的值，不相似的样本在 $\boldsymbol{W}$ 中具有较小的值。$\boldsymbol{W}$ 的计算和 $\boldsymbol{V}$ 是无关的，计算 $\boldsymbol{W}$ 的过程实质是度量学习的思路[40-42]。

度量学习考察以下距离：

$$d_{\boldsymbol{M}}^2(\boldsymbol{x}_i, \boldsymbol{x}_j) = (\boldsymbol{x}_i - \boldsymbol{x}_j)^{\mathrm{T}}\boldsymbol{M}(\boldsymbol{x}_i - \boldsymbol{x}_j) \tag{4.25}$$

其中，$\boldsymbol{M}$ 是半正定矩阵。

距离 $d_{\boldsymbol{M}}^2(\boldsymbol{x}_i, \boldsymbol{x}_j)$被称为马氏距离(Mahalanobis distance)，实际上，先验样本对信息的作用是将欧几里得空间转换成一个马氏空间，并在马氏空间中计算所有样本的相似关系。这样既利用了先验样本对信息，又不会造成过拟合现象，模型的泛化能力强。在马氏空间中计算出数据的相似关系矩阵 $\boldsymbol{W}$ 后，去掉约束条件 $F_3(\boldsymbol{L}^*) \leqslant \lambda_3$求解式(4.24)。

4.3　基于图论的半监督学习算法

4.3.1　基于图论的半监督分类算法

式(4.9)、式(4.18)是解决基于图论的半监督学习的优化目标,参考第 3 章,将正则化项 $R=D_{ld}(\boldsymbol{V}^{\mathrm{T}}\boldsymbol{V},\boldsymbol{I})$ 放入优化目标中,以达到正交约束条件 $\boldsymbol{V}^{\mathrm{T}}\boldsymbol{V}=\boldsymbol{I}_k$ 的合同近似,同时保持严格的非负约束,减少目标函数的约束条件项。通过这种方法,式(4.9)变为

$$\underset{\boldsymbol{V}\geqslant 0}{\operatorname{argmin}} J+\lambda R+\mu f(\boldsymbol{V},\boldsymbol{Y}) \tag{4.26}$$

在式(4.9)中,若设定 $\mu=\infty$,则

$$\underset{\boldsymbol{V}_u\geqslant 0,\boldsymbol{V}_l=\boldsymbol{Y}_l}{\operatorname{argmin}}\ J+\lambda R(\boldsymbol{V}_u) \tag{4.27}$$

式(4.26)的目标函数可以写为

$$\mathcal{O}=J+\lambda R+\mu f(\boldsymbol{V},\boldsymbol{Y}) \tag{4.28}$$

记 ϕ_{jk} 是约束 $v_{jk}\geqslant 0$ 的拉格朗日乘子,另外,记 $\boldsymbol{\Phi}=[\phi_{jk}]$,式(4.28)的拉格朗日函数 $\mathcal{L}$ 可以写为

$$\mathcal{L}=J+\lambda R+\mu f(\boldsymbol{V},\boldsymbol{Y})+\operatorname{tr}(\boldsymbol{\Phi}\boldsymbol{V}^{\mathrm{T}}) \tag{4.29}$$

将定义式(4.10)、式(4.11)、式(4.16)分别称为全局硬约束、局部硬约束和局部软约束。

4.3.1.1　全局硬约束

对于全局硬约束,$f(\boldsymbol{V},\boldsymbol{Y})=\|\boldsymbol{V}-\boldsymbol{Y}\|_{\mathrm{F}}^2$。

对于式(4.29),$\mathcal{L}$ 对 $\boldsymbol{V}$ 求导,有

$$\frac{\partial\mathcal{L}}{\partial\boldsymbol{V}}=\frac{\partial J}{\partial\boldsymbol{V}}+2\lambda\boldsymbol{V}-2\lambda\boldsymbol{V}(\boldsymbol{V}^{\mathrm{T}}\boldsymbol{V})^{-1}+\mu(\boldsymbol{V}-\boldsymbol{Y})+\boldsymbol{\Phi} \tag{4.30}$$

使用 KKT 条件[98] $\phi_{jk}v_{jk}=0$,可得关于 v_{jk} 的如下等式

$$v_{jk}\longleftarrow v_{jk}\frac{(\boldsymbol{L}^{-}\boldsymbol{V}+\mu\boldsymbol{Y}+\lambda[\boldsymbol{V}(\boldsymbol{V}^{\mathrm{T}}\boldsymbol{V})^{-1}]^{+})_{jk}}{(\boldsymbol{L}^{+}\boldsymbol{V}+\lambda\boldsymbol{V}+\mu\boldsymbol{V}+\lambda[\boldsymbol{V}(\boldsymbol{V}^{\mathrm{T}}\boldsymbol{V})^{-1}]^{-})_{jk}} \tag{4.31}$$

$$v_{jk}\longleftarrow v_{jk}\frac{(\widetilde{\boldsymbol{L}}^{-}\boldsymbol{V}+\mu\boldsymbol{Y}+\lambda[\boldsymbol{V}(\boldsymbol{V}^{\mathrm{T}}\boldsymbol{V})^{-1}]^{+})_{jk}}{(\widetilde{\boldsymbol{L}}^{+}\boldsymbol{V}+\lambda\boldsymbol{V}+\mu\boldsymbol{V}+\lambda[\boldsymbol{V}(\boldsymbol{V}^{\mathrm{T}}\boldsymbol{V})^{-1}]^{-})_{jk}} \tag{4.32}$$

$$v_{jk}\longleftarrow v_{jk}\frac{(\boldsymbol{L}_{\alpha}\boldsymbol{V}_{\gamma}+\mu\boldsymbol{Y}+\lambda[\boldsymbol{V}(\boldsymbol{V}^{\mathrm{T}}\boldsymbol{V})^{-1}]^{+})_{jk}}{(\boldsymbol{V}_{\beta}+\lambda\boldsymbol{V}+\mu\boldsymbol{V}+\lambda[\boldsymbol{V}(\boldsymbol{V}^{\mathrm{T}}\boldsymbol{V})^{-1}]^{-})_{jk}} \tag{4.33}$$

式(4.31)是比例划分准则下的基于图论的半监督学习算法,式(4.32)是标准规范化划分准则下的基于图论的半监督学习算法,式(4.33)是标准最小最大划分准则下的基于图论的半监督学习算法。符号回顾,一个矩阵 $\boldsymbol{B}$ 写成正负两个部分:$\boldsymbol{B}_{ik}^{+}=(|\boldsymbol{B}_{ik}|+\boldsymbol{B}_{ik})/2,\boldsymbol{B}_{ik}^{-}=(|\boldsymbol{B}_{ik}|-\boldsymbol{B}_{ik})/2$。通常要求 $\boldsymbol{W}$ 非负,则 $\boldsymbol{L}^{+}=\boldsymbol{D},\boldsymbol{L}^{-}=\boldsymbol{W},\widetilde{\boldsymbol{L}}^{+}=\boldsymbol{I}_{n},\widetilde{\boldsymbol{L}}^{-}=\boldsymbol{D}^{-1/2}\boldsymbol{W}\boldsymbol{D}^{-1/2},\boldsymbol{L}_{\alpha}=\boldsymbol{D}^{-1/2}\boldsymbol{W}\boldsymbol{D}^{-1/2}$。在式(4.33)迭代过程中,$\boldsymbol{V}_{\beta}$ 和 $\boldsymbol{V}_{\gamma}$ 分别为:$\boldsymbol{V}_{\beta}=\left[\frac{1}{\boldsymbol{v}_{1}^{\mathrm{T}}\boldsymbol{L}_{\alpha}\boldsymbol{v}_{1}}\boldsymbol{v}_{1},\frac{1}{\boldsymbol{v}_{2}^{\mathrm{T}}\boldsymbol{L}_{\alpha}\boldsymbol{v}_{2}}\boldsymbol{v}_{2},\cdots,\frac{1}{\boldsymbol{v}_{k}^{\mathrm{T}}\boldsymbol{L}_{\alpha}\boldsymbol{v}_{k}}\boldsymbol{v}_{k}\right],\boldsymbol{V}_{\gamma}=\left[\frac{\boldsymbol{v}_{1}^{\mathrm{T}}\boldsymbol{v}_{1}}{(\boldsymbol{v}_{1}^{\mathrm{T}}\boldsymbol{L}_{\alpha}\boldsymbol{v}_{1})^{2}}\boldsymbol{v}_{1},\frac{\boldsymbol{v}_{2}^{\mathrm{T}}\boldsymbol{v}_{2}}{(\boldsymbol{v}_{2}^{\mathrm{T}}\boldsymbol{L}_{\alpha}\boldsymbol{v}_{2})^{2}}\boldsymbol{v}_{2},\cdots,\frac{\boldsymbol{v}_{k}^{\mathrm{T}}\boldsymbol{v}_{k}}{(\boldsymbol{v}_{k}^{\mathrm{T}}\boldsymbol{L}_{\alpha}\boldsymbol{v}_{k})^{2}}\boldsymbol{v}_{k}\right]$。

4.3.1.2 局部硬约束

对于局部硬约束,$f(\boldsymbol{V},\boldsymbol{Y})=\|\boldsymbol{K}\circ\boldsymbol{V}-\boldsymbol{Y}\|_{\mathrm{F}}^{2}$。

对于式(4.29),$\mathcal{L}$ 对 $\boldsymbol{V}$ 求导,有

$$\frac{\partial\mathcal{L}}{\partial\boldsymbol{V}}=\frac{\partial J}{\partial\boldsymbol{V}}+2\lambda\boldsymbol{V}-2\lambda\boldsymbol{V}(\boldsymbol{V}^{\mathrm{T}}\boldsymbol{V})^{-1}+\mu(\boldsymbol{K}\circ\boldsymbol{V}-\boldsymbol{Y})+\boldsymbol{\Phi}\tag{4.34}$$

使用 KKT 条件[98] $\phi_{jk}v_{jk}=0$,可得关于 v_{jk} 的如下等式

$$v_{jk}\leftarrow v_{jk}\frac{(\boldsymbol{L}^{-}\boldsymbol{V}+\mu\boldsymbol{Y}+\lambda[\boldsymbol{V}(\boldsymbol{V}^{\mathrm{T}}\boldsymbol{V})^{-1}]^{+})_{jk}}{(\boldsymbol{L}^{+}\boldsymbol{V}+\lambda\boldsymbol{V}+\mu\boldsymbol{K}\circ\boldsymbol{V}+\lambda[\boldsymbol{V}(\boldsymbol{V}^{\mathrm{T}}\boldsymbol{V})^{-1}]^{-})_{jk}}\tag{4.35}$$

$$v_{jk}\leftarrow v_{jk}\frac{(\widetilde{\boldsymbol{L}}^{-}\boldsymbol{V}+\mu\boldsymbol{Y}+\lambda[\boldsymbol{V}(\boldsymbol{V}^{\mathrm{T}}\boldsymbol{V})^{-1}]^{+})_{jk}}{(\widetilde{\boldsymbol{L}}^{+}\boldsymbol{V}+\lambda\boldsymbol{V}+\mu\boldsymbol{K}\circ\boldsymbol{V}+\lambda[\boldsymbol{V}(\boldsymbol{V}^{\mathrm{T}}\boldsymbol{V})^{-1}]^{-})_{jk}}\tag{4.36}$$

$$v_{jk}\leftarrow v_{jk}\frac{(\boldsymbol{L}_{\alpha}\boldsymbol{V}_{\gamma}+\mu\boldsymbol{Y}+\lambda[\boldsymbol{V}(\boldsymbol{V}^{\mathrm{T}}\boldsymbol{V})^{-1}]^{+})_{jk}}{(\boldsymbol{V}_{\beta}+\lambda\boldsymbol{V}+\mu\boldsymbol{K}\circ\boldsymbol{V}+\lambda[\boldsymbol{V}(\boldsymbol{V}^{\mathrm{T}}\boldsymbol{V})^{-1}]^{-})_{jk}}\tag{4.37}$$

式(4.35)是比例划分准则下的基于图论的半监督学习算法,式(4.36)是标准规范化划分准则下的基于图论的半监督学习算法,式(4.37)是标准最小最大划分准则下的基于图论的半监督学习算法。

4.3.1.3 局部软约束

对于局部软约束,$f(\boldsymbol{V},\boldsymbol{Y})=\mu_{1}\|\boldsymbol{U}\circ\boldsymbol{V}\|^{2}+\mu_{2}\|\boldsymbol{Y}\circ\boldsymbol{V}-\boldsymbol{Y}\circ(\boldsymbol{V}\boldsymbol{1}_{k}\boldsymbol{1}_{k}^{\mathrm{T}})\|_{\mathrm{F}}^{2}$。

对于式(4.29),令 $\mu=1$,$\mathcal{L}$ 对 $\boldsymbol{V}$ 求导,有

$$\frac{\partial\mathcal{L}}{\partial\boldsymbol{V}}=\frac{\partial J}{\partial\boldsymbol{V}}+2\lambda\boldsymbol{V}-2\lambda\boldsymbol{V}(\boldsymbol{V}^{\mathrm{T}}\boldsymbol{V})^{-1}+\mu_{1}\boldsymbol{U}\circ\boldsymbol{V}+\mu_{2}\boldsymbol{Y}\circ\boldsymbol{V}-\mu_{2}\boldsymbol{Y}\circ(\boldsymbol{V}\boldsymbol{1}_{k}\boldsymbol{1}_{k}^{\mathrm{T}})+\boldsymbol{\Phi}\tag{4.38}$$

使用 KKT 条件[98] $\phi_{jk}v_{jk}=0$,可得关于 v_{jk} 的如下等式

$$v_{jk}\leftarrow v_{jk}\frac{(\boldsymbol{L}^{-}\boldsymbol{V}+\mu_{2}\boldsymbol{Y}\circ(\boldsymbol{V}\boldsymbol{1}_{k}\boldsymbol{1}_{k}^{\mathrm{T}})+\lambda[\boldsymbol{V}(\boldsymbol{V}^{\mathrm{T}}\boldsymbol{V})^{-1}]^{+})_{jk}}{(\boldsymbol{L}^{+}\boldsymbol{V}+\lambda\boldsymbol{V}+\mu_{1}\boldsymbol{U}\circ\boldsymbol{V}+\mu_{2}\boldsymbol{Y}\circ\boldsymbol{V}+\lambda[\boldsymbol{V}(\boldsymbol{V}^{\mathrm{T}}\boldsymbol{V})^{-1}]^{-})_{jk}}\tag{4.39}$$

$$v_{jk} \leftarrow v_{jk} \frac{(\widetilde{L}^{-}V+\mu_2 Y\circ(V\mathbf{1}_k\mathbf{1}_k^{\mathrm{T}})+\lambda[V(V^{\mathrm{T}}V)^{-1}]^{+})_{jk}}{(\widetilde{L}^{+}V+\lambda V+\mu_1 U\circ V+\mu_2 Y\circ V+\lambda[V(V^{\mathrm{T}}V)^{-1}]^{-})_{jk}} \tag{4.40}$$

$$v_{jk} \leftarrow v_{jk} \frac{(L_{\alpha}V_{\gamma}+\mu_2 Y\circ(V\mathbf{1}_k\mathbf{1}_k^{\mathrm{T}})+\lambda[V(V^{\mathrm{T}}V)^{-1}]^{+})_{jk}}{(V_{\beta}+\lambda V+\mu_1 U\circ V+\mu_2 Y\circ V+\lambda[V(V^{\mathrm{T}}V)^{-1}]^{-})_{jk}} \tag{4.41}$$

式(4.39)是比例划分准则下的基于图论的半监督学习算法,式(4.40)是标准规范化划分准则下的基于图论的半监督学习算法,式(4.41)是标准最小最大划分准则下的基于图论的半监督学习算法。

4.3.1.4　$\boldsymbol{\mu}=\infty$

式(4.27)的目标函数可以写为

$$\mathcal{O}=J+\lambda R(V_u) \tag{4.42}$$

记 ϕ_{jk}是约束 $v_{jk}\geqslant 0$ 的拉格朗日乘子,另外,记 $\boldsymbol{\Phi}=[\phi_{jk}]$,式(4.42)的拉格朗日函数 $\mathcal{L}$ 可以写为

$$\mathcal{L}=J+R(V_u)+\mathrm{tr}(\boldsymbol{\Phi}V_u^{\mathrm{T}}) \tag{4.43}$$

对于比例切准则,对照式(4.20)

$$\frac{\partial \mathcal{L}}{\partial V_u}=2L_{ul}Y_l+2L_{uu}V_u+2\lambda V_u-2\lambda V_u(V_u^{\mathrm{T}}V_u)^{-1}+\boldsymbol{\Phi} \tag{4.44}$$

使用 KKT 条件[98] $\phi_{jk}v_{u_{jk}}=0$,可得关于 $v_{u_{jk}}$ 的如下等式

$$v_{u_{jk}} \leftarrow v_{u_{jk}} \frac{(L_{uu}^{-}V_u+L_{ul}^{-}Y_l+\lambda[V_u(V_u^{\mathrm{T}}V_u)^{-1}]^{+})_{jk}}{(L_{uu}^{+}V_u+L_{ul}^{+}Y_l+\lambda V_u+\lambda[V_u(V_u^{\mathrm{T}}V_u)^{-1}]^{-})_{jk}} \tag{4.45}$$

对于标准规范化切,对应的有

$$v_{u_{jk}} \leftarrow v_{u_{jk}} \frac{(\widetilde{L}_{uu}^{-}V_u+\widetilde{L}_{ul}^{-}Y_l+\lambda[V_u(V_u^{\mathrm{T}}V_u)^{-1}]^{+})_{jk}}{(\widetilde{L}_{uu}^{+}V_u+\widetilde{L}_{ul}^{+}Y_l+\lambda V_u+\lambda[V_u(V_u^{\mathrm{T}}V_u)^{-1}]^{-})_{jk}} \tag{4.46}$$

对于标准最小最大切,其优化目标为

$$\mathcal{O}_{\mathrm{Minmaxcut}}=\sum_{i=1}^{k}\frac{v_i^{\mathrm{T}}v_i}{v_i^{\mathrm{T}}L_{\alpha}v_i}+\lambda R(V_u) \tag{4.47}$$

按照式(4.22)划分 L_{α},记 v_{l_i},v_{u_i}对应标记样本和未标记样本解的第 i 列,$v_i=[v_{l_i};v_{u_i}]$,记 ϕ_{jk}是约束 $v_{jk}\geqslant 0$ 的拉格朗日乘子,另外,记 $\boldsymbol{\Phi}=[\phi_{jk}]$,式(4.47)的拉格朗日函数 $\mathcal{L}_{\mathrm{Minmaxcut}}$ 可以写为

$$\mathcal{L}_{\mathrm{Minmaxcut}}=\sum_{i=1}^{k}\frac{v_i^{\mathrm{T}}v_i}{v_i^{\mathrm{T}}L_{\alpha}v_i}+\lambda\,\mathrm{tr}(V_u^{\mathrm{T}}V_u)-\lambda\,\mathrm{logdet}(V_u^{\mathrm{T}}V_u)+\mathrm{tr}(\boldsymbol{\Phi}V_u^{\mathrm{T}}) \tag{4.48}$$

$\mathcal{L}_{\mathrm{Minmaxcut}}$对 V_u求导,有

$$\frac{\partial \mathcal{L}_{\mathrm{Minmaxcut}}}{\partial \boldsymbol{V}_u}=2(\boldsymbol{V}_\beta-\boldsymbol{L}_{\alpha_{ul}}\boldsymbol{V}_\gamma-\boldsymbol{L}_{\alpha_{uu}}\boldsymbol{V}_\theta)+2\lambda\boldsymbol{V}_u-2\lambda\boldsymbol{V}_u(\boldsymbol{V}_u^{\mathrm{T}}\boldsymbol{V}_u)^{-1}+\boldsymbol{\Phi} \tag{4.49}$$

其中

$$\boldsymbol{V}_\beta=\left[\frac{1}{\boldsymbol{v}_1^{\mathrm{T}}\boldsymbol{L}_\alpha\boldsymbol{v}_1}\boldsymbol{v}_{u_1},\frac{1}{\boldsymbol{v}_2^{\mathrm{T}}\boldsymbol{L}_\alpha\boldsymbol{v}_2}\boldsymbol{v}_{u_2},\cdots,\frac{1}{\boldsymbol{v}_k^{\mathrm{T}}\boldsymbol{L}_\alpha\boldsymbol{v}_k}\boldsymbol{v}_{u_k}\right] \tag{4.50}$$

$$\boldsymbol{V}_\gamma=\left[\frac{\boldsymbol{v}_1^{\mathrm{T}}\boldsymbol{v}_1}{(\boldsymbol{v}_1^{\mathrm{T}}\boldsymbol{L}_\alpha\boldsymbol{v}_1)^2}\boldsymbol{y}_{l_1},\frac{\boldsymbol{v}_2^{\mathrm{T}}\boldsymbol{v}_2}{(\boldsymbol{v}_2^{\mathrm{T}}\boldsymbol{L}_\alpha\boldsymbol{v}_2)^2}\boldsymbol{y}_{l_2},\cdots,\frac{\boldsymbol{v}_k^{\mathrm{T}}\boldsymbol{v}_k}{(\boldsymbol{v}_k^{\mathrm{T}}\boldsymbol{L}_\alpha\boldsymbol{v}_k)^2}\boldsymbol{y}_{l_k}\right] \tag{4.51}$$

$$\boldsymbol{V}_\theta=\left[\frac{\boldsymbol{v}_1^{\mathrm{T}}\boldsymbol{v}_1}{(\boldsymbol{v}_1^{\mathrm{T}}\boldsymbol{L}_\alpha\boldsymbol{v}_1)^2}\boldsymbol{v}_{u_1},\frac{\boldsymbol{v}_2^{\mathrm{T}}\boldsymbol{v}_2}{(\boldsymbol{v}_2^{\mathrm{T}}\boldsymbol{L}_\alpha\boldsymbol{v}_2)^2}\boldsymbol{v}_{u_2},\cdots,\frac{\boldsymbol{v}_k^{\mathrm{T}}\boldsymbol{v}_k}{(\boldsymbol{v}_k^{\mathrm{T}}\boldsymbol{L}_\alpha\boldsymbol{v}_k)^2}\boldsymbol{v}_{u_k}\right] \tag{4.52}$$

使用 KKT 条件[98] $\phi_{jk}v_{jk}=0$,可得关于 v_{jk} 的如下等式

$$(\boldsymbol{V}_\beta-\boldsymbol{L}_{\alpha_{ul}}\boldsymbol{V}_\gamma-\boldsymbol{L}_{\alpha_{uu}}\boldsymbol{V}_\theta)_{jk}v_{u_{jk}}+\lambda\boldsymbol{V}_{u_{jk}}v_{u_{jk}}-\lambda(\boldsymbol{V}_u(\boldsymbol{V}_u^{\mathrm{T}}\boldsymbol{V}_u)^{-1})_{jk}v_{u_{jk}}=0$$

注意 $\boldsymbol{L}_\alpha=\boldsymbol{D}^{-1/2}\boldsymbol{W}\boldsymbol{D}^{-1/2}$ 非负,根据上述等式,可得如下更新规则

$$v_{u_{jk}}\leftarrow v_{u_{jk}}\frac{(\boldsymbol{L}_{\alpha_{ul}}\boldsymbol{V}_\gamma+\boldsymbol{L}_{\alpha_{uu}}\boldsymbol{V}_\theta+\lambda[\boldsymbol{V}_u(\boldsymbol{V}_u^{\mathrm{T}}\boldsymbol{V}_u)^{-1}]^+)_{jk}}{(\boldsymbol{V}_\beta+\lambda\boldsymbol{V}_u+\lambda[\boldsymbol{V}_u(\boldsymbol{V}_u^{\mathrm{T}}\boldsymbol{V}_u)^{-1}]^-)_{jk}} \tag{4.53}$$

4.3.2 基于图论的半监督聚类算法

如果提供的标签信息是样本对的相似关系,那么半监督聚类的方法是:通过样本对信息辅助构建权重矩阵。具体来说,首先,通过标签数据计算马氏距离,然后,在马氏距离中计算权重矩阵。

本章采用 KISS 度量学习[40]计算马氏矩阵 $\boldsymbol{M}$,KISS 度量学习通过等式约束学习度量矩阵,首先,设定 $\boldsymbol{x}_{ij}=\boldsymbol{x}_i-\boldsymbol{x}_j$,然后进行似然度检验判断样本对是否相似。似然度检验可以写为如下形式:

$$\delta(\boldsymbol{x}_{ij})=\lg\left(\frac{1/\sqrt{2\pi|\boldsymbol{\Sigma}_{y_{ij}=0}|}\exp(-1/2\boldsymbol{x}_{ij}^{\mathrm{T}}\boldsymbol{\Sigma}_{y_{ij}=0}^{-1}\boldsymbol{x}_{ij})}{1/\sqrt{2\pi|\boldsymbol{\Sigma}_{y_{ij}=1}|}\exp(-1/2\boldsymbol{x}_{ij}^{\mathrm{T}}\boldsymbol{\Sigma}_{y_{ij}=1}^{-1}\boldsymbol{x}_{ij})}\right) \tag{4.54}$$

其中,$y_{ij}=1$ 表示样本同标签,$\boldsymbol{y}_{ij}=0$ 表示样本不同标签。

$$\boldsymbol{\Sigma}_{y_{ij}=1}=\sum_{y_{ij}=1}(\boldsymbol{x}_i-\boldsymbol{x}_j)(\boldsymbol{x}_i-\boldsymbol{x}_j)^{\mathrm{T}} \tag{4.55}$$

$$\boldsymbol{\Sigma}_{y_{ij}=0}=\sum_{y_{ij}=0}(\boldsymbol{x}_i-\boldsymbol{x}_j)(\boldsymbol{x}_i-\boldsymbol{x}_j)^{\mathrm{T}} \tag{4.56}$$

简化 $\delta(\boldsymbol{x}_{ij})$ 得

$$\delta(\boldsymbol{x}_{ij})=\boldsymbol{x}_{ij}^{\mathrm{T}}\Big(\sum_{y_{ij}=1}^{-1}-\sum_{ij=0}^{-1}\Big)\boldsymbol{x}_{ij} \tag{4.57}$$

最后,计算 $\widetilde{\boldsymbol{M}}=\left(\sum_{\gamma_{ij}=1}^{-1}-\sum_{ij=0}^{-1}\right)$,将$\widetilde{\boldsymbol{M}}$投影到半正定矩阵锥上,得到 $\boldsymbol{M}$。随后对 $\boldsymbol{M}$ 做 Cholesky 分解:

$$\boldsymbol{M}=\boldsymbol{R}^{\mathrm{T}}\boldsymbol{R} \tag{4.58}$$

其中,$\boldsymbol{R}$ 是唯一的上三角矩阵。

$\boldsymbol{x}_i,\boldsymbol{x}_j$的新距离为

$$d_{\boldsymbol{M}}^2(\boldsymbol{x}_i,\boldsymbol{x}_j)=(\boldsymbol{x}_i-\boldsymbol{x}_j)^{\mathrm{T}}\boldsymbol{R}^{\mathrm{T}}\boldsymbol{R}(\boldsymbol{x}_i-\boldsymbol{x}_j)=\|\boldsymbol{R}(\boldsymbol{x}_i-\boldsymbol{x}_j)\|^2 \tag{4.59}$$

在马氏空间计算拉普拉斯矩阵,将马氏空间的图划分优化目标记为$\widetilde{J}$,采用合同近似逼近,式(4.24)变为

$$\underset{\boldsymbol{V}\geqslant 0}{\operatorname{argmin}}\widetilde{\boldsymbol{J}}+\boldsymbol{\lambda R} \tag{4.60}$$

在计算完马氏空间中的相似关系矩阵 $\boldsymbol{W}$ 后,求解式(4.60)的方法和 3.4 节中的无监督方法是一致的。

4.4　与以往工作的区别和联系

4.4.1　LGC 方法和 GFHF 方法

LGC 方法和 GFHF 方法的目标函数(记为 Q)包括两项:全局平滑度项 Q_{smooth}和局部拟合项 Q_{fit},记最终的解为 $\boldsymbol{V}$,其数学问题为

$$\underset{\boldsymbol{V}\in\mathbf{R}^{n\times k}}{\operatorname{argmin}}Q_{\text{smooth}}(\boldsymbol{V})+\mu Q_{\text{fit}}(\boldsymbol{V}) \tag{4.61}$$

LGC 方法中,$Q_{\text{smooth}}(V)=\operatorname{tr}(\boldsymbol{V}^{\mathrm{T}}\boldsymbol{L}\boldsymbol{V})$,$Q_{\text{fit}}(\boldsymbol{V})=\|\boldsymbol{V}-\boldsymbol{Y}\|^2$。其中,$\boldsymbol{L}$ 是拉普拉斯矩阵,$\boldsymbol{Y}$ 是标签矩阵。因此,LGC 的优化目标是

$$\underset{\boldsymbol{V}\in\mathbf{R}^{n\times k}}{\operatorname{argmin}}\operatorname{tr}(\boldsymbol{V}^{\mathrm{T}}\boldsymbol{L}\boldsymbol{V})+\mu\|\boldsymbol{V}-\boldsymbol{Y}\|^2 \tag{4.62}$$

对 $\boldsymbol{V}$ 求偏导可得式(4.62)的最优解 $\boldsymbol{V}=\left(\dfrac{1}{\mu}\boldsymbol{L}+\boldsymbol{I}\right)^{-1}\boldsymbol{Y}$。

可发现式(4.62)是在本章问题即式(4.8)的框架下,区别是式(4.62)使用的经验损失函数是$f(\boldsymbol{V},\boldsymbol{Y})=\|\boldsymbol{V}-\boldsymbol{Y}\|^2$,且舍弃一切约束条件。

在式(4.62)中,若设定$\mu=\infty$,那么目标函数则变成 GFHF 的优化目标

$$\underset{\boldsymbol{V}\in\mathbf{R}^{n\times k}}{\operatorname{argmin}}\operatorname{tr}(\boldsymbol{V}^{\mathrm{T}}\boldsymbol{L}\boldsymbol{V}) \tag{4.63}$$

同时满足约束

$$\frac{\partial Q}{\partial \boldsymbol{V}_u}=\Delta\boldsymbol{V}_u=0$$

$$V_l = Y_l$$

其中，V_l，V_u对应标记样本和未标记样本的解，$V=[V_l;V_u]$。将 L 按如下方式分成四部分

$$L=\begin{bmatrix} L_{ll} & L_{lu} \\ L_{ul} & L_{uu} \end{bmatrix} \tag{4.64}$$

有

$$V^{\mathrm{T}}LV=[V_l;V_u]^{\mathrm{T}}\begin{bmatrix} L_{ll} & L_{lu} \\ L_{ul} & L_{uu} \end{bmatrix}[V_l;V_u]=V_l^{\mathrm{T}}L_{ll}V_l+V_l^{\mathrm{T}}L_{lu}V_u+V_u^{\mathrm{T}}L_{ul}V_l+V_u^{\mathrm{T}}L_{uu}V_u$$

由于 $V_l=Y_l$，$L_{lu}=L_{ul}^{\mathrm{T}}$，舍弃常数项 $V_l^{\mathrm{T}}L_{ll}V_l$，$V^{\mathrm{T}}LV=2V_u^{\mathrm{T}}L_{ul}Y_l+V_u^{\mathrm{T}}L_{uu}V_u$。式(4.63)变为

$$\underset{V_u\in R^{u\times k}}{\operatorname{argmin}}\operatorname{tr}(2V_u^{\mathrm{T}}L_{ul}Y_l+V_u^{\mathrm{T}}L_{uu}V_u) \tag{4.65}$$

对 V_u求导，可得

$$V_u=-L_{uu}^{-1}L_{ul}Y_l \tag{4.66}$$

可发现式(4.63)是在本章问题式(4.18)的框架下，区别是式(4.63)舍弃了式(4.18)中的一切约束条件。

4.4.2 GGMC 方法

LGC 方法和 GFHF 方法在求解过程中仅优化 V，标签矩阵 Y 是固定的。GGMC 方法是一个迭代求解过程，在每一次迭代中更新 V 和 Y，其目标函数为

$$\underset{V,Y\in R^{n\times k}}{\operatorname{argmin}}\operatorname{tr}(V^{\mathrm{T}}LV)+\mu\|V-Y\|^2$$
$$\left(y_{ij}\in\{0,1\},\ \sum_{j=1}^{k}y_{ij}=1\right) \tag{4.67}$$

若 x_i的标签是 j，则 $y_{ij}=1$

在每次迭代求解完成后，根据分类准则更新标签样本集合。

4.5 实验结果与分析

4.5.1 实验说明

4.5.1.1 对比算法

在分类实验中，称使用不同经验损失函数的对应算法分别为 CAC－Ⅰ、

CAC-Ⅱ和 CAC-Ⅲ,在比例切准则下的称为 CAC_r-Ⅰ、CAC_r-Ⅱ和 CAC_r-Ⅲ,在标准规范化切准则下的称为 CAC_n-Ⅰ、CAC_n-Ⅱ和 CAC_n-Ⅲ,在标准最小最大切准则下的称为 CAC_m-Ⅰ、CAC_m-Ⅱ和 CAC_m-Ⅲ,当 $\mu=\infty$ 时对应的方法分别被记为 CAC_r-∞、CAC_n-∞ 和 CAC_m-∞。对比算法包括一些著名的基于图论的半监督学习方法,如 LGC[18]、GFHF[112] 和 GGMC[111]。和文献[18,111-112]一致,实验仅适用对无标记样本的分类误差作为衡量算法表现的指标(实验发现使用对所有样本的分类误差标准时,本章分类算法和 LGC 方法优于 GGMC 方法)。在聚类实验中,CACs_r、CACs_n 和 CACs_m 对应的半监督方法简写为 CACs_r、CACs_n 和 CACs_m,先使用度量学习再使用谱聚类法(SC)的半监督方法简写为 SCs。对比算法包括:仅使用度量学习方法、CNMF 方法[146]、无监督 CAC 算法和无监督 SC 算法。

4.5.1.2 实验流程

1. 分类实验流程

在数据的每类中选择 NL 个样本作为标签样本,任务是完成对其余无标签样本的分类,分类实验流程如下。

(1) 在数据的每类中选择 NL 个样本作为标签样本。

(2) 通过算法学习无标签样本的类别。

(3) 计算对无标签样本的分类误差。

给定挑选样本数目 NL 后,在数据集每类中重复随机挑选 30~50 次 NL 个数据分别进行上述实验流程,最后取实验均值作为实验报告值。

2. 聚类实验流程

由于使用数据集有标签信息而无样本对信息,因此进行一次转换。在数据的每类中选择 NL 个样本,构建相似和不相似样本对,认为同类中的样本是相似的,不同类中的样本是不相似的,任务是完成对所有样本的聚类。聚类实验流程如下。

(1) 在数据的每类中选择 NL 个样本构建相似和不相似样本对。

(2) 通过算法实现对所有样本的聚类。

(3) 计算聚类准确度(clustering accuracy, AC)和标准互信息(normalized mutual information, $\overline{\mathrm{MI}}$)度量聚类结果[104](见式(3.59)、式(3.61))。

随机选择一定类别数目的样本,并挑选 NL 个样本构建相似和不相似样本对,重复上述实验流程 30~50 次,最后取实验均值作为实验报告值。

4.5.2 真实数据集

本节实验使用四个真实数据集,包括人脸图像数据、文本数据和手写体数据,其统计指标如表 4.1 所列。

表 4.1 四个数据集的统计指标

数据集	大小(n)	维度(m)	类别数(k)
YaleB	640	2056	10
TDT2	1500	36771	30
USPS	500	256	10
Yale	165	1024	15

(1) 扩展 YaleB(extended yaleB)数据集。它是一个有大噪声和污染的数据集,包含 38 个类别共 2414 张人脸图像,每一类有 64 张图像,选择前十个人的图像,降采样后的大小为 48×42 像素,示例图像如图 4.1 所示,聚类实验中数据使用前进行范数归一化。

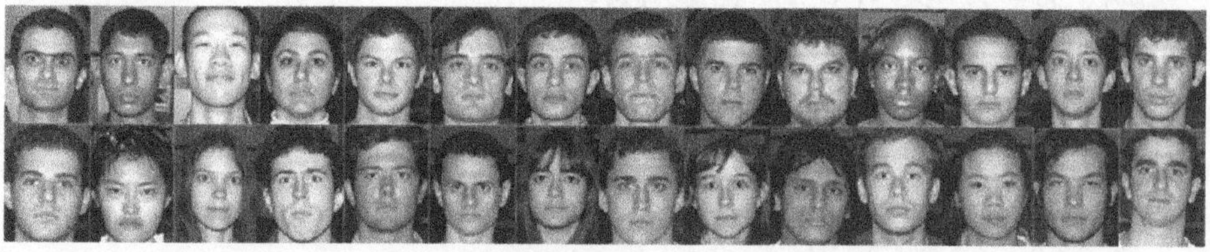

图 4.1 YaleB 数据集中的原始图像示例

(2) TDT2 数据集。这是一个文本数据集,包含 30 个类别 9394 个文件,每个文件被一个 36771 维的向量表示,每类的前 50 个样本被选为实验用数据,由于数据维数较大,先进行 PCA 降维,数据使用前进行范数归一化。

(3) USPS 数据集。USPS 是一个手写体数据集,共 10 类 9298 张图像,每张图像的大小是 16×16 像素,每类的前 50 个样本被选为实验用数据,数据使用前进行范数归一化。

(4) Yale 数据集。Yale 数据集包含 15 个测试者的 165 张灰度图像,每个测试者有 11 张图像,每张图像有不同的表情和外形,图像经过降采样,每张图像用一个 1024 维的向量表示,数据使用前进行范数归一化。

4.5.3 构建权重矩阵

现在讨论如何为每个数据集构建合适的权重矩阵 $\boldsymbol{W}$：Yale 数据集使用高斯权重的 p-NN 图[55]，$p=5$；对于 USPS 数据集来说，使用欧几里得空间中经典的 0-1 权重的 p-NN 图[55]，$p=5$；对于 TDT2 数据集中的数据点 x_i，考虑余弦距离 $\cos(x_1,x_i)$，$\cos(x_2,x_i)$，$\cdots$，$\cos(x_n,x_i)$，并挑选出除自身之外最近的 p 个点；YaleB 数据集中有数据受到严重污染，因此分类实验中 p-NN 图表现不佳，一般在分类实验中使用 LRR 图代替 p-NN 图，首先通过 PCA 方法将数据投影到 10×6 维的空间，然后构建 LRR 图，LRR 图中获得自表示 $\boldsymbol{Z}$ 后，图 $\boldsymbol{W}$ 的构建方法[48]是：$\boldsymbol{W}=(|\boldsymbol{Z}|+|\boldsymbol{Z}^{\mathrm{T}}|)/2$，在聚类实验中，主要测试提升效果，使用高斯权重的 p-NN 图[55]，$p=5$。

4.5.4 半监督分类结果

CAC 系列算法中，标准 CAC_r 和非标准 CAC_r 表相近，标准 CAC_m 和非标准 CAC_m 表现相近，将报告较好的一个。表 4.2~表 4.5 分别展示了各分类算法在四个数据集上的实验结果，在表 4.2 中，CAC-∞ 系列方法具有最佳的表现；在表 4.3 中，CAC_m 系列算法和 GGMC 算法表现较好；在表 4.4 中，CAC_n-Ⅱ和 CAC_m-∞ 具有最佳的表现；在表 4.5 中，CAC_n-∞ 和 CAC_n-Ⅲ算法有较好的表现。总体来看，由于合理地考虑了经验损失项，CAC-Ⅱ和 CAC-Ⅲ往往表现更佳。CAC-Ⅰ、CAC-Ⅱ和 CAC-Ⅲ表现普遍优于 LGC 方法，CAC-∞ 方法普遍优于 GFHF 方法，这说明本章图划分准则下的基于图论的半监督学习方法是有效的。

4.5.5 半监督聚类结果

表 4.6~表 4.9 分别展示了各算法在四个数据集上的聚类实验结果。总体来看，CAC 系列算法普遍提升了 CAC 系列算法和度量学习的聚类效果。在表 4.6 中，CAC 系列算法表现优异，提升效果明显；在表 4.7 中，在类别数比较小时，无监督 CAC 系列算法有着优良的表现，在类别数目较大时 CACs_n 方法在聚类准确度上的表现较好，但总体上 CAC 系列算法提升了度量学习的效果；在表 4.8 中，度量学习表现优异，在类别数较大和 NL 较大时，CAC 系列算法表现较好，总体上 CAC 系列算法提升了 CAC 系列算法的性能；在表 4.9 中，CAC 系列算法表现良好，比度量学习和 CAC 系列算法有较明显的提升效果。

表 4.2　Yale 数据集上的分类错误率(%)

NL	2	4	6	7	8	9
GGMC	66.0	65.2	64.0	62.9	60.4	62.3
LGC	70.0	68.8	68.7	68.0	67.6	70.1
CAC_r-Ⅰ	59.2	53.6	50.5	48.4	46.4	47.3
CAC_n-Ⅰ	55.9	49.9	46.2	44.2	41.1	42.8
CAC_m-Ⅰ	59.7	54.5	46.4	43.4	39.8	40.7
CAC_r-Ⅱ	59.0	51.8	47.5	45.0	42.2	43.2
CAC_n-Ⅱ	56.8	49.1	44.1	41.4	38.0	39.8
CAC_m-Ⅱ	56.5	47.7	*41.6*	*39.3*	*35.3*	37.4
CAC_r-Ⅲ	59.5	54.7	51.7	50.4	47.4	49.9
CAC_n-Ⅲ	58.6	51.3	45.1	42.2	38.3	39.7
CAC_m-Ⅲ	65.4	61.8	54.0	51.2	46.2	47.4
GFHF	55.8	47.4	42.2	40.3	36.2	38.2
CAC_r-∞ ($\lambda=1$)	*54.7*	46.7	42.0	39.7	36.2	36.6
CAC_n-∞ ($\lambda=1$)	**54.4**	**46.1**	**40.4**	**38.3**	**34.9**	**35.9**
CAC_m-∞ ($\lambda=1$)	*54.7*	*46.2*	41.8	**38.3**	**34.9**	*36.2*

表 4.3　USPS 数据集上的分类错误率(%)

NL	1	3	5	10	15	20
GGMC	**23.05**	**15.29**	13.79	13.45	13.4	13.0
LGC	30.06	19.7	16.8	14.1	13.7	13.3
CAC_r-Ⅰ	29.6	15.5	13.7	12.4	12.1	12.0
CAC_n-Ⅰ	26.5	18.6	15.6	12.9	11.5	11.1
CAC_m-Ⅰ	25.0	16.0	14.5	13.5	12.2	11.6
CAC_r-Ⅱ	40.8	20.8	16.0	13.2	12.6	12.4
CAC_n-Ⅱ	25.6	16.1	14.4	12.7	11.9	11.8
CAC_m-Ⅱ	*23.7*	15.9	13.9	**12.0**	**10.8**	10.5
CAC_r-Ⅲ	30.0	19.6	15.0	12.5	12.1	11.9
CAC_n-Ⅲ	30.7	15.3	*13.4*	12.1	11.9	11.9
CAC_m-Ⅲ	25.6	*15.3*	**13.2**	12.3	12.4	11.8

续表

NL	1	3	5	10	15	20
GFHF	28.2	17.6	14.6	12.1	**10.8**	10.3
CAC_r-∞	32.9	18.4	15.0	12.4	<u>*11.2*</u>	10.5
CAC_n-∞	25.0	16.8	14.5	<u>*12.1*</u>	**10.8**	**10.2**
CAC_m-∞	26.8	17.6	14.7	12.2	**10.8**	<u>*10.3*</u>

表4.4 TDT2数据集上的分类错误率(%)

NL	1	3	5	10	15	20
GGMC	<u>*16.2*</u>	14.2	12.8	11.4	11.1	11.0
LGC	18.0	13.1	11.7	11.0	10.7	10.6
CAC_r-Ⅰ	17.7	**11.3**	10.2	9.05	8.60	8.47
CAC_n-Ⅰ	17.2	12.2	10.7	9.26	8.39	8.11
CAC_m-Ⅰ	18.4	12.9	10.6	9.89	9.20	8.75
CAC_r-Ⅱ	17.3	11.6	10.7	9.05	8.63	8.35
CAC_n-Ⅱ	**15.9**	11.7	**10.2**	<u>*8.97*</u>	**8.09**	**7.64**
CAC_m-Ⅱ	17.5	12.3	11.2	9.68	8.81	8.09
CAC_r-Ⅲ($u_1=10, u_2=1$)	18.1	14.2	12.6	9.90	9.33	8.86
CAC_n-Ⅲ($u_1=10, u_2=1$)	19.2	14.4	13.1	11.3	10.2	9.38
CAC_m-Ⅲ($u_1=30, u_2=1$)	20.8	16.1	55.8	17.4	11.4	12.7
GFHF	19.9	13.0	11.3	9.71	8.99	8.62
CAC_r-∞	19.5	13.0	11.3	9.87	9.04	8.67
CAC_n-∞	17.7	12.5	11.3	9.72	8.83	8.20
CAC_m-∞	16.7	<u>*11.5*</u>	<u>*10.4*</u>	**8.94**	<u>*8.13*</u>	<u>*7.78*</u>

表4.5 YaleB数据集上的分类错误率(%)

NL	1	3	5	10	15	20
GGMC	78.2	80.3	79.9	78.5	77.5	76.2
LGC	87.5	85.3	83.2	82.5	81.3	81.2
CAC_r-Ⅰ	89.7	89.5	89.0	88.6	88.0	87.4
CAC_n-Ⅰ	54.7	37.3	30.6	22.7	19.6	18.4
CAC_m-Ⅰ	32.1	25.8	23.2	18.7	12.7	8.80

续表

NL	1	3	5	10	15	20
CAC_r-Ⅱ	89.9	88.3	87.8	81.6	46.4	22.5
CAC_n-Ⅱ	85.1	72.8	57.5	31.0	18.6	13.5
CAC_m-Ⅱ	53.8	30.0	20.1	12.2	9.51	7.94
CAC_r-Ⅲ($u_1=1,u_2=1$)	88.1	76.6	55.2	33.0	21.4	17.0
CAC_n-Ⅲ($u_1=10,u_2=1$)	35.7	19.3	*14.1*	**10.1**	**8.87**	*7.77*
CAC_m-Ⅲ($u_1=1,u_2=1$)	88.0	70.4	43.0	29.4	21.9	26.3
GFHF	85.5	55.6	36.2	16.5	11.3	9.11
CAC_r-∞ ($\lambda=1$)	86.9	48.3	30.3	16.2	11.9	9.25
CAC_n-∞ ($\lambda=1$)	37.9	**17.1**	**14.0**	*10.8*	*9.04*	**7.55**
CAC_m-∞ ($\lambda=1$)	31.27	*17.8*	21.8	17.0	17.6	8.16

表4.6 Yale数据集上的聚类准确度和标准互信息(AC%/$\overline{\text{MI}}$%)

NL,k	k=5,NL=2	k=5,NL=5	k=10,NL=2	k=10,NL=5	k=15,NL=2	k=15,NL=5
原始数据	25.4/35.8	25.4/35.8	12.7/42.0	12.7/42.0	13.3/43.8	13.3/43.8
SC	44.1/42.0	44.1/42.0	42.5/50.0	42.5/50.0	35.8/52.4	35.8/52.4
CAC_r	49.8/39.7	49.8/39.7	42.2/45.7	42.2/45.7	44.9/52.7	44.9/52.7
CAC_n	54.2/42.4	54.2/42.4	44.9/46.6	44.9/46.6	44.8/52.7	44.8/52.7
CAC_m	54.1/41.9	54.1/41.9	42.3/47.3	42.3/47.3	44.6/53.3	44.6/53.3
度量学习	72.0/63.8	88.6/86.8	52.3/61.6	73.7/87.5	47.1/62.7	60.2/**85.2**
CNMF	47.9/27.6	41.4/30.4	32.0/32.3	30.7/41.1	26.8/37.4	26.7/45.5
SCs	62.8/60.4	65.5/79.1	60.7/60.7	75.4/78.5	59.0/62.8	78.0/77.8
CACs_r	78.4/*63.9*	*89.3*/**84.7**	65.2/62.0	**86.7**/*82.9*	**61.6**/63.9	**84.1**/*81.4*
CACs_n	**79.0**/*63.9*	**91.8**/84.3	**66.0**/**62.8**	*86.5*/82.8	*61.2*/**64.3**	*83.6*/*81.4*
CACs_m	*78.5*/**64.1**	**91.8**/*84.5*	65.1/*62.4*	**86.7**/**83.1**	*61.2*/*64.2*	83.4/81.9

表 4.7　USPS 数据集上的聚类准确度和标准互信息(AC%/$\overline{\mathrm{MI}}$%)

NL,*k*	*k*=5,NL=5	*k*=5,NL=10	*k*=7,NL=5	*k*=7,NL=10	*k*=10,NL=5	*k*=10,NL=10
原始数据	72.0/**76.7**	72.0/**76.7**	70.0/65.3	70.0/65.3	47.6/60.1	47.6/60.1
SC	64.8/*75.6*	64.8/*75.6*	71.7/**77.8**	71.7/**77.8**	49.0/**72.0**	49.0/**72.0**
CAC_r	**88.4**/73.7	**88.4**/73.7	**88.2**/*77.4*	**88.2**/*77.4*	53.4/70.9	53.4/70.9
CAC_n	*88.3*/73.8	*88.3*/73.8	87.6/77.1	87.6/77.1	*61.4*/*71.8*	61.4/*71.8*
CAC_m	**88.4**/73.8	**88.4**/73.8	*87.7*/77.1	*87.7*/77.1	56.7/71.0	56.7/71.0
度量学习	76.7/65.9	71.3/62.8	71.0/64.6	65.9/62.5	54.9/57.2	50.5/54/3
CNMF	37.1/21.1	36.7/23.3	30.2/20.1	31.0/21.1	25.7/20.5	24.5/23/0
SCs	60.6/61.5	59.4/58.1	59.0/60.4	59.2/58.7	52.7/54.3	53.5/51.9
CACs_r	76.8/64.3	80.2/62.9	70.8/62.5	74.3/61.7	60.6/55.7	63.1/54.0
CACs_n	77.5/64.4	80.5/62.9	71.0/62.4	74.3/61.7	**61.8**/55.9	**63.6**/53.9
CACs_m	77.5/64.4	80.5/62.9	71.4/62.7	74.4/61.9	58.2/55.6	*63.2*/53.9

表 4.8　TDT2 数据集上的聚类准确度和标准互信息(AC%/$\overline{\mathrm{MI}}$%)

NL,*k*	*k*=10,NL=5	*k*=10,NL=10	*k*=20,NL=5	*k*=20,NL=10	*k*=30,NL=5	*k*=30,NL=10
原始数据	12.6/68.5	12.6/68.5	17.7/80.7	17.7/80.7	28.1/79.4	28.1/79.4
SC	58.8/70.9	58.8/70.9	54.7/74.5	54.7/74.5	64.0/80.3	64.0/80.3
CAC_r	60.8/69.4	60.8/69.4	68.4/80.5	68.4/80.5	72.8/79.2	72.8/79.2
CAC_n	67.5/*72.0*	67.5/72.0	72.4/80.6	72.4/80.6	75.8/*81.5*	75.8/81.5
CAC_m	*69.8*/70.0	69.8/70.0	72.9/80.6	72.9/80.6	72.5/81.4	72.5/81.4
度量学习	**78.6/73.8**	**85.3/81.3**	**83.9/83.5**	85.1/**87.0**	**83.5/84.4**	85.3/**87.1**
CNMF	41.2/40.7	43.1/43.8	39.4/53.1	39.2/54.7	37.9/57.6	35.4/57.4
SCs	60.5/69.1	67.5/73.6	69.9/78.6	78.1/81.3	74.8/78.4	81.6/80.6
CACs_r	67.9/68.7	*79.5*/*78.2*	79.5/80.3	87.2/84.0	82.2/79.0	*87.5*/82.5
CACs_n	68.3/69.5	77.9/77.1	79.8/80.4	**87.7**/*84.8*	*82.7*/81.3	**88.9**/84.5
CACs_m	68.6/69.7	78.3/77.1	*80.4*/*81.0*	*87.6*/84.7	82.6/81.3	**88.9**/*84.7*

表 4.9 YaleB 数据集上的聚类准确度和标准互信息(AC%/$\overline{\mathrm{MI}}$%)

NL,k	k=5,NL=5	k=5,NL=10	k=7,NL=5	k=7,NL=10	k=10,NL=5	k=10,NL=10
原始数据	23.7/0.35	23.7/0.35	17.6/0.61	17.6/0.61	12.8/7.18	12.8/7.18
SC	58.7/36.4	58.7/36.4	40.8/40.9	40.8/40.9	42.3/36.7	42.3/36.7
CAC_r	51.5/37.1	51.5/37.1	44.6/40.5	44.6/40.5	38.4/36.4	38.4/36.4
CAC_n	56.1/39.8	56.1/39.8	44.6/40.4	44.6/40.4	39.5/36.3	39.5/36.3
CAC_m	55.9/37.6	55.9/37.6	44.6/40.5	44.6/40.5	39.1/36.3	39.1/36.3
度量学习	75.7/**70.9**	79.2/**86.1**	65.3/**70.5**	66.1/85.5	60.9/72.1	61.2/84.6
CNMF	27.8/4.56	35.1/10.6	23.1/9.45	26.9/12.2	19.3/9.95	22.3/15.2
SCs	63.1/66.0	64.3/80.2	64.8/65.5	*70.3*/80.6	67.3/70.3	75.2/82.2
CACs_r	**81.4**/*69.4*	92.3/84.9	*77.9*/*69.7*	**91.1**/*85.0*	77.7/72.9	*90.9*/**86.3**
CACs_n	80.3/68.8	*92.4*/84.9	*77.9*/69.6	**91.1**/**85.1**	**79.1**/**73.4**	**91.0**/*86.2*
CACs_m	*81.2*/68.6	**92.5**/*85.1*	**78.5**/69.4	**91.1**/*85.0*	*78.8*/*73.1*	90.8/86.1

4.5.6 算法分析

4.5.6.1 稀疏度分析

分析各算法的稀疏度(参见式(3.62)),CAC 系列算法有相似的稀疏度,本小节列举了 CAC_n 系列算法的稀疏度(最稀疏解的稀疏度是 1),如表 4.10 所列,同时对比了 LGC 和 GFHF 方法的稀疏度。总体来看,CAC_n_Ⅲ和 CAC_n-∞得到的解具有较高的稀疏度,同时也具有较好的分类效果,CACs_n 在 YaleB 数据集上具有较好的稀疏度,同时其在 YaleB 数据集上的半监督聚类效果也是令人满意的。另外,可以发现 CAC_n 系列算法比 LGC 和 GFHF 具有更高的稀疏度,注意稀疏度高表明算法具有更高的编码能力,这也是 CAC_n 系列算法表现较好的原因。

表 4.10 不同算法在不同数据集上解的平均稀疏度

算法	LGC	CAC_n-Ⅰ	CAC_n-Ⅱ	CAC_n-Ⅲ	GFHF	CAC_n-∞	CACs_n
Yale	0.07	0.51	0.65	**0.85**	0.64	*0.80*	0.62
USPS	0.14	*0.77*	0.47	**0.89**	0.62	0.64	0.58
TDT2	0.59	*0.92*	0.74	**0.93**	0.88	0.89	0.64
YaleB	0.01	0.06	0.04	0.22	0.01	*0.66*	**0.74**

4.5.6.2　参数选择

使用文献[18]和[111]中分别对 LGC 和 GGMC 方法中参数 μ 的初始设置，对所有数据集，设定 $\mu=0.01$。在分类实验中，基于有限网格法[110]思路挑选 CAC 系列算法中的参数(见表 4.11)，对于 Yale 数据集，CAC-Ⅰ算法参数 $u=0.15$，CAC-Ⅱ算法参数 $u=1$，CAC-Ⅲ算法参数 $u_1=10$、$u_2=1$；对于 USPS 数据集，CAC-Ⅰ算法参数 $u=0.15$，CAC-Ⅱ算法参数 $u=0.1$，CAC-Ⅲ算法参数 $u_1=20$、$u_2=1$；对于 TDT2 数据集，CAC-Ⅰ算法参数 $u=0.15$，CAC-Ⅱ算法参数 $u=1$，CAC-Ⅲ算法参数 $u_1=30$、$u_2=1$；对于 YaleB 数据集，CAC-Ⅰ算法参数 $u=0.05$，CAC-Ⅱ算法参数 $u=0.5$，CAC-Ⅲ算法参数 $u_1=10$、$u_2=1$(特殊设定会在表 4.11 中加粗标出)。CAC 系列算法对于参数 λ 的设定十分稳定，对所有数据集设定 $\lambda=0.01$(特殊设定会在表 4.11 中加粗标出)。

表 4.11　基于有限网格的 CAC 系列算法参数选择

参　数	值
u (CAC-Ⅰ)	0.05,0.1,**0.15**,0.3,0.5,1,10
u (CAC-Ⅱ)	0.05,0.1,0.15,0.3,**0.5**,1,10
u_1(CAC-Ⅲ)	0.5,1,5,**10**,20,30,50
u_2(CAC-Ⅲ)	0.1,0.3.0.5,**1**,3,5,10

4.5.6.3　算法复杂度

本小节算法复杂度分析参考第 3 章关于无监督 CAC 算法的复杂度分析，给出算法的计算复杂度。基于半监督 CAC 系列算法的更新规则，若半监督 CAC 系列算法在第 t 代后停止迭代，可知在分类实验中半监督 CAC 系列算法总的计算复杂度是 $O(tn^2k)$，对于 GGMC、LGC 和 GFHF 算法，主要的计算在矩阵的求逆过程，其复杂度为 $O(n^3)$；在聚类实验中，半监督 CAC 系列算法总的计算复杂度是 $O(n^3)$，同时度量学习的复杂度也是 $O(n^3)$。

4.5.6.4　收敛性分析

CAC 系列算法具有较快的收敛速度，以分类中的 CAC_n 算法为例，图 4.2 展示了 CAC_n-Ⅰ、CAC_n-Ⅱ和 CAC_n-Ⅲ在 YaleB 数据集上的收敛曲线，收敛曲线光滑且通常在 100 代内完成收敛。CAC 系列算法的更新规则均是收敛的，可以参考第 3 章的方法，证明 CAC 系列算法的更新规则使其对应的目标函数是非增的，同时，当且仅当解是稳定点时，目标函数才是不变的。

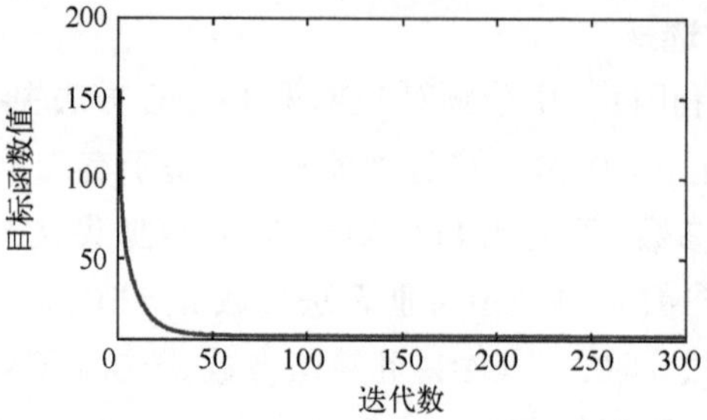

(a) CAC_n-Ⅰ

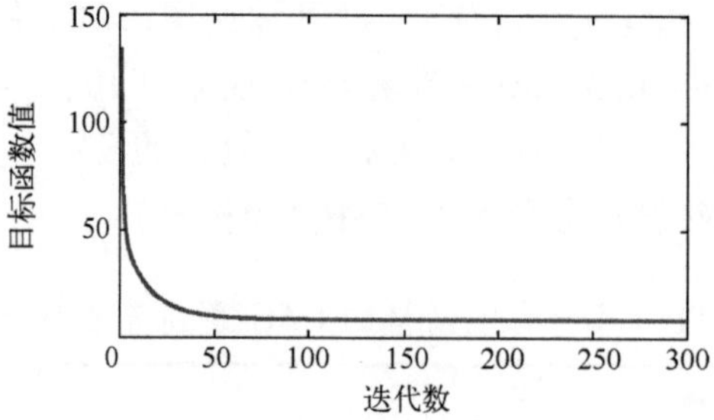

(b) CAC_n-Ⅱ

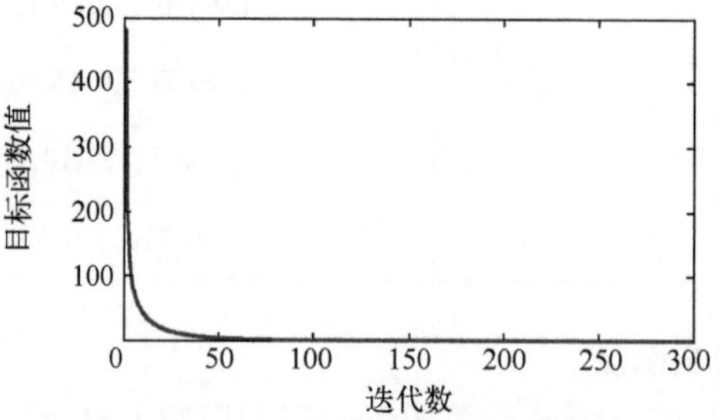

(c) CAC_n-Ⅲ

图 4.2　YaleB 数据集上 CAC_n 系列算法的收敛曲线

4.6　本章小结

本章研究了基于图论的半监督学习方法，具体的研究内容及其创新点在于以下几方面。

(1) 本章提出了一种基于图论的半监督分类方法。该方法的优势在于融入先验信息的灵活性，改善了传统方法融入先验信息困难的问题，并且将 LGC 和 GFHF 方法纳入本章的学习方法中，最后设计了相应的基于图论的半监督分类算法，这部分工作为研究基于图论的半监督分类算法提供了理论基础。

(2) 本章提出了一种新的基于图论的半监督聚类方法。将度量学习作为半监督聚类中学习数据关系图的方法,提升了学习方法的泛化能力,这部分工作为研究基于图论的半监督分类聚法提供了理论基础。

(3) 本章进行了算法应用与分析,详细的实验表明了基于图论的半监督分类和聚类算法的有效性。最后进行了算法分析,分析了算法稀疏度和参数选择等问题。

本章深入分析了基于图论的半监督学习问题,为设计基于图论的半监督学习算法提供了一个有效的方法。

第5章

基于图论的监督学习

5.1 引　　言

监督学习是机器学习和模式识别中一个重要的学习内容，被应用于包括人脸识别、文本识别及图像分类等诸多领域。当今时代，监督学习面临两个重要问题：一是提高分类器的分类准确率问题；二是如何给出对新样本的显式映射，即"out-of-sample"问题。

为解决以上两个问题，近年来涌现出一系列基于线性投影的机器学习方法。这些方法包括：基于流形学习的方法，如局部保持投影（locality preserving projections, LPP）[29]和邻域保持嵌入（neighborhood preserving embedded, NPE）[31]等；度量学习（metric learning）方法，如 KISS 方法（keep it simple and straightforward）[40]、最大边界近邻学习（large margin nearest neighbor learning, LMNN）[41]和信息论度量学习（information theoretic metric learning, ITML）[42]等；以及一些著名的机器学习方法，如线性判别分析（linear discriminant analysis, LDA）[124-125]、局部敏感判别分析（locality sensitive discriminant analysis, LSDA）[35]和间隔判别分析（marginal fisher analysis, MFA）[126]等。

实际上，本章分析了基于图论的学习和线性投影的关系，将岭回归方法[127-130]拓展为一种基于图论的监督学习方法。岭回归方法是一种利用正则化的最小二乘法，且最早只设计了单变量标签[128-130]，文献[127]推广了原始岭回归方法，将单变量标签扩展成多变量标签，以解决多分类问题。

文献[127]指出岭回归的多变量标签矩阵方法是特定的，但是，通过将岭回归学习方法纳入基于图论的监督学习方法，发现多变量标签矩阵的构造方法是可以灵活设定的。另外,线性投影在很大程度上是一个维度压缩的过程,一个合理的假设是,相似维度在投影中应受到相似的操作。基于这个假设,在学习投影矩阵的过程中,考虑全局维度的平滑性。进一步可发现投影矩阵的稀疏性往往是一个优良投影矩阵必备的潜在特征,因此考虑了投影矩阵的稀疏性约束,最后提出了稀疏平滑岭回归方法。本章的创新点可概括为:①提出了一种基于图论的监督学习思路;②扩展了多变量标签矩阵 $\boldsymbol{Y}$ 的构造方法,将岭回归方法纳入基于图论的监督学习方法;③提出了一个新的岭回归学习方法,即一种新的基于图论的监督学习方法。

5.2 基本问题描述与模型定义

5.2.1 基于图论的监督学习问题描述

图划分准则问题的目的是:基于训练集的权重矩阵 $\boldsymbol{W}$,得到一个特定的离散划分指示矩阵 $\boldsymbol{V}\in R^{n\times k}$,其中 $\boldsymbol{V}$ 的每行对应一个数据点,并只有一个非零元素。在监督学习中,训练集的标签全部已知,如果**按照样本的标签信息构建权重矩阵 $\boldsymbol{W}$**(即相同标签样本点之间的相似度是 1,不同标签样本点之间的相似度是 0),就可以轻松构造图划分准则问题的一个最优解 $\boldsymbol{V}_0$。假设数据 $\boldsymbol{X}$ 存在 n 个数据点、k 个类别,则构造最优解 $\boldsymbol{V}_0$的方法是:若第 i 个数据属于第 j 类($1\leqslant j\leqslant k$),则令 $V_{ij}=1/\sqrt{n_j}$,否则为 0,其中,n_j是第 j 类样本的个数。按照这种方式,$\boldsymbol{V}$ 可以满足第 2 章中图划分准则问题(式(2.25)、式(2.30)、式(2.35)、式(2.36)、式(2.41)和式(2.42))的约束条件并使得目标函数为 0。

在得到图划分问题的一个最优解 $\boldsymbol{V}_0$之后,基于图论的监督学习面临的是一个映射问题,即找到映射 f 使得 $f(\boldsymbol{X})\rightarrow\boldsymbol{V}_0^{\mathrm{T}}$(记训练样本为 $\boldsymbol{X}=[\boldsymbol{x}_1,\boldsymbol{x}_2,\cdots,\boldsymbol{x}_n]\in R^{m\times n}$)。为了得到映射 f 的显式表达式,和许多基于图论的监督学习方法[29,31]一样,本章采用线性映射,即定义映射 $f(\boldsymbol{X})=\boldsymbol{P}^{\mathrm{T}}\boldsymbol{X}\rightarrow\boldsymbol{V}_0^{\mathrm{T}}$,其中,$\boldsymbol{P}\in R^{m\times d}$ 是待学习的线性投影矩阵,d 是样本投影后的新维度大小(此处 $d=k$)。

一些经典的基于图论的监督学习方法,如局部保持投影(LPP)[29]和邻域保持嵌入(NPE)[31]虽然也采用线性映射,但是存在一定的不足,它们的优化目标函数如下

$$\operatorname{argmin}\frac{1}{2}\sum_{i,j=1}^{n}(\boldsymbol{Px}_i-\boldsymbol{Px}_j)^2\widetilde{w}_{ij}$$

$$(P^{T}XX^{T}P=I) \tag{5.1}$$

其中,I 是单位矩阵,$\widetilde{W}=[\widetilde{w}_{ij}]$ 对应一种特定的图构建方法[29,31]。$\widetilde{w}_{ij}$值较大意味着 x_i与 x_j有着较高的相似度,反之亦然。在 LPP 和 NPE 中,由于不同标签的样本在投影后的间隔可以任意大,因此需要添加约束 $P^{T}XX^{T}P=I$ 来确保解的良态性。另外,$\widetilde{w}_{ij}$的构造并没有充分利用样本的标签信息。

本章基于图论的监督学习方法的关键是最优解 V_0的构造和映射 $P^{T}X \to V_0^{T}$的定义。通过分析 V_0的定义,可以发现如果将 V_0的每一列都看作一个顶点,那么**这 k 个顶点之间是等距的**。它的意义在于:在映射 $P^{T}X \to V_0^{T}$的过程中,投影矩阵将同一类别的数据点投影到同一个顶点上,使得不同类别的数据点在投影后保持等距关系,避免了不同标签的样本在投影后间隔可能任意大的问题。

基于上述投影过程,实际上可以放松 V_0的构造条件,只需要 V_0的各列向量等距即可。

5.2.2 模型定义

在 5.2.1 节的基础之上,模型需要解决两个问题:V_0的构造问题和 $P^{T}X \to V_0$的求解问题。在解决这两个问题之前,首先简要介绍岭回归方法[127]。

岭回归使用正则单形顶点 T(regular simplex vertices)[131]定义训练样本的多变量标签矩阵 Y,将高维特征空间映射到低维特征空间,并使样本投影到这些正则单形顶点的周围。

记 $T_i \in R^{k-1}(i=1,2,\cdots,k)$为一个正则 k 单形的顶点,$T=[T_1,T_2,\cdots,T_k] \in R^{(k-1)\times k}$。$T$ 构造方法如下:

① $T_1=[1,0,\cdots,0]^{T}$且 $T_{1,i}=-1/(k-1),i=2,3,\cdots,k$。

② 当$1 \leqslant g \leqslant k-2$,有

$$T_{g+1,g+1}=\sqrt{1-\sum_{i=1}^{g}T_{i,g}^{2}}$$

$$T_{g+1,j}=-\frac{T_{g+1,g+1}}{k-g-1},j=(g+2),(g+3),\cdots,k$$

$$T_{i,g+1}=0,g+2 \leqslant i \leqslant k-1$$

这 k 个顶点分布在以原点为圆心的超球面上,是 $k-1$ 维空间中最平衡和对称的分隔点,任意两点之间的距离相等。

进一步构造多变量标签矩阵 $Y \in R^{n\times d}$:当 x_i属于第 j 类时,$Y^{(i)}=T_j^{T},i=1,2,\cdots,n,j=1,2,\cdots,k$。其中,$Y^{(i)}$为 $Y(Y \in R^{n\times(k-1)})$的第 i 行,T_j为 T 的第 j 列。

岭回归方法的优化目标函数为

$$J(\boldsymbol{P}) = \sum_{i=1}^{n} \|\boldsymbol{P}^{\mathrm{T}}\boldsymbol{x}_i - \boldsymbol{Y}^{(i)}\|_{\mathrm{F}}^2 + \lambda_1 \|\boldsymbol{P}\|_{\mathrm{F}}^2$$
$$= \|\boldsymbol{P}^{\mathrm{T}}\boldsymbol{X}-\boldsymbol{Y}^{\mathrm{T}}\|_{\mathrm{F}}^2+\lambda_1 \|\boldsymbol{P}\|_{\mathrm{F}}^2 \tag{5.2}$$

其中，$\boldsymbol{P}\in R^{m\times d}$是待学习的线性投影矩阵，$\lambda_1>0$ 是平衡式中两项的正则化参数，$\|\boldsymbol{P}\|_F$表示 $\boldsymbol{P}$ 的 Frobenius 范数，$\|\boldsymbol{P}\|_F = \left(\sum_{i=1}^{m}\sum_{j=1}^{d} P_{ij}^2\right)^{\frac{1}{2}}$。

直接求导可得

$$\boldsymbol{P}=(\boldsymbol{X}\boldsymbol{X}^{\mathrm{T}}+\lambda_1\boldsymbol{I})^{-1}\boldsymbol{X}\boldsymbol{Y} \tag{5.3}$$

在 5.2.1 节和岭回归的基础之上，本节拓展了岭回归方法并将其纳入基于图论的监督学习方法。

首先，拓展岭回归中多变量标签矩阵 $\boldsymbol{Y}$ 的构造方法，令 $\boldsymbol{Y}=\boldsymbol{V}_0$。实际上，岭回归方法[127]使用正则单形顶点，且 $d=k-1$。这种构造方法较为严格，若令 $\boldsymbol{Y}=\boldsymbol{V}_0$，则只需在 d 维空间中构造 k 个相互正交、长度为 1 的顶点，就可以满足基于图论的学习方法的要求。d 的大小是可以定义的，这意味着投影后样本的维度也是可以预先定义的。

定义 5.1　标签矩阵构造方法：在 d 维空间中构造 k 个相互正交、长度为 1 的顶点，记为 $\boldsymbol{T}=[T_1,T_2,\cdots,T_k]\in R^{d\times k}$。每一类训练样本对应一个顶点，构造标签矩阵 $\boldsymbol{Y}$，当 $\boldsymbol{x}_i$属于第 j 类时，$\boldsymbol{Y}^{(i)}=\boldsymbol{T}_j^{\mathrm{T}}$，$i=1,2,\cdots,n$，$j=1,2,\cdots,k$。其中，$\boldsymbol{Y}^{(i)}$ 为 $\boldsymbol{Y}$ 的第 i 行，$\boldsymbol{T}_j$为 $\boldsymbol{T}$ 的第 j 列。

根据定义 5.1，本节提出两种构造 $\boldsymbol{T}$ 的方法：

构造方法 1：当 $i=j$ 时，$T_{ij}=1$，否则为 0。要求 $d\geqslant k$，通常可取 $d=k$。

构造方法 2：在 d 维空间中生成 k 个随机顶点，使用施密特正交化方法生成 k 个新顶点，以构造 $\boldsymbol{T}$。

构造方法 1 最直观简单，构造方法 2 可以控制维度。在后面的小节会给出使用不同构造方法对岭回归多分类识别率的影响。

其次，拓展岭回归中求解 $\boldsymbol{P}^{\mathrm{T}}\boldsymbol{X}\to\boldsymbol{Y}^{\mathrm{T}}=\boldsymbol{V}_0^{\mathrm{T}}$的方法。将所有样本点在维度 i 上的坐标记为一个维度点 $\boldsymbol{d}^{(i)}$（$\boldsymbol{X}$ 的第 i 行），可以使用多种权重[105]度量方法度量其相似性。这里使用核权重（heat kernel weighting）对它们的相似性进行衡量，即如果点 $\boldsymbol{d}^{(i)}$ 是点 $\boldsymbol{d}^{(j)}$（$i\neq j$）s 个最近点之一或点 $\boldsymbol{d}^{(j)}$ 是点 $\boldsymbol{d}^{(i)}$ 的 s 个最近点之一，则

$$W_{ij}=\mathrm{e}^{\frac{-\|\boldsymbol{d}^{(i)}-\boldsymbol{d}^{(j)}\|^2}{2\sigma^2}} \tag{5.4}$$

否则 $W_{ij}=0$。通常 $\sigma=\sum_{i,j=1}^{m}\sqrt{D_{\mathrm{E}}^{2}(\boldsymbol{d}^{(i)},\boldsymbol{d}^{(j)})/m^{2}}$，$D_{\mathrm{E}}^{2}(\boldsymbol{d}^{(i)},\boldsymbol{d}^{(j)})$ 是 $\boldsymbol{d}^{(i)}$ 和 $\boldsymbol{d}^{(j)}$ 的欧几里得距离。

线性投影矩阵 $\boldsymbol{P}\in R^{m\times d}$ 将样本 x 从 m 维投影到 k 维（$m\gg k$），在这一过程中，维度得到了一定程度的变形和压缩，一个合理的全局假设是：如果空间中所有的样本点在维度 i 和维度 j 上具有相似的坐标，记为 $\boldsymbol{d}^{(i)}\to\boldsymbol{d}^{(j)}$，则在投影时这两个维度应当受到相似的操作，即对应的权重系数相似，记为 $\boldsymbol{p}^{(i)}\to\boldsymbol{p}^{(j)}$（$\boldsymbol{p}^{(i)}$ 是投影矩阵 $\boldsymbol{P}$ 的第 i 行）。

将这个假设称为全局维度平滑性假设，其数学表示为最小化下述正则化项

$$
\begin{aligned}
R&=\frac{1}{2}\sum_{i,j=1}^{m}(\boldsymbol{p}_i-\boldsymbol{p}_j)^2 w_{ij}=\sum_{i=1}^{m}\boldsymbol{p}_i^{\mathrm{T}}\boldsymbol{p}_i\boldsymbol{d}_{ii}-\sum_{i,j=1}^{m}\boldsymbol{p}_i^{\mathrm{T}}\boldsymbol{p}_j w_{ij}\\
&=\mathrm{tr}(\boldsymbol{P}^{\mathrm{T}}\boldsymbol{D}\boldsymbol{P})-\mathrm{tr}(\boldsymbol{P}^{\mathrm{T}}\boldsymbol{W}\boldsymbol{P})=\mathrm{tr}(\boldsymbol{P}^{\mathrm{T}}\boldsymbol{L}\boldsymbol{P})
\end{aligned}
\tag{5.5}
$$

其中，$\mathrm{tr}(\cdot)$ 为矩阵的迹，$\boldsymbol{L}$ 为图 $\boldsymbol{W}$ 的拉普拉斯矩阵，即 $\boldsymbol{L}=\boldsymbol{D}-\boldsymbol{W}$，$\boldsymbol{D}$ 是一个对角矩阵，且 $D_{ii}=\sum_{j=1}^{m}W_{ij}$。

最小化 R 可以帮助初始相似的维度点在投影后依旧相似，即 $\boldsymbol{d}^{(i)}\to\boldsymbol{d}^{(j)}$，则 $\boldsymbol{p}^{(i)}\to\boldsymbol{p}^{(j)}$。本章考虑正则化项 R，岭回归优化目标变为最小化

$$
\|\boldsymbol{P}^{\mathrm{T}}\boldsymbol{X}-\boldsymbol{Y}^{\mathrm{T}}\|_{\mathrm{F}}^{2}+\lambda_1\|\boldsymbol{P}\|_{\mathrm{F}}^{2}+\lambda_2\mathrm{tr}(\boldsymbol{P}^{\mathrm{T}}\boldsymbol{L}\boldsymbol{P})
\tag{5.6}
$$

其中，$\lambda_1,\lambda_2>0$ 是平衡各正则化项的参数。

后期实验表明，比起大多线性学习方法，经典的 KISS 度量学习方法和 MFA 方法学习得到的投影矩阵往往具有较好的稀疏性。较好的稀疏度有利于提高投影的鲁棒性，提高模型的泛化能力。因此，本章进一步对岭回归投影矩阵增加稀疏度要求，式(5.6)变为最小化

$$
\|\boldsymbol{P}^{\mathrm{T}}\boldsymbol{X}-\boldsymbol{Y}^{\mathrm{T}}\|_{\mathrm{F}}^{2}+\lambda_1\|\boldsymbol{P}\|_{\mathrm{F}}^{2}+\lambda_2\mathrm{tr}(\boldsymbol{P}^{\mathrm{T}}\boldsymbol{L}\boldsymbol{P})+\lambda_3\|\boldsymbol{P}\|_1
\tag{5.7}
$$

其中，$\|\boldsymbol{P}\|_1$ 表示 $\boldsymbol{P}$ 的 l_1 范数，即 $\|\boldsymbol{P}\|_1=\sum_{i=1}^{m}\sum_{j=1}^{d}|P_{ij}|$。$\lambda_1,\lambda_2,\lambda_3>0$ 是平衡各正则化项的参数。

本章将式(5.7)称为稀疏平滑岭回归（sparse smooth ridge regression，SRR）。

5.3 基于图论的监督学习算法

通过变量分别优化的方法解决式(5.7)的问题，即通过固定其他参数求解

某一个参数。采用 Inexact ALM[132] 方法，通过一个附属变量 $\boldsymbol{H}$ 拆分目标函数的变量，式(5.7)可以重写为

$$\underset{\boldsymbol{P}}{\operatorname{argmin}} \|\boldsymbol{P}^{\mathrm{T}}\boldsymbol{X}-\boldsymbol{Y}^{\mathrm{T}}\|_{\mathrm{F}}^{2}+\lambda_{1}\|\boldsymbol{P}\|_{\mathrm{F}}^{2}+\lambda_{2}\operatorname{tr}(\boldsymbol{P}^{\mathrm{T}}\boldsymbol{L}\boldsymbol{P})+\lambda_{3}\|\boldsymbol{H}\|_{1}$$
$$(\boldsymbol{P}=\boldsymbol{H}) \tag{5.8}$$

式(5.8)的拉格朗日函数为

$$\mathcal{L}=\|\boldsymbol{P}^{\mathrm{T}}\boldsymbol{X}-\boldsymbol{Y}^{\mathrm{T}}\|_{\mathrm{F}}^{2}+\lambda_{1}\|\boldsymbol{P}\|_{\mathrm{F}}^{2}+\lambda_{2}\operatorname{tr}(\boldsymbol{P}^{\mathrm{T}}\boldsymbol{L}\boldsymbol{P})+\lambda_{3}\|\boldsymbol{H}\|_{1}+<\boldsymbol{Q},\boldsymbol{P}-\boldsymbol{H}>+\frac{\mu}{2}(\boldsymbol{P}-\boldsymbol{H})^{2} \tag{5.9}$$

其中，Q 是拉格朗日乘子，$\mu\geqslant 0$ 是惩罚参数。

固定其他变量求 $\boldsymbol{P}$，即

$$\frac{\partial\mathcal{L}}{\partial\boldsymbol{P}}=\boldsymbol{X}(\boldsymbol{X}^{\mathrm{T}}\boldsymbol{P}-\boldsymbol{Y})+\lambda_{1}\boldsymbol{P}+\lambda_{2}\boldsymbol{L}\boldsymbol{P}+\boldsymbol{Q}+\mu(\boldsymbol{P}-\boldsymbol{H})=0 \tag{5.10}$$

$$\boldsymbol{P}=\left(\frac{\boldsymbol{X}\boldsymbol{X}^{\mathrm{T}}+\lambda_{1}\boldsymbol{I}+\lambda_{2}\boldsymbol{L}}{\mu}+\boldsymbol{I}\right)^{-1}\left[\frac{\boldsymbol{X}\boldsymbol{Y}-\boldsymbol{Q}}{\mu}+\boldsymbol{H}\right] \tag{5.11}$$

固定其他变量求 H，即

$$\boldsymbol{H}=\underset{\boldsymbol{H}}{\operatorname{argmin}}\lambda_{3}\|\boldsymbol{H}\|_{1}+\frac{\mu}{2}\left\|\boldsymbol{H}-\left(\boldsymbol{P}+\frac{\boldsymbol{Q}}{\mu}\right)\right\|_{\mathrm{F}}^{2}=\Theta_{\frac{\lambda_{3}}{\mu}}\left(\boldsymbol{P}+\frac{\boldsymbol{Q}}{\mu}\right) \tag{5.12}$$

其中，$\Theta_{\beta}(x)=\operatorname{sign}(x)\max(|x|-\beta,0)$ 是软阈值操作子[133]，且有

$$\operatorname{sign}(x)=\begin{cases}1, & x>0\\ 0, & x=0\\ -1, & \text{其他}\end{cases}$$

算法流程参见算法 5.1。

算法 5.1　通过 Inexact ALM[16] 方法解决式(5.7)问题。

输入：数据 $\boldsymbol{X}$，参数 $\lambda_1>0,\lambda_2>0$ 和 $\lambda_3>0$.

初始化：$\boldsymbol{P}=\boldsymbol{H}=\boldsymbol{Y}_1=\boldsymbol{0},\mu=10^{-3},\mu_{\max}=10^{10},\rho=1.05,\ \varepsilon=10^{-6}$。

如果不收敛则　**循环**

固定其他变量更新 $\boldsymbol{P}$

$$\boldsymbol{P}_{k+1}=\left(\frac{\boldsymbol{X}\boldsymbol{X}^{\mathrm{T}}+\lambda_{1}\boldsymbol{I}+\lambda_{2}\boldsymbol{L}}{\mu}+\boldsymbol{I}\right)^{-1}\left[\frac{\boldsymbol{X}\boldsymbol{Y}-\boldsymbol{Q}_{k}}{\mu}+\boldsymbol{H}_{k}\right]$$

固定其他变量更新 $\boldsymbol{H}$

$$H_{k+1} = \underset{H}{\operatorname{argmin}} \lambda_3 \|H\|_1 + \frac{\mu}{2}\left\|H - \left(P_k + \frac{Y_1}{\mu}\right)\right\|_F^2 = \Theta_{\frac{\lambda_3}{\mu}}\left(P_k + \frac{Y_1}{\mu}\right)$$

更新 μ

$$\mu = \min(\mu_{\max}, \rho\mu)$$

检查收敛条件

$$\|Q_k - Q_{k+1}\|_\infty < \varepsilon,\ \|P_k - P_{k+1}\|_\infty < \varepsilon, 且 \|P - H\|_\infty < \varepsilon$$

结束　循环

输出：(P, H)。

5.4　实验结果与分析

5.4.1　实验说明

5.4.1.1　对比算法

实验用的线性投影方法共包括以下 8 种。

(1) 局部保持投影(LPP)[29]。

(2) 邻域保持嵌入(NPE)[31]。

(3) KISS 度量学习[40]。

(4) 局部敏感判别分析(LSDA)[35]。

(5) 间隔判别分析(MFA)[126]。

(6) 线性判别分析(LDA)[124,125]。

(7) 岭回归方法(RR)[127]。

(8) 本章的稀疏平滑岭回归方法(SRR)。

5.4.1.2　实验流程

本章基于监督学习进行多分类实验,通过对测试样本的识别准确率来衡量不同算法的水平。同时,实验分析了不同标签矩阵对岭回归方法的影响。

1. 监督分类学习实验

选择一个数据集,确定在每类样本中要挑选的训练样本个数(NL),实验流程如下。

(1) 在每类样本中随机选择 NL 个样本组成训练集,余下的样本作为测试集。

(2) 用不同方法学习线性投影矩阵。

(3) 对测试集样本进行投影。

(4) 通过最近邻方法(1-NN)确定测试样本的预测标签,计算每类方法在测试样本上的识别准确率。

(5) 重复以上流程 50 次。

2. 标签矩阵实验

构造 5 个不同的标签矩阵,对比这些标签矩阵对 RR 和 SRR 方法的影响。这些标签矩阵包括以下几个。

(1) $\boldsymbol{Y}_1$:原始岭回归构造法[29,127]。

(2) $\boldsymbol{Y}_2$:使用 $\boldsymbol{T}$ 构造法 1,$d=k$,$\boldsymbol{Y}_2$是一个 0-1 矩阵,每行只有一个 1,其余为 0。

(3) $\boldsymbol{Y}_3$:通过 $\boldsymbol{T}$ 构造法 2 构建标签矩阵,令 $d=2k$。

(4) $\boldsymbol{Y}_4$:使用 $\boldsymbol{T}$ 构造法 2,令 $d=3k$。

(5) $\boldsymbol{Y}_5$:使用 $\boldsymbol{T}$ 构造法 2,令 $d=m$,其中,m 是样本数据 $\boldsymbol{X}$ 的原始维度。

5.4.2　真实数据集

数据集包括人脸数据集、图像数据集、手写体数据集和文本数据集,表 5.1 展示了这些数据集的基本指标,图 5.1 展示了一些数据集的部分原始图像。

实验所采用的数据集包括以下几类。

(1) COIL20 数据集。COIL20 数据集包括 20 个类别的图像,每类包含 72 张不同视角的图像。每张图片降采样后的大小是 32×32 像素,并被表示为一个 1024 维的向量。

(2) Yale 数据集。Yale 数据集包含 15 个人物,共 165 张灰度照片。每个人物有 11 张表情和外形不同的照片,每张图片降采样后的大小是 32×32 像素,由一个 1024 维的向量表示。

(3) TDT2 数据集。TDT2 数据集是一个文本数据集,包括 9394 个文本文件。每个文本文件被一个 36771 维的向量表示。使用样本点最多的前 15 类数据各自前 50 个样本点作为实验数据集。

(4) USPS 数据集。USPS 数据集是一个手写体数据集,包括 10 类、9298 张图片。每张图片大小为 16×16 像素,每张图像由一个 256 维的向量表示。

表 5.1　五个数据集的统计指标

数据集	大小(n)	维度(m)	#类别数(k)
COIL20	1440	1024	20
Yale	165	1024	15
TDT2	750	36771	15
USPS	9298	256	10

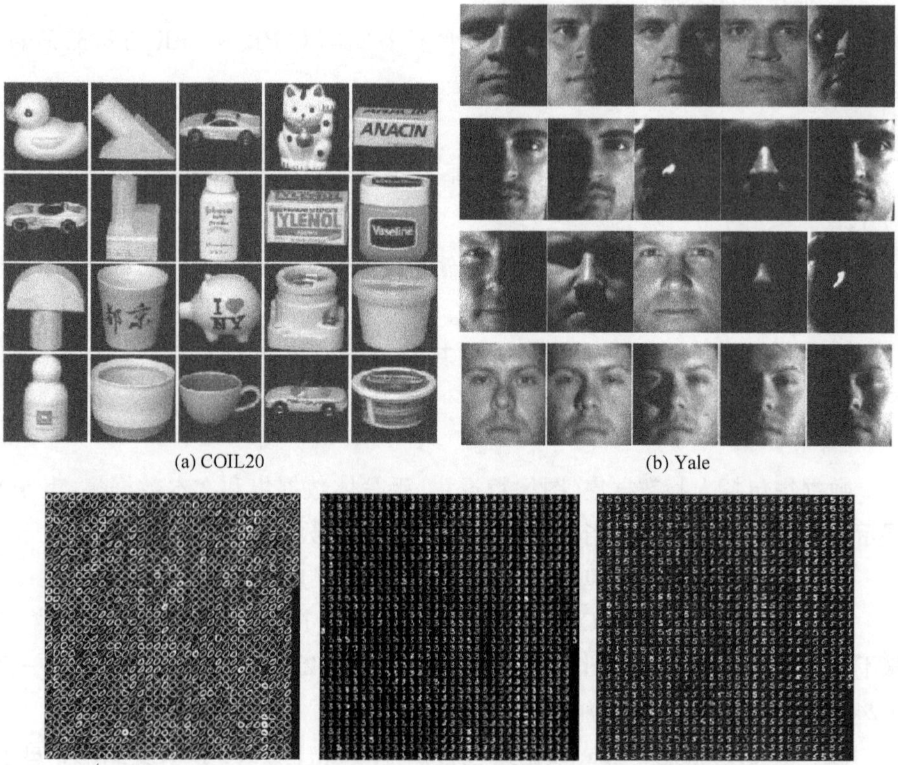

(a) COIL20　(b) Yale

(c) USPS

图 5.1　COIL20, YaleB 和 USPS 数据库上的原始图像示例

通常可采用 PCA 将数据先降维至一个合适的维数以提高运算效率。另外,数据的预处理方法是对数据进行平方和归一化操作。

5.4.3　分类结果

多分类实验结果如表 5.2~表 5.5 所示。SRR 的方法在实验数据集上表现良好，特别在 TDT2 文本数据库和 COIL20 图像数据库上表现优异。观察 USPS 数据库和 Yale 数据库，如表 5.2 和表 5.3 所列，当训练集数目逐渐增加时，部分经典方法识别效果反而下降。这可能是因为训练出现了过拟合现象，与此同时，SRR 方法依然表现良好，体现出较好的泛化能力。

在标签矩阵实验中，如表 5.6 所示，标签矩阵没有降低 RR 方法的识别率，这说明将岭回归方法看作一种基于图论的学习方法，并由此设计标签矩阵是合理的。这意味着标签矩阵的作用是尽量使投影后的样本同类聚集、异类等距分隔。另外，设计的标签矩阵在 SRR 方法上比原始标签矩阵有一定的提升，这表明拓展标签矩阵的设计的价值。

表 5.2　不同方法在 USPS 数据集上的识别率

NL	LPP	NPE	KISS	LSDA	MFA	LDA	RR	SRR
4	63.89	63.95	67.88	62.19	68.43	63.41	69.09	**74.66**
8	62.55	62.33	66.59	59.36	66.40	61.07	75.77	**81.48**
12	61.59	60.10	64.92	57.13	64.94	58.24	79.58	**83.94**
16	55.91	52.91	61.34	50.54	63.50	52.01	81.73	**85.58**
20	48.04	44.54	60.06	43.48	63.76	45.09	83.10	**86.40**

表 5.3　不同方法在 Yale 数据集上的识别率

NL	LPP	NPE	KISS	LSDA	MFA	LDA	RR	SRR
2	60.74	61.39	**62.22**	56.04	56.96	60.75	60.66	58.87
4	73.61	71.44	**77.35**	71.37	66.85	74.22	74.13	73.79
6	77.89	76.40	**82.48**	76.18	70.13	76.98	81.38	81.94
8	72.35	71.68	81.73	71.60	68.08	71.51	82.53	**83.77**
10	37.86	36.26	59.86	37.33	61.86	36.26	82.26	**86.40**

表 5.4　不同方法在 COIL20 数据集上的识别率

NL	LPP	NPE	KISS	LSDA	MFA	LDA	RR	SRR
4	74.25	73.87	80.60	74.39	80.35	73.93	75.58	**83.40**
8	75.55	75.08	85.47	75.09	88.42	74.83	84.08	**91.96**
12	78.57	78.33	78.15	77.55	90.95	77.60	87.72	**94.27**
16	89.58	92.68	89.27	89.10	93.24	89.01	90.47	**96.25**
20	93.69	96.61	93.76	93.26	94.93	93.22	92.73	**97.38**

表 5.5 不同方法在 TDT2 数据集上的识别率

NL	LPP	NPE	KISS	LSDA	MFA	LDA	RR	SRR
4	85.32	83.82	83.90	84.24	78.79	85.18	85.74	**87.37**
8	84.53	84.26	84.73	84.23	82.55	84.38	86.16	**89.79**
12	70.16	71.42	77.09	69.47	81.55	69.72	83.48	**91.04**
16	77.35	77.78	73.36	76.93	81.14	76.99	84.32	**91.43**
20	85.84	85.81	84.89	85.44	84.68	85.47	87.17	**92.22**

表 5.6 使用不同标签矩阵的岭回归方法在各数据集上的识别率(NL=5)

NL=5	RR					SRR				
	Y_1	Y_2	Y_3	Y_4	Y_5	Y_1	Y_2	Y_3	Y_4	Y_5
USPS	71.78	71.78	71.78	71.78	71.78	77.22	77.37	77.84	78.16	**78.80**
Yale	77.05	77.05	77.05	77.05	77.05	76.72	**77.16**	76.27	76.50	75.83
COIL20	76.67	76.68	76.68	76.68	76.68	85.53	85.69	86.85	**87.09**	85.97
TDT2	87.02	87.05	87.05	87.05	87.05	88.69	88.93	89.31	89.24	**89.40**

5.4.4 算法分析

5.4.4.1 稀疏度分析

分析表示投影矩阵 $\boldsymbol{P}$ 的稀疏度,投影矩阵的稀疏图可定义如下:

$$\text{sparsity}(\boldsymbol{P}) = \frac{\sum_{i=1}^{m} \text{sparsity}(\boldsymbol{P}^{(i)})}{m} \tag{5.13}$$

其中,行向量 $\boldsymbol{P}^{(i)}$ 的稀疏度 sparsity($\boldsymbol{P}^{(i)}$)可由向量稀疏度[107]计算得到:

$$\text{sparsity}(\boldsymbol{P}^{(i)}) = \frac{\sqrt{d} - \sum |P_{ij}| / \sqrt{\sum P_{ij}^2}}{\sqrt{d} - 1} \times 100\% \tag{5.14}$$

其中,P_{ij}是的 $\boldsymbol{P}^{(i)}$ 第 j 个元素。

当一个向量所有值相同时,其稀疏度则为 0,当一个向量只有一个元素不为 0 时,其稀疏度达到最大,取值为 100%。稀疏度越高,其值越趋向于 100%。

由表 5.7 可以看出,SRR 方法得到的投影矩阵比 RR 方法和大多对比方法得到的投影矩阵具有更高的稀疏度,KISS 度量学习方法往往可以得到具有最大稀疏度的投影矩阵。

表5.7 不同算法得到的投影矩阵的平均稀疏度

NL=5	LPP	NPE	KISS	LSDA	MFA	LDA	RR	SRR
USPS	23.73	23.04	**88.16**	23.00	23.91	25.70	26.89	55.30
Yale	24.52	24.33	**79.72**	24.92	28.09	25.14	27.52	50.42
COIL20	23.79	24.15	**75.63**	24.29	27.51	24.17	27.10	74.55
TDT2	25.34	25.61	**83.93**	24.32	25.87	25.22	31.52	59.53

对比表5.2~表5.5和表5.7,可以发现投影矩阵的稀疏度提高,往往会带来识别率上的提升。值得注意的是,虽然KISS方法的投影矩阵具有较高的稀疏度,并且要求相似的样本在投影后尽量保持聚集,但是,它对不同类别的样本在投影后的距离并没有约束,这可能是其在识别率上不如SRR的原因。

5.4.4.2 参数选择

参数选择是一项重要工作,对于所使用的对比方法,采用其文献所提议的最佳参数。对于SRR方法,可通过有限网格法[110]选择参数。本章实验采取的参数为:对于USPS、TDT2和Yale数据库,$\lambda_1=0.01$,$\lambda_2=0.01$,$\lambda_3=0.01$;对于COIL20数据库,$\lambda_1=0.001$,$\lambda_2=0.01$,$\lambda_3=0.1$。使用核权重即式(5.4)来度量维度间的相似度,所有实验取$s=5$。简单起见,本书使用$\boldsymbol{Y}_2$作为SRR的标签矩阵。

5.4.5 稀疏约束拓展

投影矩阵$\boldsymbol{P}$的稀疏性对算法性能有着一定的影响,除了$\|\boldsymbol{P}\|_1$约束外,还可以考查如下正则化项:

$$\|\boldsymbol{P}\|_{q,1}=\sum_{i=1}^{m}\|\boldsymbol{P}^{(i)}\|_q. \tag{5.15}$$

其中,$\boldsymbol{P}^{(i)}$是$\boldsymbol{P}$的第i行向量,$\|\boldsymbol{P}^{(i)}\|_q=(\sum_{j=1}^{d}|P_{ij}|^q)^{1/q}$。

当$q=2$时,$\|\boldsymbol{P}\|_{2,1}=\sum_i^m\left(\sum_j^d P_{ij}^2\right)^{1/2}$为矩阵的组稀疏约束[134]。

当$0<q<1$时,$\|\boldsymbol{P}^{(i)}\|_q$是$R^d$空间中的$L_q$拟范数(quasi-norm)[135-136]。当$q=\frac{1}{2}$时,$\|\boldsymbol{P}\|_{1/2,1}=\sum_i^m\left(\sum_j^d|\boldsymbol{P}_{ij}|^{1/2}\right)^2$是矩阵的$l_{1/2}$稀疏约束[137]。

分别考虑$\|\boldsymbol{P}\|_{2,1}$和$\|\boldsymbol{P}\|_{1/2,1}$约束代替$\|\boldsymbol{P}\|_1$约束,式(5.7)变为

$$\|\boldsymbol{P}^{\mathrm{T}}\boldsymbol{X}-\boldsymbol{Y}^{\mathrm{T}}\|_{\mathrm{F}}^2+\lambda_1\|\boldsymbol{P}\|_{\mathrm{F}}^2+\lambda_2\mathrm{tr}(\boldsymbol{P}^{\mathrm{T}}\boldsymbol{L}\boldsymbol{P})+\lambda_3\|\boldsymbol{P}\|_{2,1} \tag{5.16}$$

和

$$\|\boldsymbol{P}^{\mathrm{T}}\boldsymbol{X}-\boldsymbol{Y}^{\mathrm{T}}\|_{\mathrm{F}}^{2}+\lambda_1\|\boldsymbol{P}\|_{\mathrm{F}}^{2}+\lambda_2\mathrm{tr}(\boldsymbol{P}^{\mathrm{T}}\boldsymbol{L}\boldsymbol{P})+\lambda_3\|\boldsymbol{P}\|_{1/2} \tag{5.17}$$

求解式(5.16)、式(5.17)可参考求解式(5.7)的算法,相应地,只需将式(5.12)分别替换为

$$\boldsymbol{H}=\underset{\boldsymbol{H}}{\mathrm{argmin}}\lambda_3\|\boldsymbol{H}\|_{2,1}+\frac{\mu}{2}\left\|\boldsymbol{H}-\left(\boldsymbol{P}+\frac{\boldsymbol{Q}}{\mu}\right)\right\|_{\mathrm{F}}^{2}=\boldsymbol{\Gamma}_{\frac{\lambda_3}{\mu}}\left(\boldsymbol{P}+\frac{\boldsymbol{Q}}{\mu}\right) \tag{5.18}$$

和

$$\boldsymbol{H}=\underset{\boldsymbol{H}}{\mathrm{argmin}}\lambda_3\|\boldsymbol{H}\|_{1/2,1}+\frac{\mu}{2}\left\|\boldsymbol{H}-\left(\boldsymbol{P}+\frac{\boldsymbol{Q}}{\mu}\right)\right\|_{\mathrm{F}}^{2}=\boldsymbol{\Omega}_{\frac{\lambda_3}{\mu}}\left(\boldsymbol{P}+\frac{\boldsymbol{Q}}{\mu}\right) \tag{5.19}$$

其中,Γ 是 $l_{2,1}$ 范数(行稀疏)操作子(参照文献[49]的列稀疏操作子),Ω 是 $l_{1/2}$ 范数操作子[137]。

将由$\|\boldsymbol{P}\|_1$、$\|\boldsymbol{P}\|_{2,1}$和$\|\boldsymbol{P}\|_{1/2,1}$作为稀疏约束项的稀疏平滑岭回归算法分别记为 SRR_1、SRR_2 和 SRR_3。对这三种算法进行了对比实验,如表 5.8 所列。除参数$\{\lambda_i,i=1,2,3\}$变化外,实验的其他参数设定同上所述。

表 5.8 不同稀疏约束项的 SRR 方法在四个数据集上的识别率

数据集	NL	SRR_1	SRR_2	SRR_3
USPS	5	79.20	**79.36**	79.34
	10	84.45	**84.57**	84.55
参数($\lambda_1,\lambda_2,\lambda_3$)		(0.01, 0.1, 0.01)	(0.1, 0.1, 0.01)	(0.1, 0.1, 0.001)
Yale	5	78.33	**78.86**	78.84
	10	**86.40**	86.00	83.60
参数($\lambda_1,\lambda_2,\lambda_3$)		(0.01, 0.01, 0.01)	(0.001, 0.001, 0.1)	(0.01, 0.001, 0.001)
COIL20	5	87.47	**87.76**	87.24
	10	**94.72**	94.50	94.47
参数($\lambda_1,\lambda_2,\lambda_3$)		(0.1, 0.1, 0.1)	(0.1, 0.1, 0.1)	(0.1, 1, 0.001)
TDT2	5	89.15	**89.45**	88.82
	10	**92.12**	92.11	90.46
参数($\lambda_1,\lambda_2,\lambda_3$)		(0.01, 0.1, 0.01)	(0.001, 0.01, 0.1)	(0.01, 0.01, 0.001)

表 5.8 中列出了 SRR 系列算法在不同数据集上所达到的识别率和对应的参数值$\{\lambda_i,i=1,2,3\}$,其中,参数选择是通过有限网格法[110]进行的,网格值为$\{0.0001, 0.001, 0.01, 0.1, 1, 10\}$。就识别率而言,SRR_1、SRR_2 和 SRR_3 表现相近,总体来说,SRR_2 表现最好,SRR_1 次之,SRR_3 最后。

5.5 本章小结

本章研究了基于图论的监督学习方法，具体的研究内容及其创新点在于以下几方面。

(1) 本章提出了一种基于图论的监督学习方法。该方法分为两个关键步骤，一是最优解 $\boldsymbol{V}_0$ 的构造，二是线性映射 $\boldsymbol{P}^{\mathrm{T}}\boldsymbol{X} \rightarrow \boldsymbol{V}_0$ 的求解。这种方法的优点在于：如果将 $\boldsymbol{V}_0$ 的每一列都看作一个顶点，那么在映射 $\boldsymbol{P}^{\mathrm{T}}\boldsymbol{X} \rightarrow \boldsymbol{V}_0$ 的过程中，投影矩阵将同一类别的数据点投影到同一个顶点上，同时使不同类别的数据点在投影后保持等距关系，避免了不同标签的样本在投影后间隔可能任意大的问题。

(2) 本章放松了最优解 $\boldsymbol{V}_0$ 的构造并拓展了岭回归的多变量标签矩阵 $\boldsymbol{Y}$，将岭回归方法纳入基于图论的监督学习方法中。通过考虑全局维度平滑性及投影矩阵的稀疏度，进一步改进了岭回归方法以求解映射问题 $\boldsymbol{P}^{\mathrm{T}}\boldsymbol{X} \rightarrow \boldsymbol{Y} = \boldsymbol{V}_0$，最后提出稀疏平滑岭回归方法(SRR)和相应的求解算法。

(3) 本章进行了算法应用与分析，详细地实验分析了 SRR 方法在不同数据集上的表现，表明了本章方法的有效性，同时分析了不同标签矩阵对岭回归方法的影响以及不同方法投影矩阵的稀疏度。

本章深入分析了基于图论的监督学习问题，为设计基于图论的监督学习算法提供了一个有效的方法。

第 6 章

基于图论的协同正则化学习

6.1 引　言

协同正则化(co-regularization)是一类使用不同视图内的数据来改进学习效果的方法,最初的协同正则化算法是由 Sindhwani 等[138]提出的,他们假设数据集具有多个充分(Sufficient)并且条件独立(independence assumption)的视图。充分是指每个视图都可以训练一个分类器,而条件独立是指:

$$P(x^{(i)} \mid y, x^{(j)}) = P(x^{(i)} \mid y) \tag{6.1}$$

其中,$i,j \in \{1,2,\cdots,s\}$,$i \neq j$。式(6.1)说明了,在已知样本标签 y 的条件下,观测到某一个视图上数据的分布,对另一个视图上数据的可能分布不会产生影响。独立性假设意味着一个视图上置信度高的数据对另一个视图而言是随机分布的。

多个视图(multiple views)中的分类器在协同正则化框架下被训练,并被要求能够在相同的未标记数据上可以给出相似的预测值。对于无监督学习而言,协同正则化中要求:相容性假设,即不同视图中决策函数对样本标签的预测结果是一致的。对于半监督学习,在相容性假设的基础之上,还有一个要求:独立性假设,即不同视图中决策函数对样本的标记过程是独立的。

协同正则化,又称为多视图学习,源于在许多实际应用中样本可以被不同的特征集所描述。如在计算机视觉中,对于同一个图片,往往有许多种特征提取方法。

多视图学习的一个应用是基于多视图的聚类[139-142],文献[140]通过构造一个多视图权重矩阵去融合多视图信息；文献[141]提出了一种相互提升的策略进行多视图学习，在学习每个视图时都参考其他视图的信息；文献[142]加强了聚类假设，目的是使不同视图下学习到的聚类结构具有一致性。

对于多视图分类的研究多停留在二分类问题上，基于多视图的半监督学习算法主要有 SVM-2K[143]、Co-SVMs[144]和 MvSpSVMs[145]等。

本章在图划分准则下研究基于图论的协同正则化学习，分析了多种融合视图的策略。具体地，面向基于图论的无监督学习或半监督学习问题，提出了六种多视图融合的方式，设计了相应的求解算法，实验验证了算法的无监督聚类效果。

6.2　基本问题描述与模型定义

6.2.1　基于图论的无监督协同正则化学习问题描述

假设数据有 T 个视图，即 T 个权重矩阵，被表示为$\boldsymbol{W}_{(i)}, i=1,2,\cdots,T$。对应地，记$\boldsymbol{\mathcal{L}}=\{L_{(i)} \mid i=1,2,\cdots,T\}$是拉普拉斯矩阵。

本节在本书基于图论的学习框架中，考虑基于图论的协同正则化学习问题。回顾式(3.11)~式(3.13)关于不同图划分准则的定义，基于图论的协同正则化研究是基于这些图划分准则的。本章重点研究协同正则化的方法，为简单起见，将图划分准则下的目标函数写为 $\mathrm{tr}(\boldsymbol{V}^{\mathrm{T}}\boldsymbol{L}\boldsymbol{V})$，以标准规范化切框架为例研究基于图论的协同正则化。

6.2.1.1　解的一致性约束

假设$\boldsymbol{V}_{(i)}$是第 i 个视图下对应的解，在协同正则化学习中，通常认为不同视图下的解应尽量一致，即考虑这些不同视图下解的一致性约束，在基于图论的学习框架下，协同正则化的优化问题是

$$\mathcal{O}_{\mathrm{co1}} = \mathrm{argmin}\sum_{i=1}^{T}\mathrm{tr}(\boldsymbol{V}_{(i)}^{\mathrm{T}}\boldsymbol{L}_{(i)}\boldsymbol{V}_{(i)}) + \lambda_1\sum_{ij}\|\boldsymbol{V}_{(i)} - \boldsymbol{V}_{(j)}\|_{\mathrm{F}}^2$$
$$(\boldsymbol{V}_{(i)}^{\mathrm{T}}\boldsymbol{V}_{(i)}=\boldsymbol{I}, \boldsymbol{V}_{(i)}\geqslant 0, i=1,2,\cdots,T) \tag{6.2}$$

其中，$\boldsymbol{V}_{(i)}$是一个特定的离散划分指示矩阵，对于视图 i，求解$\boldsymbol{V}_{(i)}$，即

$$\underset{\boldsymbol{V}_{(i)}}{\mathrm{argmin}}\,\mathrm{tr}(\boldsymbol{V}_{(i)}^{\mathrm{T}}\boldsymbol{L}_{(i)}\boldsymbol{V}_{(i)}) + \lambda_1\sum_{\substack{1\leqslant j\leqslant T,\\ j\neq i}}\|\boldsymbol{V}_{(i)} - \boldsymbol{V}_{(j)}\|_{\mathrm{F}}^2$$
$$(\boldsymbol{V}_{(i)}^{\mathrm{T}}\boldsymbol{V}_{(i)}=\boldsymbol{I}, \boldsymbol{V}_{(i)}\geqslant 0) \tag{6.3}$$

注意，这里直接将基于图论的学习框架中的约束条件放松为正交和非负，

求解方法可借鉴第3章方法。上述目标函数是一个迭代求解的过程,每次求解只求解一个视图下的解,同时固定其他视图下的解。即在求解过程中利用其他学习到的视图增强某个视图的学习。

6.2.1.2 解的一致性约束——基于中心的假设

假设多个视图下的解$\boldsymbol{V}_{(i)}(i=1,2,\cdots,T)$存在一个中心解$\boldsymbol{V}_*$,中心解即所有视图下解的中心,这是一种基于中心的协同学习假设,最终学习结果是求解这个中心解,其优化目标函数为

$$\mathcal{O}_{\mathrm{co2}}=\operatorname{argmin}\sum_{i=1}^{T}\operatorname{tr}(\boldsymbol{V}_{(i)}^{\mathrm{T}}\boldsymbol{L}_{(i)}\boldsymbol{V}_{(i)})+\lambda_2\sum_{i}\|\boldsymbol{V}_{(i)}-\boldsymbol{V}_*\|_{\mathrm{F}}^2$$
$$(\boldsymbol{V}_*^{\mathrm{T}}\boldsymbol{V}_*=\boldsymbol{I},\boldsymbol{V}_*\geqslant 0,\boldsymbol{V}_{(i)}^{\mathrm{T}}\boldsymbol{V}_{(i)}=\boldsymbol{I},\boldsymbol{V}_{(i)}\geqslant 0,i=1,2,\cdots,T) \tag{6.4}$$

其中,$\boldsymbol{V}_{(i)}$是一个特定的离散划分指示矩阵,对于视图i,求解$\boldsymbol{V}_{(i)}$,即

$$\operatorname{argmin}\operatorname{tr}(\boldsymbol{V}_{(i)}^{\mathrm{T}}\boldsymbol{L}_{(i)}\boldsymbol{V}_{(i)})+\lambda_2\|\boldsymbol{V}_{(i)}-\boldsymbol{V}_*\|_{\mathrm{F}}^2$$
$$(\boldsymbol{V}_{(i)}^{\mathrm{T}}\boldsymbol{V}_{(i)}=\boldsymbol{I},\boldsymbol{V}_{(i)}\geqslant 0) \tag{6.5}$$

求解中心解$\boldsymbol{V}_*$的优化目标为

$$\operatorname{argmin}\sum_{i}\|\boldsymbol{V}_{(i)}-\boldsymbol{V}_*\|_{\mathrm{F}}^2$$
$$(\boldsymbol{V}_*^{\mathrm{T}}\boldsymbol{V}_*=\boldsymbol{I},\boldsymbol{V}_*\geqslant 0) \tag{6.6}$$

其中,$\boldsymbol{V}_*$是一个特定的离散划分指示矩阵。

6.2.1.3 相似矩阵的一致性

对视图i的解$\boldsymbol{V}_{(i)}\in R^{n\times k}$来说,$\boldsymbol{V}_{(i)}$的相似矩阵记为$\boldsymbol{S}_{\boldsymbol{V}_{(i)}}\in R^{n\times n}$,即$\boldsymbol{V}_{(i)}$行向量($\boldsymbol{V}_{(i)}=[\boldsymbol{V}_{(i)}^1;\boldsymbol{V}_{(i)}^2;\cdots;\boldsymbol{V}_{(i)}^n]$,$\boldsymbol{V}_{(i)}^a$代表$\boldsymbol{V}_{(i)}$的第$a$行向量)之间的相似性。若行向量之间的相似性用线性核度量,即$\boldsymbol{S}_{\boldsymbol{V}_{(i)}}(a,b)=\boldsymbol{V}_{(i)}^a\,\boldsymbol{V}_{(i)}^{b\ \mathrm{T}}$,那么$\boldsymbol{S}_{\boldsymbol{V}_{(i)}}=\boldsymbol{V}_{(i)}\boldsymbol{V}_{(i)}^{\mathrm{T}}$。基于文献[142]的思路,可以考虑不同视图下解的相似矩阵的一致性,对于视图i和视图j来说,解$\boldsymbol{V}_{(i)}$的相似矩阵$\boldsymbol{S}_{\boldsymbol{V}_{(i)}}$和解$\boldsymbol{V}_{(j)}$的相似矩阵$\boldsymbol{S}_{\boldsymbol{V}_{(j)}}$的一致性用下列距离度量

$$D(\boldsymbol{V}_{(i)},\boldsymbol{V}_{(j)})=\left\|\frac{S_{\boldsymbol{V}_{(i)}}}{\|S_{\boldsymbol{V}_{(i)}}\|_{\mathrm{F}}^2}-\frac{S_{\boldsymbol{V}_{(j)}}}{\|S_{\boldsymbol{V}_{(j)}}\|_{\mathrm{F}}^2}\right\|_{\mathrm{F}}^2 \tag{6.7}$$

采用线性核度量$\boldsymbol{S}_{\boldsymbol{V}_{(i)}}$,去掉常数项和比例系数,有

$$D(\boldsymbol{V}_{(i)},\boldsymbol{V}_{(j)})=-\operatorname{tr}(\boldsymbol{V}_{(i)}\boldsymbol{V}_{(i)}^{\mathrm{T}}\boldsymbol{V}_{(j)}\boldsymbol{V}_{(j)}^{\mathrm{T}}) \tag{6.8}$$

因此,学习的优化目标是

$$\mathcal{O}_{\mathrm{co3}}=\operatorname{argmin}\sum_{i=1}^{T}\operatorname{tr}(\boldsymbol{V}_{(i)}^{\mathrm{T}}\boldsymbol{L}_{(i)}\boldsymbol{V}_{(i)})-\lambda_3\sum_{i,j=1,i\neq j}^{T}\operatorname{tr}(\boldsymbol{V}_{(i)}\boldsymbol{V}_{(i)}^{\mathrm{T}}\boldsymbol{V}_{(j)}\boldsymbol{V}_{(j)}^{\mathrm{T}})$$
$$(\boldsymbol{V}_{(i)}^{\mathrm{T}}\boldsymbol{V}_{(i)}=\boldsymbol{I},\boldsymbol{V}_{(i)}\geqslant 0) \tag{6.9}$$

对于视图 i,求解 $V_{(i)}$

$$-\operatorname{argmintr}\left[V_{(i)}^{\mathrm{T}}\left(\widetilde{W}_{(i)}+\lambda_3\sum_{1\leqslant j\leqslant T,j\neq i}V_{(j)}V_{(j)}^{\mathrm{T}}\right)V_{(i)}\right]$$
$$\left(V_{(i)}^{\mathrm{T}}V_{(i)}=I,V_{(i)}\geqslant 0\right) \tag{6.10}$$

其中,$\widetilde{W}_{(i)}=D_{(i)}^{-1/2}W_{(i)}D_{(i)}^{-1/2}$,$\widetilde{\widetilde{W}}_{(i)}\triangleq\widetilde{\widetilde{W}}_{(i)}+\lambda_3\sum_{1\leqslant j\leqslant T,j\neq i}V_{(j)}V_{(j)}^{\mathrm{T}}$。

记$\hat{L}_{(i)}=I-\widetilde{\widetilde{D}}_{(i)}^{-1/2}\widetilde{\widetilde{W}}_{(i)}\widetilde{\widetilde{D}}_{(i)}^{-1/2}$,$\hat{L}_{(i)}$是半正定对称矩阵,$\widetilde{\widetilde{D}}_{(i)}$是$\widetilde{\widetilde{W}}_{(i)}$对应的对角矩阵(对角元素是$\widetilde{\widetilde{W}}_{(i)}$对应行的和),上述优化目标变为

$$\operatorname{argmintr}\left[V_{(i)}^{\mathrm{T}}\hat{L}_{(i)}V_{(i)}\right]$$
$$\left(V_{(i)}^{\mathrm{T}}V_{(i)}=I,V_{(i)}\geqslant 0\right) \tag{6.11}$$

其中,$V_{(i)}$是一个特定的离散划分指示矩阵。

6.2.1.4 相似矩阵的一致性——基于中心的假设

在6.2.1.3节的基础之上,考虑存在中心解 V_*,即只考察各视图下解和中心解的相似矩阵之间的相似性,对于视图 i 下的解 $V_{(i)}$ 和中心解 V_*,求相似矩阵的相似性。

$$D(V_*,V_{(i)})=\left\|\frac{S_{V_*}}{\|S_{V_*}\|_F^2}-\frac{S_{V_{(i)}}}{\|S_{V_{(i)}}\|_F^2}\right\|_F^2$$

采用线性核度量 $S_{V_{(i)}}$,去掉常数项和比例系数,有

$$D(V_*,V_{(i)})=-\operatorname{tr}(V_{(i)}V_{(i)}^{\mathrm{T}}V_*V_*^{\mathrm{T}}) \tag{6.12}$$

因此,基于中心的假设下,学习的优化目标函数是

$$\mathcal{O}_{\mathrm{co4}}=\operatorname{argmin}\sum_{i=1}^{T}\operatorname{tr}(V_{(i)}^{\mathrm{T}}L_{(i)}V_{(i)})-\lambda_4\sum_{i}^{T}\operatorname{tr}(V_{(i)}V_{(i)}^{\mathrm{T}}V_*V_*^{\mathrm{T}})$$
$$\left(V_{(i)}^{\mathrm{T}}V_{(i)}=I,V_*^{\mathrm{T}}V_*=I,V_*\geqslant 0,V_{(i)}\geqslant 0\right) \tag{6.13}$$

对于视图 i,固定其他变量求解 $V_{(i)}$

$$-\operatorname{argmintr}\left[V_{(i)}^{\mathrm{T}}\left(\widetilde{W}_{(i)}+\lambda_4V_*V_*^{\mathrm{T}}\right)V_{(i)}\right]$$
$$\left(V_{(i)}^{\mathrm{T}}V_{(i)}=I,V_{(i)}\geqslant 0\right) \tag{6.14}$$

其中,$\widetilde{W}_{(i)}=D_{(i)}^{-1/2}W_{(i)}D_{(i)}^{-1/2}$,$\overline{W}_{(i)}\triangleq\widetilde{W}_{(i)}+\lambda_4V_*V_*^{\mathrm{T}}$。

记$\overline{L}_{(i)}=I-\overline{D}_{(i)}^{-\frac{1}{2}}\overline{W}_{(i)}\overline{D}_{(i)}^{-\frac{1}{2}}$,$\overline{L}_{(i)}$是半正定对称矩阵,$\widetilde{\widetilde{D}}_{(i)}$是$\widetilde{\widetilde{W}}_{(i)}$对应的对角矩阵(对角元素是$\widetilde{\widetilde{W}}_{(i)}$对应行的和),优化目标变为

$$\operatorname{argmintr}\left[V_{(i)}^{\mathrm{T}}\overline{L}_{(i)}V_{(i)}\right]$$
$$\left(V_{(i)}^{\mathrm{T}}V_{(i)}=I,V_{(i)}\geqslant 0\right) \tag{6.15}$$

其中,$V_{(i)}$是一个特定的离散划分指示矩阵,对于 V_*,优化目标为

$$\operatorname{argmintr}\left[\boldsymbol{V}_*^{\mathrm{T}}\left(\boldsymbol{I}-\sum_i \boldsymbol{V}_{(i)}\boldsymbol{V}_{(i)}^{\mathrm{T}}\right)\boldsymbol{V}_*\right]$$
$$(\boldsymbol{V}_*^{\mathrm{T}}\boldsymbol{V}_*=\boldsymbol{I},\boldsymbol{V}_*\geqslant 0) \tag{6.16}$$

其中,$\boldsymbol{V}_*$是一个特定离散划分指示矩阵。

6.2.1.5 权重矩阵的线性叠加

文献[151-152]研究了协同正则化中的视图叠加思路,即认为最优视图是不同视图的线性叠加,基于这个思路,基于图论的协同正则化学习的优化目标变为

$$\mathcal{O}_{\mathrm{co5}}=\operatorname{argmintr}\left[\boldsymbol{V}^{\mathrm{T}}\left(\sum_i \tau_i \boldsymbol{L}_{(i)}\right)\boldsymbol{V}\right]+\varepsilon\|\boldsymbol{\tau}\|^2$$
$$\left(\boldsymbol{V}^{\mathrm{T}}\boldsymbol{V}=\boldsymbol{I},\boldsymbol{V}\geqslant 0,\sum_i \tau_i=1,\tau_i\geqslant 0,i=1,2,\cdots,T\right) \tag{6.17}$$

其中,$\boldsymbol{V}$是一个特定的离散划分指示矩阵,最优视图可记为$\boldsymbol{L}_*=\sum_i \tau_i \boldsymbol{L}_{(i)}$,$0\leqslant \tau_i\leqslant 1$是叠加系数,$\varepsilon>0$是正则化参数,$\|\boldsymbol{\tau}\|^2$可促进利用更多的视图,使得学习到的系数趋于平均。

6.2.1.6 权重矩阵的非线性叠加

文献[153-154]研究了视图叠加的另一种情况,将最优视图看作所有视图的一种非线性叠加,同时简化了目标函数,其优化目标为

$$\mathcal{O}_{\mathrm{co6}}=\operatorname{argmintr}\left[\boldsymbol{V}^{\mathrm{T}}\left(\sum_i \tau_i^{\varphi}\boldsymbol{L}_{(i)}\right)\boldsymbol{V}\right]$$
$$\left(\boldsymbol{V}^{\mathrm{T}}\boldsymbol{V}=\boldsymbol{I},\boldsymbol{V}\geqslant 0,\sum_i \tau_i=1,\tau_i\geqslant 0,i=1,2,\cdots,T\right) \tag{6.18}$$

其中,$\boldsymbol{V}$是一个特定的离散划分指示矩阵,$\varphi>1$是一个常数,在文献[153]中通常被经验设定为5。

6.2.2 基于图论的半监督协同正则化学习问题描述

考虑6.2.1节中基于图论的协同正则化方法,在对应的约束条件下,基于图论的半监督协同正则化方法优化如下目标

$$\operatorname{argmin}\mathcal{O}_{\mathrm{coj}}+\sum_i^T \mu_i f(\boldsymbol{V}_{(i)},\boldsymbol{Y}_{(i)}) \tag{6.19}$$

其中,$f(\boldsymbol{V}_{(i)},\boldsymbol{Y}_{(i)})$是视图$i$下的标记样本损失函数,$\mu_i>0$是对应的调谐参数。

6.2.3 模型定义

由于$\boldsymbol{V}$的离散性约束,式(6.2)~式(6.19)的问题是NP难问题。基于第3章的思路,可放松约束条件,具体地:舍弃离散性约束,保持非负性,保证稀疏度

并趋近正交性。基于图论的协同正则化学习模型为

$$\operatorname{argmin}\ \mathcal{O}_{\text{coj}}+\sigma\sum_{i}^{T}\mu_{i}f(\boldsymbol{V}_{(i)},\boldsymbol{Y}_{(i)})$$

$$(\boldsymbol{V}_{(i)}^{\mathrm{T}}\boldsymbol{V}_{(i)}\to\boldsymbol{I}_{k},\boldsymbol{V}_{(i)}\geqslant 0,\|\boldsymbol{v}_{(i)m}\|_{1}\geqslant\delta,m=1,2,\cdots,n) \tag{6.20}$$

其中,$\mathcal{O}_{\text{coj}}$是第 j 种协同正则化方法(6.2.1 节),$f(\boldsymbol{V}_i,\boldsymbol{Y}_i)$是视图 i 下的标记样本损失函数,$\mu_i>0$ 是对应的调谐参数。$\sigma=1$ 意味着式(6.20)是半监督学习,$\sigma=0$ 意味着式(6.20)是无监督学习。

6.3　基于图论的协同正则化学习算法

6.3.1　基于图论的协同正则化学习算法框架

式(6.20)是解决基于图论的协同正则化学习的优化目标,通过将正则化项 $R=D_{\text{ld}}(\boldsymbol{V}^{\mathrm{T}}\boldsymbol{V},\boldsymbol{I})$ $(\boldsymbol{V}=\boldsymbol{V}_{(1)},\boldsymbol{V}_{(2)},\cdots,\boldsymbol{V}_{(T)},\boldsymbol{V}_{*})$放入优化目标中,达到了正交约束条件 $\boldsymbol{V}^{\mathrm{T}}\boldsymbol{V}=\boldsymbol{I}_k$的合同近似,同时这种正则化方法可以调整稀疏度。另外,保持严格的非负约束。通过这种方法,式(6.20)变为

$$\underset{V\geqslant 0}{\operatorname{argmin}}\ \mathcal{O}_{\text{coj}}+\sigma\sum_{i}^{T}\mu_{i}f(\boldsymbol{V}_{(i)},\boldsymbol{Y}_{(i)})+\lambda R \tag{6.21}$$

6.3.2　基于图论的协同正则化学习算法

式(6.21)的目标函数可以写为

$$\mathcal{O}=\mathcal{O}_{\text{coj}}+\sigma\sum_{i}^{T}\mu_{i}f(\boldsymbol{V}_{(i)},\boldsymbol{Y}_{(i)})+\lambda R \tag{6.22}$$

记ϕ_{jk}是约束 $v_{jk}\geqslant 0$ 的拉格朗日乘子,另外,记 $\boldsymbol{\Phi}=[\phi_{jk}]$,式(6.22)的拉格朗日函数 $\mathcal{L}$ 可以写为

$$\mathcal{L}=\mathcal{O}_{\text{coj}}+\sigma\sum_{i}^{T}\mu_{i}f(\boldsymbol{V}_{(i)},\boldsymbol{Y}_{(i)})+\lambda R+\operatorname{tr}(\boldsymbol{\Phi}\boldsymbol{V}^{\mathrm{T}}) \tag{6.23}$$

简单起见,对于第 4 章定义的三种经验损失函数,这里使用式(4.11)的定义,$f(\boldsymbol{V}_{(i)},\boldsymbol{Y}_{(i)})=\|\boldsymbol{K}\circ\boldsymbol{V}_{(i)}-\boldsymbol{Y}_{(i)}\|_{\mathrm{F}}^{2}$,其中 $\boldsymbol{K}$ 的定义参见式(4.11)。在此之外,可以考虑其他经验损失函数和 $\mu=\infty$ 的情况。

$\mathcal{L}$ 对 $\boldsymbol{V}_{(i)}$ 求导,有

$$\frac{\partial\mathcal{L}}{\partial\boldsymbol{V}_{(i)}}=\frac{\partial\mathcal{O}_{\text{coj}}}{\partial\boldsymbol{V}_{(i)}}+2\lambda\boldsymbol{V}_{(i)}-2\lambda\boldsymbol{V}_{(i)}(\boldsymbol{V}_{(i)}^{\mathrm{T}}\boldsymbol{V}_{(i)})^{-1}+2\sigma\mu_{i}(\boldsymbol{K}\circ\boldsymbol{V}_{(i)}-\boldsymbol{Y}_{(i)})+\boldsymbol{\Phi} \tag{6.24}$$

6.3.2.1 $\mathcal{O}_{co1}$

$$\frac{\partial \mathcal{O}_{co1}}{\partial \boldsymbol{V}_{(i)}} = 2\boldsymbol{L}_{(i)}\boldsymbol{V}_{(i)} + 2\lambda_1 \sum_{1\leq j\leq T, j\neq i} (\boldsymbol{V}_{(i)} - \boldsymbol{V}_{(j)}) \tag{6.25}$$

对于视图 i,求解 $\boldsymbol{V}_{(i)}$,使用 KKT 条件[98] $\phi_{jk} v_{(i)jk} = 0$,可得关于 $v_{(i)jk}$ 的如下公式

$$v_{(i)jk} \leftarrow v_{(i)jk} \frac{\left(\boldsymbol{L}_{(i)}^{-}\boldsymbol{V}_{(i)} + \lambda_1 \sum_{1\leq j\leq T, j\neq i} \boldsymbol{V}_{(j)} + \sigma\mu_i \boldsymbol{Y}_{(i)} + \lambda[\boldsymbol{V}_{(i)}(\boldsymbol{V}_{(i)}^{\mathrm{T}}\boldsymbol{V}_{(i)})^{-1}]^{+}\right)_{jk}}{\left(\boldsymbol{L}_{(i)}^{+}\boldsymbol{V}_{(i)} + (T\lambda_1 + \lambda)\boldsymbol{V}_{(i)} + \sigma\mu_i \boldsymbol{K}\circ\boldsymbol{V}_{(i)} + \lambda[\boldsymbol{V}_{(i)}(\boldsymbol{V}_{(i)}^{\mathrm{T}}\boldsymbol{V}_{(i)})^{-1}]^{-}\right)_{jk}} \tag{6.26}$$

6.3.2.2 $\mathcal{O}_{co2}$

对于视图 i,求解 $\boldsymbol{V}_{(i)}$

$$\frac{\partial \mathcal{O}_{co2}}{\partial \boldsymbol{V}_{(i)}} = 2\boldsymbol{L}_{(i)}\boldsymbol{V}_{(i)} + 2\lambda_1\boldsymbol{V}_{(i)} - 2\lambda_1\boldsymbol{V}_{*} \tag{6.27}$$

使用 KKT 条件[98] $\phi_{jk} v_{(i)jk} = 0$,可得关于 $v_{(i)jk}$ 的如下公式

$$v_{(i)jk} \leftarrow v_{(i)jk} \frac{\left(\boldsymbol{L}_{(i)}^{-}\boldsymbol{V}_{(i)} + \lambda_2\boldsymbol{V}_{*} + \sigma\mu_i \boldsymbol{Y}_{(i)} + \lambda[\boldsymbol{V}_{(i)}(\boldsymbol{V}_{(i)}^{\mathrm{T}}\boldsymbol{V}_{(i)})^{-1}]^{+}\right)_{jk}}{\left(\boldsymbol{L}_{(i)}^{+}\boldsymbol{V}_{(i)} + (\lambda_2 + \lambda)\boldsymbol{V}_{(i)} + \sigma\mu_i \boldsymbol{K}\circ\boldsymbol{V}_{(i)} + \lambda[\boldsymbol{V}_{(i)}(\boldsymbol{V}_{(i)}^{\mathrm{T}}\boldsymbol{V}_{(i)})^{-1}]^{-}\right)_{jk}} \tag{6.28}$$

对于 $\boldsymbol{V}_{*}$ 有

$$\frac{\partial \mathcal{O}_{co2}}{\partial \boldsymbol{V}_{*}} = T\boldsymbol{V}_{*} - \sum_i \boldsymbol{V}_{(i)}$$

使用 KKT 条件[98] $\phi_{jk} v_{*jk} = 0$,可得关于 v_{*jk} 的如下公式

$$v_{*jk} \leftarrow v_{*jk} \frac{\left(\lambda_2 \sum_i \boldsymbol{V}_{(i)} + \lambda[\boldsymbol{V}_{*}(\boldsymbol{V}_{*}^{\mathrm{T}}\boldsymbol{V}_{*})^{-1}]^{+}\right)_{jk}}{\left(\lambda_2 T\boldsymbol{V}_{*} + \lambda\boldsymbol{V}_{*} + \lambda[\boldsymbol{V}_{*}(\boldsymbol{V}_{*}^{\mathrm{T}}\boldsymbol{V}_{*})^{-1}]^{-}\right)_{jk}} \tag{6.29}$$

6.3.2.3 $\mathcal{O}_{co3}$

对于视图 i,求解 $\boldsymbol{V}_{(i)}$。$\mathcal{L}$ 对 $\boldsymbol{V}_{(i)}$ 求导,有

$$\frac{\partial \mathcal{O}_{co3}}{\partial \boldsymbol{V}_{(i)}} = 2\hat{\boldsymbol{L}}_{(i)}\boldsymbol{V}_{(i)} \tag{6.30}$$

使用 KKT 条件[98] $\phi_{jk} v_{(i)jk} = 0$,可得关于 $v_{(i)jk}$ 的如下公式

$$v_{(i)jk} \leftarrow v_{(i)jk} \frac{\left(\hat{\boldsymbol{L}}_{(i)}^{-}\boldsymbol{V}_{(i)} + \sigma\mu_i \boldsymbol{Y}_{(i)} + \lambda[\boldsymbol{V}_{(i)}(\boldsymbol{V}_{(i)}^{\mathrm{T}}\boldsymbol{V}_{(i)})^{-1}]^{+}\right)_{jk}}{\left(\hat{\boldsymbol{L}}_{(i)}^{+}\boldsymbol{V}_{(i)} + \lambda\boldsymbol{V}_{(i)} + \sigma\mu_i \boldsymbol{K}\circ\boldsymbol{V}_{(i)} + \lambda[\boldsymbol{V}_{(i)}(\boldsymbol{V}_{(i)}^{\mathrm{T}}\boldsymbol{V}_{(i)})^{-1}]^{-}\right)_{jk}} \tag{6.31}$$

6.3.2.4 $\mathcal{O}_{co4}$

对于视图 i,求解 $\boldsymbol{V}_{(i)}$。$\mathcal{L}$ 对 $\boldsymbol{V}_{(i)}$ 求导,有

$$\frac{\partial \mathcal{O}_{co4}}{\partial \boldsymbol{V}_{(i)}}=2\overline{\boldsymbol{L}}_{(i)}\boldsymbol{V}_{(i)} \tag{6.32}$$

使用 KKT 条件[98] $\phi_{jk}v_{(i)jk}=0$,可得关于 $v_{(i)jk}$ 的如下公式

$$v_{(i)jk}\leftarrow v_{(i)jk}\frac{(\overline{\boldsymbol{L}}^{-}_{(i)}\boldsymbol{V}_{(i)}+\sigma\mu_i\boldsymbol{Y}_{(i)}+\lambda[\boldsymbol{V}_{(i)}(\boldsymbol{V}^{\mathrm{T}}_{(i)}\boldsymbol{V}_{(i)})^{-1}]^{+})_{jk}}{(\overline{\boldsymbol{L}}^{+}_{(i)}\boldsymbol{V}_{(i)}+\lambda\boldsymbol{V}_{(i)}+\sigma\mu_i\boldsymbol{K}\circ\boldsymbol{V}_{(i)}+\lambda[\boldsymbol{V}_{(i)}(\boldsymbol{V}^{\mathrm{T}}_{(i)}\boldsymbol{V}_{(i)})^{-1}]^{-})_{jk}} \tag{6.33}$$

$\mathcal{L}$ 对 $\boldsymbol{V}_*$ 求导,有

$$\frac{\partial \mathcal{O}_{co4}}{\partial \boldsymbol{V}_*}=2\Big(I-\sum_i\boldsymbol{V}_{(i)}\boldsymbol{V}^{\mathrm{T}}_{(i)}\Big)\boldsymbol{V}_* \tag{6.34}$$

使用 KKT 条件[98] $\phi_{jk}v_{*jk}=0$,可得关于 v_{*jk} 的如下公式

$$v_{*jk}\leftarrow v_{*jk}\frac{\Big(\sum_i\boldsymbol{V}_{(i)}\boldsymbol{V}^{\mathrm{T}}_{(i)}\boldsymbol{V}_*+\sigma\mu_i\boldsymbol{Y}_{(i)}+\lambda[\boldsymbol{V}_*(\boldsymbol{V}^{\mathrm{T}}_*\boldsymbol{V}_*)^{-1}]^{+}\Big)_{jk}}{(\boldsymbol{V}_*+\lambda\boldsymbol{V}_*+\sigma\mu_i\boldsymbol{K}\circ\boldsymbol{V}_{(i)}+\lambda[V_*(\boldsymbol{V}^{\mathrm{T}}_*\boldsymbol{V}_*)^{-1}]^{-})_{jk}} \tag{6.35}$$

6.3.2.5 $\mathcal{O}_{co5}$

对于视图 i,求解 $\boldsymbol{V}_{(i)}$。$\mathcal{L}$ 对 $\boldsymbol{V}_{(i)}$ 求导,有

$$\frac{\partial \mathcal{O}_{co5}}{\partial \boldsymbol{V}_{(i)}}=2\sum_i\tau_i\boldsymbol{L}_{(i)}\boldsymbol{V}_{(i)} \tag{6.36}$$

记 $\boldsymbol{L}_\tau=\sum_i\tau_i\boldsymbol{L}_{(i)}$,使用 KKT 条件[98] $\phi_{jk}v_{(i)jk}=0$,可得关于 $v_{(i)jk}$ 的如下公式

$$v_{(i)jk}\leftarrow v_{(i)jk}\frac{(\boldsymbol{L}^{-}_\tau\boldsymbol{V}_{(i)}+\sigma\mu_i\boldsymbol{Y}_{(i)}+\lambda[\boldsymbol{V}_{(i)}(\boldsymbol{V}^{\mathrm{T}}_{(i)}\boldsymbol{V}_{(i)})^{-1}]^{+})_{jk}}{(\boldsymbol{L}^{+}_\tau\boldsymbol{V}_{(i)}+\lambda\boldsymbol{V}_{(i)}+\sigma\mu_i\boldsymbol{K}\circ\boldsymbol{V}_{(i)}+\lambda[\boldsymbol{V}_{(i)}(\boldsymbol{V}^{\mathrm{T}}_{(i)}\boldsymbol{V}_{(i)})^{-1}]^{-})_{jk}} \tag{6.37}$$

其中,求解 $\boldsymbol{\tau}$ 的问题是一个二次规划(QP)问题,可以通过 Matlab 求得。

6.3.2.6 $\mathcal{O}_{co6}$

对于视图 i,求解 $\boldsymbol{V}_{(i)}$。$\mathcal{L}$ 对 $\boldsymbol{V}_{(i)}$ 求导,有

$$\frac{\partial \mathcal{O}_{co6}}{\partial \boldsymbol{V}_{(i)}}=2\sum_i\tau_i^{\varphi}\boldsymbol{L}_{(i)}\boldsymbol{V}_{(i)} \tag{6.38}$$

记 $\widetilde{\boldsymbol{L}}_\tau=\sum_i\tau_i^{\varphi}\boldsymbol{L}_{(i)}$,使用 KKT 条件[98] $\phi_{jk}v_{(i)jk}=0$,可得关于 $v_{(i)jk}$ 的如下公式

$$v_{(i)jk}\leftarrow v_{(i)jk}\frac{(\widetilde{\boldsymbol{L}}^{-}_\tau\boldsymbol{V}_{(i)}+\sigma\mu_i\boldsymbol{Y}_{(i)}+\lambda[\boldsymbol{V}_{(i)}(\boldsymbol{V}^{\mathrm{T}}_{(i)}\boldsymbol{V}_{(i)})^{-1}]^{+})_{jk}}{(\widetilde{\boldsymbol{L}}^{+}_\tau\boldsymbol{V}_{(i)}+\lambda\boldsymbol{V}_{(i)}+\sigma\mu_i\boldsymbol{K}\circ\boldsymbol{V}_{(i)}+\lambda[\boldsymbol{V}_{(i)}(\boldsymbol{V}^{\mathrm{T}}_{(i)}\boldsymbol{V}_{(i)})^{-1}]^{-})_{jk}} \tag{6.39}$$

求解系数 $\boldsymbol{\tau}$,通过拉格朗日乘子法,可以得到

$$\tau_i=\frac{[1/\mathrm{tr}(\boldsymbol{V}^{\mathrm{T}}_{(i)}\boldsymbol{L}_{(i)}\boldsymbol{V}_{(i)})]^{1/\varphi-1}}{\sum_{i=1}^{T}[1/\mathrm{tr}(\boldsymbol{V}^{\mathrm{T}}_{(i)}\boldsymbol{L}_{(i)}\boldsymbol{V}_{(i)})]^{1/\varphi-1}} \tag{6.40}$$

其中,τ_i 是 $\boldsymbol{\tau}$ 的第 i 个元素。

6.4 实验结果与分析

6.4.1 实验说明

本章协同正则化学习支持半监督和无监督学习,为突出协同正则化学习中多视图的作用,本节内容主要展开基于协同正则化学习的无监督聚类实验。在协同正则化学习中,主要采用四个视图作为数据的多视图,分别是:欧几里得空间中高斯权重的 p-NN 图[55]($p=5$);欧几里得空间中 0-1 权重的 p-NN 图[55]($p=5$);欧几里得空间中的余弦距离 p-NN 图[55]($p=5$);最小二乘回归构图法(LSR 图,参见式(1.18))[50]。

6.4.1.1 对比算法

本章所采用的协同正则化方法主要是解决 6.2.1 节中的学习问题,具体方法为 6.3.2 节中的算法,分别记为 CAC_{co1}、CAC_{co2}、CAC_{co3}、CAC_{co4}、CAC_{co5} 和 CAC_{co6}。其中,对于 CAC_{co1} 和 CAC_{co3},将得到多个视图下的解,实验报告所有单个视图下的最佳解;作为对比方法,可利用谱聚类方法解决 6.2.1 节中的最后四个问题,对应算法可记为 SC_{co3}、SC_{co4}、SC_{co5} 和 SC_{co6}。同时对比单视图的学习方法,主要对比第 3 章的 CAC 方法和谱聚类方法,在单视图方法中,将报告各视图下最好的学习结果。

6.4.1.2 实验流程

对于每个数据集,在不同聚类数目 k 下挑选样本进行实验。当给定聚类数目 k 时,实验流程如下。

(1) 在规范过的数据中随机选择 k 类样本作为数据进行聚类,规范化方法是使每个数据点的各维元素的平方和为 1。

(2) 在挑选过的数据集上,采取不同的算法得到新的数据表示,设定数据表示的维度等于挑选的数据集的类别数目 k。

(3) 然后,在新的数据表示上进行 k-均值聚类,重复 20 次。

(4) 最后,对比聚类结果和真实值,计算各算法的准确度和标准互信息(参考 3.6.1.3 节)。

给定聚类数目 k 后,在数据集中重复随机挑选 20~100 次 k 类数据分别进行上述实验流程,将实验均值作为最后的实验报告值。

6.4.2 数据集

(1) UCI 数据集,包括 Soybean 数据集(40 个数据点,共 4 类)、Wine 数据集

(144 个数据点,共 3 类)、Iris 数据集(150 个数据点,共 3 类)和 Glass 数据集(214 个数据点,共 6 类)。

(2) COIL20 数据集。COIL20 数据集包含 20 类不同视角的降采样后的 32×32 像素的灰度图像,每类图像有 72 张图像。

(3) Yale 数据集。Yale 数据集包含 15 个测试者的 165 张灰度图像,每个测试者有 11 张图像,每张图像有不同的表情和外形,图像经过降采样,每张图像被一个 1024 维的向量表示。

6.4.3 聚类结果

算法的平均结果如表 6.1~表 6.3 所列,从这些结果中(包括聚类准确度和标准互信息)可以观察到:①总体上,CAC 方法比 SC 方法有较好的表现;②协同正则化学习算法对原始方法有一定程度的提升作用。在 UCI 数据集上,CAC_{co1}、CAC_{co2}、CAC_{co3} 和 CAC_{co4} 方法具有较好的表现;在 COIL20 数据集上,CAC_{co1} 和 CAC_{co2} 具有较好的表现;在 Yale 数据集上,CAC_{co3} 和 CAC_{co4} 具有较好的表现。

表 6.1 UCI 数据集上的协同正则化学习结果(AC%/MI%)

UCI 数据集	大豆	葡萄酒	鸢尾	眼镜
CAC	87.5/86.6	87.5/65.2	96.0/88.4	49.5/35.4
CAC_{co1}	**95.0**/90.2	75.0/48.2	89.3/74.0	51.4/37.1
CAC_{co2}	90.0/84.8	63.8/33.8	**97.3/91.3**	**52.3**/37.5
CAC_{co3}	92.5/**92.2**	87.5/65.2	96.0/88.4	50.4/35.8
CAC_{co4}	**95.0**/91.7	**90.2/66.9**	82.0/67.4	45.3/32.7
CAC_{co5}	75.0/80.3	61.8/32.5	96.0/88.4	44.8/33.3
CAC_{co6}	75.0/80.3	60.4/34.5	96.0/88.4	51.4/**38.8**
SC	57.5/72.4	64.5/31.7	69.3/74.0	50.9/32.1
SC_{co3}	60.0/73.6	64.5/31.7	66.0/58.9	50.4/31.2
SC_{co4}	67.5/82.0	61.8/15.1	55.3/49.5	50.9/29.5
SC_{co5}	57.5/78.8	64.5/31.7	69.3/74.0	50.9/30.3
SC_{co6}	57.5/78.6	65.2/31.7	69.3/75.4	51.4/30.3

表 6.2 COIL20 数据集上的协同正则化学习结果(AC%/MI%)

COIL20	$k=2$	$k=3$	$k=4$	$k=8$
CAC	98.5/95.8	97.1/94.3	95.8/94.7	87.4/**90.8**
CAC_{co1}	**99.3/97.3**	**98.4/95.9**	97.0/95.2	88.8/89.8
CAC_{co2}	99.1/97.1	95.0/94.5	**97.2/95.6**	**89.0**/89.8
CAC_{co3}	98.7/96.4	94.1/93.7	86.4/80.8	73.4/77.1
CAC_{co4}	95.0/86.3	87.4/81.0	88.4/86.9	72.0/80.4
CAC_{co5}	98.5/95.8	97.0/94.1	96.3/95.3	84.1/89.7
CAC_{co6}	98.6/96.5	94.7/93.2	96.3/95.3	85.9/90.3
SC	94.8/95.7	92.9/86.4	82.5/82.1	72.5/87.0
SC_{co3}	88.1/76.3	92.8/86.7	84.0/83.1	74.8/85.0
SC_{co4}	91.3/29.5	93.2/87.6	89.1/87.4	81.9/84.8
SC_{co5}	94.4/96.4	90.3/83.4	83.9/92.8	71.4/87.3
SC_{co6}	94.6/96.2	90.4/83.6	85.2/92.8	72.6/87.8

表 6.3 Yale 数据集上的协同正则化学习结果(AC%/MI%)

Yale($\lambda=0.1$)	$k=2$	$k=5$	$k=15$
CAC	85.9/55.6	57.1/44.2	52.7/**55.5**
CAC_{co1}	**86.1**/55.8	56.1/43.2	50.3/53.9
CAC_{co2}	85.8/**56.9**	55.8/42.5	49.6/52.7
CAC_{co3}	86.0/55.8	57.6/46.1	**53.9**/55.1
CAC_{co4}	82.5/48.5	**59.0/47.9**	**53.9**/51.5
CAC_{co5}	85.8/55.4	55.4/41.9	47.8/53.0
CAC_{co6}	86.0/56.1	56.4/42.5	44.8/53.9
SC	68.2/38.5	58.0/45.0	49.6/54.9
SC_{co3}	68.5/40.1	57.6/46.2	49.6/54.9
SC_{co4}	70.0/43.0	52.8/44.8	47.8/53.7
SC_{co5}	66.3/49.3	49.0/41.9	49.6/54.9
SC_{co6}	67.9/49.8	50.2/42.5	47.8/51.4

6.4.4 算法分析

6.4.3 节的实验结果表明了基于图论的协同正则化学习的有效性,但是并没有一种协同正则化方法在所有数据集上都有着最好的表现。事实上,在协同正则化学习中,单个视图的学习质量对于最后的学习结果往往有重要的影响,如果存在学习结果较差的视图,那么很可能影响最终的学习结果。另外,不同协同正则化方法对于差视图的容忍程度不同,这对最后结果将产生影响。

由于基于图论的协同正则化算法多是一个循环迭代的过程,因此计算量比单视图学习要大。但总体来说,根据第 3 章的分析,CAC 协同正则化方法比 SC 协同正则化方法有着更小的时间复杂度。

参数选择是一项重要工作,可通过有限网格法[110]选择参数。如无特殊说明,本章实验中设定:正则化参数 $\lambda=0.01$,CAC_{co1} 中 $\lambda_1=0.01$,CAC_{co2} 中 $\lambda_2=0.01$,CAC_{co3} 中 $\lambda_3=0.01$,CAC_{co4} 中 $\lambda_4=0.01$,CAC_{co5} 中 $\varepsilon=0.01$,CAC_{co6} 中 $\varphi=5$。LSR 图中的参数对于不同数据集采取不同的设定,参考式(1.18),LSR 图中的 λ_0 参数设定如下:对于 UCI 中的 Soybean 数据集,$\lambda_0=0.01$,对于 Wine 数据集,$\lambda_0=0.001$,对于 Iris 数据集,$\lambda_0=0.01$,对于 Glass 数据集,$\lambda_0=0.01$;对于 COIL20 数据集,当 $k=2,3,4$ 时,$\lambda_0=1$,当 $k=8$ 时,$\lambda_0=2$;对于 Yale 数据集,当 $k=2,5$ 时,$\lambda_0=0.1$,当 $k=15$ 时,$\lambda_0=0.5$。

6.5　本章小结

本章研究了基于图论的协同正则化学习方法,具体的研究内容及其创新点在于以下几方面。

(1) 本章提出了一种基于图论的协同正则化学习方法。该方法比传统方法具有更灵活的多视图融合能力,具体设计了 6 种多视图融合策略,并研究了相应的求解算法。这部分工作为研究基于图论的协同正则化算法提供了理论基础。

(2) 本章进行了算法应用与分析。在不同数据集上主要进行了多视图下的无监督聚类实验,实验结果表明了本章方法的良好性能。

本章研究了基于图论的协同正则化问题,为设计基于图论的协同正则化学习算法提供了一个有效的方法。

第 7 章

基于图论的多重正则化学习

7.1 引　　言

在一些实际应用中，研究人员尝试使用多个正则化项（multiple regularization terms）对决策函数的假设空间进行更进一步的约束，这种方式称为多重正则化。

多重正则化的一般形式如下：

$$\mathcal{O}(\boldsymbol{f},\boldsymbol{X})=\sum_{i=1}^{r}\gamma_i\mathcal{O}_i(\boldsymbol{f},\boldsymbol{X}) \tag{7.1}$$

其中，$\mathcal{O}_i(f,X)$（$i=1,2,\cdots,r$）为不同的正则化项；$\gamma_1,\gamma_2,\cdots,\gamma_r$（$r\geqslant 2$）为权重参数。

图划分主要考虑的是数据关系，在模式识别、机器学习和计算机视觉领域，寻找一个合适的数据表示是一个基本的问题[54,59,146]。图划分下基于图论的学习实质也是学习一种低维的数据表示的过程，除此之外，还有许多学习数据表示的方法。其中，非负矩阵分解（nonnegative matrix factorization，NMF）[54-55]就是一种著名的方法，它致力于挖掘数据潜在的结构并寻找一个基于局部表示的低维数据表示空间，目的是得到一个紧凑的数据表示，给定矩阵 $\boldsymbol{X}\in R^{m\times n}$，NMF 旨在寻找两个非负矩阵 $\boldsymbol{U}\in R^{m\times k}$ 和 $\boldsymbol{V}\in R^{n\times k}$，其目标函数是

$$\mathcal{O}_0=\|\boldsymbol{X}-\boldsymbol{U}\boldsymbol{V}^{\mathrm{T}}\|_{\mathrm{F}}^2 \tag{7.2}$$

由于非负约束仅允许正的组合，因此最终将帮助产生一个基于局部的数据表示。在多重正则化学习中，同时考虑图划分目标函数和非负矩阵分解目标函

数是有价值的:①两类正则化项在数据表示的非负性约束上是一致的;②融入非负数据分解有助于提升数据表示的局部表示能力;③融入图划分下的学习项可以提升非负矩阵分解的效果;④可以通过无监督或半监督学习得到一个基矩阵,解决新样本(out-of-sample)的分类问题。实际上,本章中的图划分目标函数可以达到流形学习中的局部流形不变性假设[147],即原始空间中的相邻点将更有可能具有相近的数据表示。CNMF[146]运用了这个假设,但它要求同标签数据强制被映射到同一个点,这将导致泛化能力变弱。GNMF[59-60]通过考虑矩阵分解和局部流形不变性假设扩展了 NMF,其目标是寻找一种基于局部的数据表示,使图中相连的点具有相近的数据表示。另外,融入图划分项可以提升非负矩阵分解的稀疏度表示,稀疏 NMF[148-149]就是通过稀疏度约束拓展了 NMF。MMNMF[150]尝试在每个流形上的稀疏分析来解决问题。但是,这些稀疏方法大多是通过添加 l_1 范数来衡量数据表示的稀疏度,这种稀疏度上的强约束将会影响流形结构,并对参数十分敏感。

本章将非负矩阵分解作为多重正则化项融入第 2 章框架模型中,提出了一种基于图论的多种正则化学习方法,设计了相应的求解算法,实验验证了算法在无监督聚类、半监督分类和半监督聚类上的效果。

7.2　基本问题描述与模型定义

7.2.1　基于图论的多重正则化学习问题描述

在第 6 章中第 j 种协同学习项 $\mathcal{O}_{coj}$ 的基础之上,考虑非负矩阵分解项,有

$$\arg\min \mathcal{O}_0(\boldsymbol{f},\boldsymbol{X}) + \gamma\mathcal{O}_{coj} + \sigma\sum_i^T \mu_i f(\boldsymbol{V}_{(i)},\boldsymbol{Y}_i) \tag{7.3}$$

其中,$\mathcal{O}_0(\boldsymbol{f},\boldsymbol{X}_{(i)}) = \|\boldsymbol{X}_{(i)} - \boldsymbol{U}\boldsymbol{V}_{(i)}^{\mathrm{T}}\|^2$,$\boldsymbol{X}_{(i)}$ 是第 i 个视图下的数据。$\sigma=1$ 对应的是半监督学习,$\sigma=0$ 对应的是无监督学习。

7.2.2　模型定义

由于 $\boldsymbol{V}$ 的离散性约束,式(7.3)仍是一个 NP 难问题。舍弃离散性约束,保持非负性,保证稀疏度并趋近正交性。基于图论的多重正则化学习模型为

$$\begin{gathered}\arg\min \gamma\mathcal{O}_{coj} + \sigma\sum_i^T \mu_i f(\boldsymbol{V}_{(i)},\boldsymbol{Y}_i) + \mathcal{O}_0(\boldsymbol{f},\boldsymbol{X}) \\ (\boldsymbol{V}_{(i)}^{\mathrm{T}}\boldsymbol{V}_{(i)} \to \boldsymbol{I}_k, \boldsymbol{V}_{(i)} \geqslant 0, \|\boldsymbol{v}_{(i)m}\|_1 \geqslant \delta, m=1,2,\cdots,n)\end{gathered} \tag{7.4}$$

本章主要分析多重正则化中的非负矩阵分解项，简单起见，不妨假设数据仅有一个视图。

7.3 基于图论的无监督多重正则化学习算法

7.3.1 基于图论的无监督多重正则化学习算法框架

通过将正则化项 $R=D_{\mathrm{ld}}(\boldsymbol{V}^{\mathrm{T}}\boldsymbol{V},\boldsymbol{I})$ 放入优化目标中，可以达到正交约束条件 $\boldsymbol{V}^{\mathrm{T}}\boldsymbol{V}=\boldsymbol{I}_k$ 的合同近似，同时这种正则化方法可以调整稀疏度，另外，保持严格的非负约束。通过这种方法，式(7.4)变为

$$\underset{\boldsymbol{U},\boldsymbol{V}\geqslant 0}{\operatorname{argmin}}\ \gamma J+\|\boldsymbol{X}-\boldsymbol{U}\boldsymbol{V}^{\mathrm{T}}\|_{\mathrm{F}}^{2}+\lambda R \tag{7.5}$$

学习的目的是得到基矩阵 $\boldsymbol{U}$，在新样本 $\boldsymbol{x}$ 到达时，可以根据基矩阵学习新样本的系数，假设新样本的系数记为 $\boldsymbol{v}$，即最小化下式

$$\underset{\boldsymbol{v}\geqslant 0}{\operatorname{argmin}}\|\boldsymbol{x}-\boldsymbol{U}\boldsymbol{v}^{\mathrm{T}}\|^{2} \tag{7.6}$$

7.3.2 基于图论的无监督多重正则化学习算法

式(7.5)的目标函数可以写为

$$\mathcal{O}=\gamma J+\|\boldsymbol{X}-\boldsymbol{U}\boldsymbol{V}^{\mathrm{T}}\|_{\mathrm{F}}^{2}+\lambda R \tag{7.7}$$

记 ψ_{jk} 和 ϕ_{jk} 为 $u_{jk}\geqslant 0$ 和 $v_{jk}\geqslant 0$ 的拉格朗日乘子，另外记 $\boldsymbol{\Psi}=[\psi_{jk}]$，$\boldsymbol{\Phi}=[\phi_{jk}]$，式(7.7)的拉格朗日函数 $\mathcal{L}$ 为

$$\mathcal{L}=\gamma J+\|\boldsymbol{X}-\boldsymbol{U}\boldsymbol{V}^{\mathrm{T}}\|^{2}+\lambda R+\mathrm{tr}(\boldsymbol{\Phi}\boldsymbol{V}^{\mathrm{T}})+\mathrm{tr}(\boldsymbol{\Psi}\boldsymbol{U}^{\mathrm{T}}) \tag{7.8}$$

其中，J 可以是三种图划分准则下对应的目标函数，对于比例划分准则，有

$$\frac{\partial\mathcal{L}}{\partial \boldsymbol{V}}=2\gamma\boldsymbol{L}\boldsymbol{V}+2(\boldsymbol{V}\boldsymbol{U}^{\mathrm{T}}\boldsymbol{U}-\boldsymbol{X}^{\mathrm{T}}\boldsymbol{U})+2\lambda\boldsymbol{V}-2\lambda\boldsymbol{V}(\boldsymbol{V}^{\mathrm{T}}\boldsymbol{V})^{-1}+\boldsymbol{\Phi} \tag{7.9}$$

使用 KKT 条件[98] $\phi_{jk}v_{jk}=0$，可得关于 v_{jk} 的如下公式

$$v_{jk}\leftarrow v_{jk}\frac{(\gamma\boldsymbol{L}^{-}\boldsymbol{V}+\boldsymbol{X}^{\mathrm{T}}\boldsymbol{U}+\lambda[\boldsymbol{V}(\boldsymbol{V}^{\mathrm{T}}\boldsymbol{V})^{-1}]^{+})_{jk}}{(\gamma\boldsymbol{L}^{+}\boldsymbol{V}+\boldsymbol{V}\boldsymbol{U}^{\mathrm{T}}\boldsymbol{U}+\lambda\boldsymbol{V}+\lambda[\boldsymbol{V}(\boldsymbol{V}^{\mathrm{T}}\boldsymbol{V})^{-1}]^{-})_{jk}} \tag{7.10}$$

注意如果 $W\geqslant 0$（通常要求 $\boldsymbol{W}$ 非负），可知对于比例切而言，有 $\boldsymbol{L}^{+}=\boldsymbol{D}$，$\boldsymbol{L}^{-}=\boldsymbol{W}$。

对于标准规范化划分准则，将 $\boldsymbol{L}$ 替换为 $\widetilde{\boldsymbol{L}}$，对照比例切的更新规则，其更新规则为

$$v_{jk}\leftarrow v_{jk}\frac{(\gamma\widetilde{\boldsymbol{L}}^{-}\boldsymbol{V}+\boldsymbol{X}^{\mathrm{T}}\boldsymbol{U}+\lambda[\boldsymbol{V}(\boldsymbol{V}^{\mathrm{T}}\boldsymbol{V})^{-1}]^{+})_{jk}}{(\gamma\widetilde{\boldsymbol{L}}^{+}\boldsymbol{V}+\boldsymbol{V}\boldsymbol{U}^{\mathrm{T}}\boldsymbol{U}+\lambda\boldsymbol{V}+\lambda[\boldsymbol{V}(\boldsymbol{V}^{\mathrm{T}}\boldsymbol{V})^{-1}]^{-})_{jk}} \tag{7.11}$$

其中，$\widetilde{L}^{+}=I_n$，$\widetilde{L}^{-}=D^{-1/2}WD^{-1/2}$。

对于标准最小最大划分准则，其对应的更新规则为

$$v_{jk}\leftarrow v_{jk}\frac{(\gamma L_{\alpha}V_{\gamma}+X^{\mathrm{T}}U+\lambda[V(V^{\mathrm{T}}V)^{-1}]^{+})_{jk}}{(\gamma V_{\beta}+VU^{\mathrm{T}}U+\lambda V+\lambda[V(V^{\mathrm{T}}V)^{-1}]^{-})_{jk}} \tag{7.12}$$

其中，$L_{\alpha}=D^{-\frac{1}{2}}WD^{-\frac{1}{2}}$，在更新过程中同时更新 V_{β} 和 V_{γ}

$$V_{\beta}=\left[\frac{1}{v_1^{\mathrm{T}}L_{\alpha}v_1}v_1,\frac{1}{v_2^{\mathrm{T}}L_{\alpha}v_2}v_2,\cdots,\frac{1}{v_k^{\mathrm{T}}L_{\alpha}v_k}v_k\right]$$

$$V_{\gamma}=\left[\frac{v_1^{\mathrm{T}}v_1}{(v_1^{\mathrm{T}}L_{\alpha}v_1)^2}v_1,\frac{v_2^{\mathrm{T}}v_2}{(v_2^{\mathrm{T}}L_{\alpha}v_2)^2}v_2,\cdots,\frac{v_k^{\mathrm{T}}v_k}{(v_k^{\mathrm{T}}L_{\alpha}v_k)^2}v_k\right]$$

对于 U 有

$$\frac{\partial\mathcal{L}}{\partial U}=-2XV+2UV^{\mathrm{T}}V+\Psi \tag{7.13}$$

使用 KKT 条件[98] $\psi_{jk}u_{jk}=0$，可得关于u_{jk}的如下公式

$$u_{jk}\leftarrow u_{jk}\frac{(XV)_{jk}}{(UV^{\mathrm{T}}V)_{jk}} \tag{7.14}$$

使用拉格朗日函数法和乘法规则，易知式(7.6)解的迭代规则为

$$v_i\leftarrow v_i\frac{(x^{\mathrm{T}}U)_i}{(vU^{\mathrm{T}}U)_i} \tag{7.15}$$

7.3.3　算法收敛性

命题 7.1　式(7.5)中的目标函数 $\mathcal{O}$ 在对应的更新式(7.10)、式(7.11)、式(7.12)和式(7.14)下是不增的。当且仅当 U 和 V 在一个稳定点上时，目标函数在如上更新下是不变的。

当 $\lambda=\gamma=0$ 时，式(7.10)、式(7.11)、式(7.12)和式(7.14)变成传统 NMF 的更新方法；当 $\lambda=0,\gamma\neq 0$ 时，更新方法演变为传统 GNMF。根据已有工作[55,59-60]，$\mathcal{O}$ 在更新式(7.14)下是不增的，现只需证明 $\mathcal{O}$ 在式(7.10)、式(7.11)、式(7.12)下不增，参考 3.4.2 节的证明，这里只证明 $\mathcal{O}$ 在比例切下，即 $\mathcal{O}$ 在式(7.10)下不增，式(7.11)、式(7.12)可类推。

回顾定义 3.1 和引理 3.1：

定义 3.1　$G(v,v')$ 是 $F(v)$ 的辅助函数的满足条件为

$$G(v,v')\geqslant F(v),G(v,v)=F(v) \tag{7.16}$$

根据定义 3.1，可以给出如下一个重要的引理。

引理 3.1 如果 G 是 F 的辅助函数，那么 F 在下面的更新下是非增的

$$v^{t+1}=\underset{v}{\operatorname{argmin}}G(v,v^{t}) \tag{7.17}$$

现在，将证明给定一个合适的辅助函数，式(7.10)中 $\boldsymbol{V}$ 的更新实质上等价于式(7.16)的更新。考虑 $\boldsymbol{V}$ 中的任意元素 v_{ab}，使用F_{ab}表示 $\mathcal{O}$ 中与 v_{ab} 相关的一部分，有

$$F'_{ab}=\left(\frac{\partial\,\mathcal{O}_2}{\partial\,\boldsymbol{V}}\right)_{ab}=(-2\boldsymbol{X}^{\mathrm{T}}\boldsymbol{U}+2\boldsymbol{V}\boldsymbol{U}\boldsymbol{U}^{\mathrm{T}}+2\gamma\boldsymbol{L}\boldsymbol{V}+2\lambda\boldsymbol{V}-2\lambda\boldsymbol{V}(\boldsymbol{V}^{\mathrm{T}}\boldsymbol{V})^{-1})_{ab} \tag{7.18}$$

$$F''_{ab}=(2\boldsymbol{U}^{\mathrm{T}}\boldsymbol{U})_{bb}+(2\gamma\boldsymbol{L}+2\lambda\boldsymbol{I})_{aa}+2\lambda_2\boldsymbol{Q}_{ab} \tag{7.19}$$

其中，$Q_{ab}=(\mathrm{EL})_{ab}((\boldsymbol{V}^{\mathrm{T}}\boldsymbol{V})^{-1})_{ab}-(\boldsymbol{V}(\boldsymbol{V}^{\mathrm{T}}\boldsymbol{V})^{-1}\boldsymbol{V}^{\mathrm{T}})_{ab}(\mathrm{EL})_{ab}((\boldsymbol{V}^{\mathrm{T}}\boldsymbol{V})^{-1})_{ab}-(\boldsymbol{V}(\boldsymbol{V}^{\mathrm{T}}\boldsymbol{V})^{-1})_{ab}(\mathrm{EL})_{ba}(\boldsymbol{V}(\boldsymbol{V}^{\mathrm{T}}\boldsymbol{V})^{-1})_{ab}=-(\boldsymbol{V}(\boldsymbol{V}^{\mathrm{T}}\boldsymbol{V})^{-1})_{ab}$

因为 $\boldsymbol{V}$ 的更新方式实质上是矩阵的每个元素进行更新，因此只需证明F_{ab}中的每一个元素在更新规则式(7.10)下是非增的。

引理 7.1 函数

$$\begin{aligned}G(v,v_{ab}^{(t)})&=F_{ab}(v_{ab}^{(t)})+F'_{ab}(v-v_{ab}^{(t)})\\&+\frac{(\boldsymbol{V}\boldsymbol{U}\boldsymbol{U}^{\mathrm{T}}+\lambda_2[\boldsymbol{V}(\boldsymbol{V}^{\mathrm{T}}\boldsymbol{V})^{-1}]^{-}+\gamma\boldsymbol{L}^{+}\boldsymbol{V}+\lambda\boldsymbol{V})_{ab}}{v_{ab}^{(t)}}(v-v_{ab}^{(t)})^2\end{aligned} \tag{7.20}$$

是F_{ab}的辅助函数。

证明：

显然有 $G(v,v)=F(v)$，只需证明 $G(v,v_{ab}^{(t)})\geqslant F_{ab}(v)$。首先，对$F_{ab}(v)$进行泰勒展开

$$F_{ab}(v)=F_{ab}(v_{ab}^{(t)})+F'_{ab}(v-v_{ab}^{(t)})+\frac{F''_{ab}}{2}(v-v_{ab}^{(t)})^2 \tag{7.21}$$

对照式(7.20)的辅助函数，发现 $G(v,v_{ab}^{(t)})\geqslant F_{ab}(v)$等价于

$$\begin{aligned}&\frac{(\boldsymbol{V}\boldsymbol{U}\boldsymbol{U}^{\mathrm{T}})_{ab}+(\gamma\boldsymbol{L}^{+}\boldsymbol{V}+\lambda\boldsymbol{V})_{ab}+\lambda([\boldsymbol{V}(\boldsymbol{V}^{\mathrm{T}}\boldsymbol{V})^{-1}]^{-})_{ab}}{v_{ab}^{(t)}}\\&\geqslant(\boldsymbol{U}^{\mathrm{T}}\boldsymbol{U})_{bb}+(\gamma\boldsymbol{L}+\lambda\boldsymbol{I})_{aa}+\lambda(\boldsymbol{Q})_{ab}\end{aligned} \tag{7.22}$$

有

$$(\boldsymbol{V}\boldsymbol{U}\boldsymbol{U}^{\mathrm{T}})_{ab}=\sum_{l=1}^{K}v_{al}^{(t)}(\boldsymbol{U}^{\mathrm{T}}\boldsymbol{U})_{lb}\geqslant v_{ab}^{(t)}(\boldsymbol{U}^{\mathrm{T}}\boldsymbol{U})_{bb} \tag{7.23}$$

$$\begin{aligned}(\gamma\boldsymbol{L}^{+}\boldsymbol{V}+\lambda\boldsymbol{V})_{ab}&=\sum_{j=1}^{n}(\gamma\boldsymbol{L}^{+}+\lambda\boldsymbol{I})_{aj}v_{jb}^{(t)}\geqslant(\gamma\boldsymbol{L}^{+}+\lambda\boldsymbol{I})_{aa}v_{ab}^{(t)}\geqslant(\gamma\boldsymbol{L}^{+}-\gamma\boldsymbol{L}^{-}+\lambda\boldsymbol{I})_{aa}v_{ab}^{(t)}\\&=(\gamma\boldsymbol{L}+\lambda\boldsymbol{I})_{aa}v_{ab}^{(t)}\end{aligned} \tag{7.24}$$

并且

$$\lambda\left(\left[\boldsymbol{V}\left(\boldsymbol{V}^{\mathrm{T}}\boldsymbol{V}\right)^{-1}\right]^{-}\right)_{ab} \geqslant -\lambda\left(\boldsymbol{V}\left(\boldsymbol{V}^{\mathrm{T}}\boldsymbol{V}\right)^{-1}\right)_{ab} v_{ab}^{(t)} \tag{7.25}$$

于是,式(7.22)成立,于是有 $G(v,v_{ab}^{(t)}) \geqslant F_{ab}(v)$。

证明完毕。

基于引理 3.1 和引理 7.1,现在给出命题 7.1 收敛性的证明。

证明:

将式(7.20)中的 $G(v,v_{ab}^{(t)})$ 代入式(7.17),有

$$\begin{aligned} v_{ab}^{(t+1)} &= \underset{v}{\operatorname{argmin}} G(v,v_{ab}^{(t)}) \\ &= v_{ab}^{(t)} - v_{ab}^{(t)} \frac{F'_{ab}(v_{ab}^{(t)})}{2\left(\boldsymbol{VUU}^{\mathrm{T}}+\lambda\left[\boldsymbol{V}\left(\boldsymbol{V}^{\mathrm{T}}\boldsymbol{V}\right)^{-1}\right]^{-}+\gamma\boldsymbol{L}^{+}\boldsymbol{V}+\lambda\boldsymbol{V}\right)_{ab}} \\ &= v_{ab}^{(t)} \frac{\left(\lambda\left[\boldsymbol{V}\left(\boldsymbol{V}^{\mathrm{T}}\boldsymbol{V}\right)^{-1}\right]^{+}+\gamma\boldsymbol{L}^{-}\boldsymbol{V}+\boldsymbol{X}^{\mathrm{T}}\boldsymbol{U}\right)_{ab}}{\left(\boldsymbol{VUU}^{\mathrm{T}}+\lambda\left[\boldsymbol{V}\left(\boldsymbol{V}^{\mathrm{T}}\boldsymbol{V}\right)^{-1}\right]^{-}+\gamma\boldsymbol{L}^{+}\boldsymbol{V}+\lambda\boldsymbol{V}\right)_{ab}} \end{aligned} \tag{7.26}$$

由于式(7.20)是一个辅助函数,于是 F_{ab} 在这个更新规则下是非增的。因此,证明了式(7.10)中 $\boldsymbol{V}$ 的更新实质上等价于式(7.16)的更新,$\mathcal{O}$ 在式(7.10)下是非增的。

证明完毕。

7.3.4　复杂度分析

算法中采用迭代策略,因此计算复杂度是十分重要的,假设更新共 t 步,本章算法的总代价为:$O(tmnk+tn^2k)$。

7.4　基于图论的半监督多重正则化学习算法

7.4.1　基于图论的半监督多重正则化聚类学习算法

在半监督聚类学习中,参考第 4 章半监督聚类学习方法(4.2.2 节),通过度量学习方法更新数据的相似关系矩阵。实际上,半监督聚类中先验样本对信息的作用是将欧几里得空间转换成一个马氏空间,并在马氏空间中计算所有样本的相似关系。这样既利用了先验样本对信息,又不会造成过拟合现象,模型的泛化能力强。

除了相似关系矩阵不同以外,其余算法和 7.3 节一致。

7.4.2 基于图论的半监督多重正则化分类学习算法

如果半监督信息是部分样本的标签信息,可采用第 4 章中经验损失函数的设计方法,即三种经验损失函数和 $\mu=\infty$ 的情况,由于篇幅限制,本节只给出 $\mu=\infty$ 时的半监督分类算法。

在式(7.4)中,若设定 $\mu=\infty$,只考虑一个视图的情况下,则目标函数则变成

$$\operatorname{argmin}\ \gamma J+\|\boldsymbol{X}-\boldsymbol{U}\boldsymbol{V}^{\mathrm{T}}\|^2$$

$$(\boldsymbol{V}_l=\boldsymbol{Y}_l,\boldsymbol{V}_u^{\mathrm{T}}\boldsymbol{V}_u\to\boldsymbol{I}_k,\boldsymbol{V}_u\geqslant0,\boldsymbol{U}\geqslant0,\|\tilde{\boldsymbol{v}}_{u_i}\|_1\geqslant\delta,i=1,2,\cdots,n) \tag{7.27}$$

其中,$0\ll\delta\leqslant1$ 是一个常数,$\|\tilde{\boldsymbol{v}}_{u_i}\|_1$ 代表向量 $\tilde{\boldsymbol{v}}_{u_i}$ 的 l_1 范数,即 $\|\tilde{v}_{u_i}\|_1=\sum_j|\tilde{v}_{uij}|$。$J$ 是某种图划分准则下的正则化项,包括比例切、规范化切和最小最大切准则。$\boldsymbol{V}_l$、$\boldsymbol{V}_u$ 对应标记样本和未标记样本的解,$\boldsymbol{V}=[\boldsymbol{V}_l;\boldsymbol{V}_u]$。将 $\boldsymbol{L}$ 按如下方式分成四部分

$$\boldsymbol{L}=\begin{bmatrix}\boldsymbol{L}_{ll} & \boldsymbol{L}_{lu}\\ \boldsymbol{L}_{ul} & \boldsymbol{L}_{uu}\end{bmatrix} \tag{7.28}$$

有

$$\boldsymbol{V}^{\mathrm{T}}\boldsymbol{L}\boldsymbol{V}=[\boldsymbol{V}_l;\boldsymbol{V}_u]^{\mathrm{T}}\begin{bmatrix}\boldsymbol{L}_{ll} & \boldsymbol{L}_{lu}\\ \boldsymbol{L}_{ul} & \boldsymbol{L}_{uu}\end{bmatrix}[\boldsymbol{V}_l;\boldsymbol{V}_u]=\boldsymbol{V}_l^{\mathrm{T}}\boldsymbol{L}_{ll}\boldsymbol{V}_l+\boldsymbol{V}_l^{\mathrm{T}}\boldsymbol{L}_{lu}\boldsymbol{V}_u+\boldsymbol{V}_u^{\mathrm{T}}\boldsymbol{L}_{ul}\boldsymbol{V}_l+\boldsymbol{V}_u^{\mathrm{T}}\boldsymbol{L}_{uu}\boldsymbol{V}_u$$

其中,$\boldsymbol{V}_l=\boldsymbol{Y}_l,\boldsymbol{L}_{lu}=\boldsymbol{L}_{ul}^{\mathrm{T}}$。

对应 $\boldsymbol{V}_l$、$\boldsymbol{V}_u$,将训练数据分为 $\boldsymbol{X}=[\boldsymbol{X}_l,\boldsymbol{X}_u]$,有

$$\boldsymbol{X}\boldsymbol{V}\boldsymbol{U}^{\mathrm{T}}=[\boldsymbol{X}_l,\boldsymbol{X}_u][\boldsymbol{V}_l;\boldsymbol{V}_u]\boldsymbol{U}^{\mathrm{T}}=\boldsymbol{X}_l\boldsymbol{V}_l\boldsymbol{U}^{\mathrm{T}}+\boldsymbol{X}_u\boldsymbol{V}_u\boldsymbol{U}^{\mathrm{T}}$$

$$\boldsymbol{U}\boldsymbol{V}^{\mathrm{T}}\boldsymbol{V}\boldsymbol{U}^{\mathrm{T}}=\boldsymbol{U}[\boldsymbol{V}_l;\boldsymbol{V}_u]^{\mathrm{T}}[\boldsymbol{V}_l;\boldsymbol{V}_u]\boldsymbol{U}^{\mathrm{T}}=\boldsymbol{U}\boldsymbol{V}_l^{\mathrm{T}}\boldsymbol{V}_l\boldsymbol{U}^{\mathrm{T}}+\boldsymbol{U}\boldsymbol{V}_u^{\mathrm{T}}\boldsymbol{V}_u\boldsymbol{U}^{\mathrm{T}}$$

则

$$\|\boldsymbol{X}-\boldsymbol{U}\boldsymbol{V}^{\mathrm{T}}\|^2=\mathrm{tr}(\boldsymbol{X}\boldsymbol{X}^{\mathrm{T}})-2[\boldsymbol{X}_l\boldsymbol{V}_l\boldsymbol{U}^{\mathrm{T}}+\boldsymbol{X}_u\boldsymbol{V}_u\boldsymbol{U}^{\mathrm{T}}]+\boldsymbol{U}\boldsymbol{V}_l^{\mathrm{T}}\boldsymbol{V}_l\boldsymbol{U}^{\mathrm{T}}+\boldsymbol{U}\boldsymbol{V}_u^{\mathrm{T}}\boldsymbol{V}_u\boldsymbol{U}^{\mathrm{T}} \tag{7.29}$$

于是,舍弃常数项,对于比例切,式(7.27)可写为

$$\underset{\boldsymbol{V}_u\in R^{u\times k},\boldsymbol{U}\in R^{m\times k}}{\operatorname{argmin}}\ \gamma\mathrm{tr}(2\boldsymbol{V}_u^{\mathrm{T}}\boldsymbol{L}_{ul}\boldsymbol{Y}_l+\boldsymbol{V}_u^{\mathrm{T}}\boldsymbol{L}_{uu}\boldsymbol{V}_u)-2[\boldsymbol{X}_l\boldsymbol{V}_l\boldsymbol{U}^{\mathrm{T}}+\boldsymbol{X}_u\boldsymbol{V}_u\boldsymbol{U}^{\mathrm{T}}]+\boldsymbol{U}\boldsymbol{V}_l^{\mathrm{T}}\boldsymbol{V}_l\boldsymbol{U}^{\mathrm{T}}+\boldsymbol{U}\boldsymbol{V}_u^{\mathrm{T}}\boldsymbol{V}_u\boldsymbol{U}^{\mathrm{T}}$$

$$(\boldsymbol{V}_l=\boldsymbol{Y}_l,\boldsymbol{V}_u^{\mathrm{T}}\boldsymbol{V}_u\to\boldsymbol{I}_k,\boldsymbol{V}_u\geqslant0,\boldsymbol{U}\geqslant0,\|\tilde{\boldsymbol{v}}_{u_i}\|_1\geqslant\delta,i=1,2,\cdots,n) \tag{7.30}$$

对于标准规范化切

$$\underset{\boldsymbol{V}_u\in R^{u\times k},\boldsymbol{U}\in R^{m\times k}}{\operatorname{argmin}}\ \gamma\mathrm{tr}(2\boldsymbol{V}_u^{\mathrm{T}}\tilde{\boldsymbol{L}}_{ul}\boldsymbol{Y}_l+\boldsymbol{V}_u^{\mathrm{T}}\tilde{\boldsymbol{L}}_{uu}\boldsymbol{V}_u)-2[\boldsymbol{X}_l\boldsymbol{V}_l\boldsymbol{U}^{\mathrm{T}}+\boldsymbol{X}_u\boldsymbol{V}_u\boldsymbol{U}^{\mathrm{T}}]+\boldsymbol{U}\boldsymbol{V}_l^{\mathrm{T}}\boldsymbol{V}_l\boldsymbol{U}^{\mathrm{T}}+\boldsymbol{U}\boldsymbol{V}_u^{\mathrm{T}}\boldsymbol{V}_u\boldsymbol{U}^{\mathrm{T}}$$

$$(\boldsymbol{V}_l=\boldsymbol{Y}_l,\boldsymbol{V}_u^{\mathrm{T}}\boldsymbol{V}_u\to\boldsymbol{I}_k,\boldsymbol{V}_u\geqslant0,\boldsymbol{U}\geqslant0,\|\tilde{\boldsymbol{v}}_{u_i}\|_1\geqslant\delta,i=1,2,\cdots,n \tag{7.31}$$

记的 $\boldsymbol{V}$ 第 i 列是 $\boldsymbol{v}_i$,$\boldsymbol{v}_{l_i}$、$\boldsymbol{v}_{u_i}$ 对应标记样本和未标记样本解的第 i 列,$\boldsymbol{v}_i=[\boldsymbol{v}_{l_i};$

v_{u_i}]。将 L_α 按如下方式分成四部分

$$L_\alpha=\begin{bmatrix} L_{\alpha_{ll}} & L_{\alpha_{lu}} \\ L_{\alpha_{ul}} & L_{\alpha_{uu}} \end{bmatrix} \tag{7.32}$$

对于标准最小最大切

$$\begin{aligned} \underset{V_u\in R^{u\times k},U\in R^{m\times k}}{\operatorname{argmin}}\ \gamma\sum_{i=1}^{k}\frac{v_{l_i}^{\mathrm T}v_{l_i}+v_{u_i}^{\mathrm T}v_{u_i}}{v_{l_i}^{\mathrm T}L_{\alpha_{ll}}v_{l_i}+2v_{u_i}^{\mathrm T}L_{\alpha_{ul}}v_{l_i}+v_{u_i}^{\mathrm T}L_{\alpha_{uu}}v_{u_i}} \\ -2[X_lV_lU^{\mathrm T}+X_uV_uU^{\mathrm T}]+UV_l^{\mathrm T}V_lU^{\mathrm T}+UV_u^{\mathrm T}V_uU^{\mathrm T} \\ (v_{l_i}=y_{l_i},V_u^{\mathrm T}V_u\to I_k,V_u\geqslant 0,U\geqslant 0,\|\widetilde{v}_{u_i}\|_1\geqslant\delta,i=1,2,\cdots,n) \end{aligned} \tag{7.33}$$

解决式(7.30)、式(7.31)、式(7.33)的问题时可参考第 3、4 章，将正则化项 $\lambda R=\lambda D_{\mathrm{ld}}(V_u^{\mathrm T}V_u,I)$ 放入优化目标中，达到了正交约束条件 $V_u^{\mathrm T}V_u=I_k$ 的合同近似，同时保持严格的非负约束。这种方法减少了约束函数正则化项，参考 4.3.1.4 节的方法，采用拉格朗日函数法和乘法规则，具体过程这里不再赘述。

对于比例切，式(7.30)解的更新规则是

$$u_{jk}\leftarrow u_{jk}\frac{(XV)_{jk}}{(UV^{\mathrm T}V)_{jk}} \tag{7.34}$$

$$v_{ujk}\leftarrow v_{ujk}\frac{(X_u^{\mathrm T}U+\gamma L_{uu}^{-}V_u+\gamma L_{ul}^{-}Y_l+\lambda[V_u(V_u^{\mathrm T}V_u)^{-1}]^{+})_{jk}}{(V_uU^{\mathrm T}U+\gamma L_{uu}^{+}V_u+\gamma L_{ul}^{+}Y_l+\lambda V_u+\lambda[V_u(V_u^{\mathrm T}V_u)^{-1}]^{-})_{jk}} \tag{7.35}$$

对于标准规范化切，对应地有

$$u_{jk}\leftarrow u_{jk}\frac{(XV)_{jk}}{(UV^{\mathrm T}V)_{jk}} \tag{7.36}$$

$$v_{ujk}\leftarrow v_{ujk}\frac{(X_u^{\mathrm T}U+\gamma \widetilde{L}_{uu}^{-}V_u+\gamma \widetilde{L}_{ul}^{-}Y_l+\lambda[V_u(V_u^{\mathrm T}V_u)^{-1}]^{+})_{jk}}{(V_uU^{\mathrm T}U+\gamma \widetilde{L}_{uu}^{+}V_u+\gamma \widetilde{L}_{ul}^{+}Y_l+\lambda V_u+\lambda[V_u(V_u^{\mathrm T}V_u)^{-1}]^{-})_{jk}} \tag{7.37}$$

对于标准最小最大切，其更新规则为

$$u_{jk}\leftarrow u_{jk}\frac{(XV)_{jk}}{(UV^{\mathrm T}V)_{jk}} \tag{7.38}$$

$$v_{ujk}\leftarrow v_{ujk}\frac{(X_u^{\mathrm T}U+\gamma L_{\alpha_{ul}}V_\gamma+\gamma L_{\alpha_{uu}}V_\theta+\lambda[V_u(V_u^{\mathrm T}V_u)^{-1}]^{+})_{jk}}{(V_uU^{\mathrm T}U+\gamma V_\beta+\lambda V_u+\lambda[V_u(V_u^{\mathrm T}V_u)^{-1}]^{-})_{jk}} \tag{7.39}$$

其中

$$V_\beta=\left[\frac{1}{v_1^{\mathrm T}L_\alpha v_1}v_{u_1},\frac{1}{v_2^{\mathrm T}L_\alpha v_2}v_{u_2},\cdots,\frac{1}{v_k^{\mathrm T}L_\alpha v_k}v_{u_k}\right] \tag{7.40}$$

$$V_{\gamma}=\left[\frac{v_1^{\mathrm{T}}v_1}{(v_1^{\mathrm{T}}L_{\alpha}v_1)^2}y_{l_1},\frac{v_2^{\mathrm{T}}v_2}{(v_2^{\mathrm{T}}L_{\alpha}v_2)^2}y_{l_2},\cdots,\frac{v_k^{\mathrm{T}}v_k}{(v_k^{\mathrm{T}}L_{\alpha}v_k)^2}y_{l_k}\right] \tag{7.41}$$

$$V_{\theta}=\left[\frac{v_1^{\mathrm{T}}v_1}{(v_1^{\mathrm{T}}L_{\alpha}v_1)^2}v_{u_1},\frac{v_2^{\mathrm{T}}v_2}{(v_2^{\mathrm{T}}L_{\alpha}v_2)^2}v_{u_2},\cdots,\frac{v_k^{\mathrm{T}}v_k}{(v_k^{\mathrm{T}}L_{\alpha}v_k)^2}v_{u_k}\right] \tag{7.42}$$

7.4.3 算法分析

算法中采用迭代策略,假设更新共 t 步,半监督聚类方法另外需要 $O(n^3)$ 去学习马氏距离,因此,半监督聚类算法的总代价为:$O(tmnk+tn^2k+n^3)$。实际上,半监督分类算法并没有增加复杂度。类似地,7.4 节算法的收敛性可以对照 7.3.3 节和 3.4.2 节进行证明。

和无监督方法一样,半监督学习方法得到基矩阵 $\boldsymbol{U}$ 后,在新样本 $\boldsymbol{x}$ 到达时,可以根据基矩阵学习新样本的系数,即解决式(7.6)的问题。再对比新样本的系数和训练样本的系数,得到新样本的(聚)类别信息。

7.5 与以往工作的区别和联系

和本章工作联系最为紧密的是 GNMF[59-60] 方法,GNMF 通过构造最近邻图来编码数据空间的几何信息,它的目标是找到一个空间使其中的数据表述满足局部流形约束。

给定权重矩阵 $\boldsymbol{W}$,GNMF 通过以下正则化项描述局部流形不变性

$$R_1=\frac{1}{2}\sum_{j,l=1}^{N}\|z_j-z_j\|^2W_{jl}=\mathrm{tr}(V^{\mathrm{T}}DV)-\mathrm{tr}(V^{\mathrm{T}}WV)=\mathrm{tr}(V^{\mathrm{T}}LV) \tag{7.43}$$

其中,$\boldsymbol{L}\triangleq\boldsymbol{D}-\boldsymbol{W}$。$\mathrm{tr}(\cdot)$表示矩阵的迹,$\boldsymbol{D}$ 是对角矩阵,其元素为 $\boldsymbol{W}$ 的行和。

通过最小化R_1,$\boldsymbol{x}_i$和$\boldsymbol{x}_j$如果接近则$\boldsymbol{z}_i$和$\boldsymbol{z}_j$就会接近,GNMF 最小化如下问题

$$\mathcal{O}_1=\mathcal{O}_0+\lambda_1R_1=\|X-UV^{\mathrm{T}}\|^2+\lambda_1\mathrm{tr}(V^{\mathrm{T}}LV) \tag{7.44}$$

GNMF 方法可以看作是在本章框架下(比例划分准则)放松约束条件的方法,GNMF 使得同类样本将具有相似的数据表示,但是 GNMF 并不保证不同类样本的数据表示远离或不相关。即使同类样本的数据表示可以充分接近,但是不同类样本点的数据表示可能同样接近。

合同渐近在数据表示中的作用是一种秩约束,秩约束是指:局部表示空间中的所有数据表示的秩不能少于类的数目。在图像聚类任务中,数据表示的维数常被定为类的数目[59-60,146]。因此,秩约束只需满足 $\mathrm{range}(\boldsymbol{V})=k(k\leqslant n)$。秩

约束将会强制要求一些点之间相互不相关,由于数据的局部流形约束,这些独立的点将趋于来自不同的类别,因此,这些点会将本类的其他点拖拽到自身附近,各类之间就被较好地分开,同时,秩约束也让数据表示变得稀疏。

7.6　实验结果与分析

7.6.1　实验说明

本章内容的一个重要应用是得到投影矩阵,投影矩阵的作用在于处理新样本,即解决 out-of-sample 的问题。和第 5 章不同的是,训练集是一个无监督或半监督学习数据集,即训练集中包含大量无标记样本,另外,第 5 章学习到的是一个投影矩阵,本章学习到的是一个基矩阵。7.2.2 节模型定义中假设数据仅有一个视图,在本章实验中,构造视图的方法统一为:欧几里得空间中高斯权重的 p-NN 图[55]($p=5$)。

实验首先考虑无监督学习的情况:①根据无监督聚类学习方法,学习到投影矩阵,并得到所有样本的表示系数和聚类类别;②根据投影矩阵计算新样本的表示系数;③通过 1-nn 方法对比训练集中样本的表示系数和新样本的表示系数,判断新样本从属于哪一个聚类;④计算聚类判断的准确度。

半监督学习的情况分为两类:半监督聚类得到投影矩阵、半监督分类得到投影矩阵。对于半监督聚类方法,具体流程和无监督聚类大体一致,区别在于学习时利用先验的相似样本对及不相似样本对信息。对于半监督分类方法,其学习流程如下:①根据半监督分类学习方法,学习得到投影矩阵,并得到所有样本的表示系数和类别;②根据投影矩阵计算新样本的表示系数;③通过 1-nn 方法对比训练集中样本的表示系数和新样本的表示系数,判断新样本的类别;④计算类别判断的准确度。

7.6.1.1　对比算法

对比以下算法,无监督算法包括本章无监督算法(记为 RNMF)、非负矩阵分解算法(NMF)[104]、图正则化非负矩阵分解算法(GNMF)[59-60]、PCA[108]算法;半监督聚类算法包括本章半监督聚类算法(记为 RNMFs)、半监督图正则化非负矩阵分解算法(GNMFs)[60]、度量学习方法(KISS)[40]、约束非负矩阵分解(CNMF)[146];半监督分类算法包括本章半监督分类算法(记为 RNMFss)。RNMF、RNMFs 和 RNMFss 方法可以在三种图划分准则下得到,如无一般说明时,默认为规范化划分准则,不同的划分准则下算法表现相近,在实验结果中,将报告较好的一种图划分准则下的算法表现。这些方法中 PCA 方法和度量学习方法是投影矩阵学习方法,其余方法是基矩阵学习方法,它们的区别在于计算新样本的数据表示上存在不同。投影矩阵的概念参考第 5 章内容,基矩阵计算系数参考式(7.6)。

7.6.1.2 实验流程

对于每个数据集,给定 k,我们按以下流程进行实验。

(1) 在归一化过的数据中随机选择 k 类样本作为数据,在每类数据中选取前 30%的数据作为测试数据,后 70%的数据作为训练数据。

(2) 在训练数据的每类中随机选择 NL 个数据为标签数据,或基于这 NL 个数据构造相似/不相似样本对。

(3) 根据 7.6.1 节中无监督聚类、半监督聚类和半监督分类算法说明进行基矩阵学习,得到训练集的数据表示 $\boldsymbol{V}$,训练集所有数据的类别或聚类判断。

(4) 根据基矩阵学习测试集数据的表示系数(式(7.6)),使用 1-nn 法对比测试集数据的表示系数和训练集所有数据的表示系数(所有表示系数进行归一化操作),判断测试集样本的类别或聚类。

(5) 计算对测试集样本数据的类别或聚类判断的准确度。

对于每个给定的 k,重复以上流程 50~100 次。

7.6.2 示例

仿真生成一个双月(two months)数据集,本节使用一个通用的生成方法,共 200 个数据点、两个类别,类别用不同颜色标记,如图 7.1 所示。图中列举了不同无监督聚类方法得到的数据表示及聚类准确度 AC(参考 3.6.1.3 节聚类评价指标及式(3.59)),可以发现 RNMF 方法的数据表示的稀疏性强,且区分度好。

7.6.3 真实数据集

本节通过实验来测试本章算法的性能,采用四个数据集,每个数据集包含一定数目类别的图像。

(1) ORL 数据集。ORL 数据集包含 40 个类,每类 10 张图片,有光照和表情变化,图像经过降采样,每张图片的分辨率为 32×32 像素。

(2) COIL20 数据集。COIL20 数据集包含 20 类不同视角的降采样后的 32×32 像素的灰度图像,每类图像有 72 张图像。

(3) Yale 数据集。Yale 数据集包含 165 张图片,15 个人,每人 11 张,图像经过降采样,每张图片被表示为 1024 维向量。

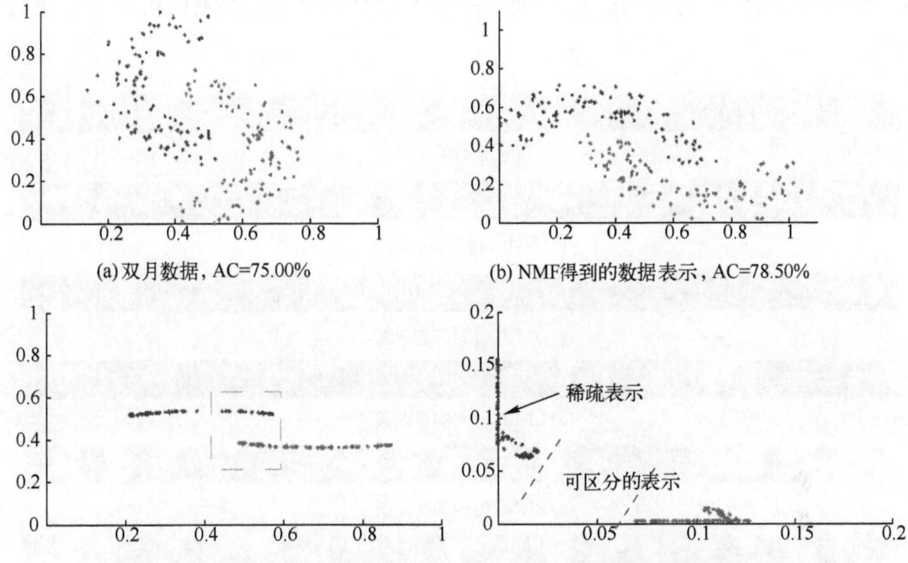

(a) 双月数据, AC=75.00%　(b) NMF得到的数据表示, AC=78.50%

(c) GNMF得到的数据表示, AC=90.13%　(d) RNMF得到的数据表示, AC=100%

图 7.1　不同无监督类方法得到的数据表示及聚类准确度

(a) 原始双月数据;(b) NMF 学习到的数据表示 V;(c) GNMF 学习到的数据表示,可以看到 GNMF 提高了学习性能,但不同标签数据也可能在数据表示上相近;(d) RNMF 学习到的数据表示。

(4) FEI 人脸数据集。FEI 数据集有 200 人,每人 14 张图片共 2800 张图片,有角度和光照变化,我们挑选 50 个人(FEI 的第一部分)进行聚类实验,图片被压缩为 24×32 像素,256 灰度级。

7.6.4　实验结果

本章算法的核心在于基矩阵的学习,图 7.2 展示了 FEI 数据上的基矩阵学习结果,基矩阵中每个向量可以被显示为一张人脸基图像,可以观察到 RNMFs 和 RNMF 提取人脸基图像的方式是提取单个人脸的关键特征,这有助于提升算法区分不同人脸的能力。

不同数据集上的实验结果如表 7.1~表 7.4 所列,从这些结果中可以观察到各数据集的不同表现。

① ORL 数据集:在无监督学习中,RNMF 具有最好的表现;在半监督学习中,类别数较少时且先验信息较少时(NL=2),RNMFs 和 RNMFss 有较好的表

现,先验信息较充分时,度量学习和 RNMFss 有较好的表现;在类别数增加时,RNMFs 和 RNMFss 具有最好的表现。随着类别数的增加,GNMF 和 CNMF 表现较差。

(a) 原始图片

(b) NMF得到的基向量

(c) GNMF得到的基向量

(d) CNMF得到的基向量

(e) RNMF得到的基向量

(f) RNMFs得到的基向量

图 7.2　FEI 数据集上各个算法得到的基向量 $U^{(i)}, i=1,2,\cdots,k$

② COIL20 数据集:在无监督学习中,RNMF 具有最好的表现;在半监督学习中,RNMFss 具有较好的表现。

③ Yale 和 FEI 数据集:在无监督学习中,RNMF 具有最好的表现;在半监督学习中,RNMFs 具有较好的表现。

④ 总体来看,半监督聚类学习提高了无监督聚类学习的表现,如 RNMFs 提升了 RNMF 的表现,GNMFs 提升了 GNMF 的表现,这表明 RNMFs 和 GNMFs 算法有效地利用了先验信息。

⑤ 随着类别数的增加,RNMFs 或 RNMFss 将表现出良好的性能,体现了本章算法优良的学习能力。

表 7.1　ORL 数据集上的实验结果

k	NL	无监督聚类学习				半监督学习				
						聚类学习				分类学习
		PCA	NMF	RNMF	GNMF	RNMFs	GNMFs	CNMF	度量学习	RNMFss
5	2	44.0	65.8	**75.3**	42.4	**89.4**	54.2	28.0	85.7	87.0
	5	44.0	65.8	**75.3**	42.4	91.4	74.6	28.3	**98.2**	92.2

续表

k	NL	无监督聚类学习				半监督学习				
						聚类学习				分类学习
		PCA	NMF	RNMF	GNMF	RNMFs	GNMFs	CNMF	度量学习	RNMFss
10	2	41.4	56.2	**65.9**	24.8	**81.6**	37.5	13.1	75.6	80.7
	5	41.4	56.2	**65.9**	24.8	85.9	71.9	14.4	**94.5**	87.3
15	2	40.5	54.6	**64.5**	16.3	**78.2**	25.9	9.00	72.1	76.9
	5	40.5	54.6	**64.5**	16.3	83.1	66.9	8.17	**91.0**	85.1
20	2	39.0	49.3	**60.6**	13.8	**77.9**	23.9	6.24	69.8	77.6
	5	39.0	49.3	**60.6**	13.8	80.7	65.8	5.75	**87.7**	82.8
30	2	39.2	42.2	**58.6**	11.0	**77.4**	42.4	4.71	62.8	74.7
	5	39.2	42.2	**58.6**	11.0	79.2	57.5	4.74	78.3	**80.6**
40	2	39.1	39.7	**60.3**	—	**75.3**	15.1	—	58.2	73.3
	5	39.1	39.7	**60.3**	—	**79.2**	53.9	—	72.5	79.0

注：对测试集样本的类别或聚类判断准确度×100%，无监督学习和半监督学习中表现最好的加粗显示，表现第二好的加下画线显示。

表 7.2　COIL20 数据集上的实验结果

k	NL	无监督聚类学习				半监督学习				
						聚类学习				分类学习
		PCA	NMF	RNMF	GNMF	RNMFs	GNMFs	CNMF	度量学习	RNMFss
4	2	45.6	68.8	**73.6**	53.5	75.5	60.4	66.9	78.9	**83.4**
	5	45.6	68.8	**73.6**	53.5	78.6	56.6	56.7	**86.1**	85.4
8	2	31.7	54.7	**62.5**	40.8	64.4	42.0	53.9	67.3	**74.7**
	5	31.7	54.7	**62.5**	40.8	64.0	46.4	39.3	78.1	**78.2**
12	2	31.5	39.0	**57.4**	34.2	55.5	54.2	45.4	62.1	**69.1**
	5	31.5	39.0	**57.4**	34.2	58.9	39.0	23.0	**73.8**	73.5
20	2	36.3	37.8	**50.6**	27.5	46.5	27.4	—	55.6	**65.2**
	5	36.3	37.8	**50.6**	27.5	51.5	39.4	—	65.4	**67.5**

表 7.3 Yale 数据集上的实验结果

k	NL	无监督聚类学习				半监督学习				
						聚类学习				分类学习
		PCA	NMF	RNMF	GNMF	RNMFs	GNMFs	CNMF	度量学习	RNMFss
2	2	50.0	61.5	**80.0**	55.4	**85.1**	63.6	67.4	81.7	83.8
	5	50.0	61.5	**80.0**	55.4	90.7	86.8	77.0	90.1	**91.1**
5	2	30.7	45.9	**55.5**	32.2	**67.9**	40.8	24.1	60.0	63.9
	5	30.7	45.9	**55.5**	32.2	75.8	56.2	23.8	**76.4**	72.9
10	2	18.7	33.1	**41.1**	16.0	**57.5**	21.3	10.8	44.1	52.1
	5	18.7	33.1	**41.1**	16.0	**67.0**	38.7	12.8	66.2	64.4
15	2	11.6	25.4	**33.2**	11.0	**52.2**	14.1	6.58	39.5	46.5
	5	11.6	25.4	**33.2**	11.0	**61.2**	33.3	7.75	57.2	58.3

表 7.4 FEI 数据集上的实验结果

k	NL	无监督聚类学习				半监督学习				
						聚类学习				分类学习
		PCA	NMF	RNMF	GNMF	RNMFs	GNMFs	CNMF	度量学习	RNMFss
10	2	48.8	56.1	**79.1**	32.9	**81.8**	48.3	15.9	79.9	80.4
	5	48.8	56.1	**79.1**	32.9	85.0	54.9	9.40	**85.6**	84.5
20	2	44.4	44.2	**66.9**	14.3	**72.6**	29.1	8.03	**72.4**	69.4
	5	44.4	44.2	**66.9**	14.3	73.1	37.4	6.51	**75.7**	72.2
30	2	41.5	38.9	**60.3**	9.55	**66.3**	21.5	4.94	64.4	62.9
	5	41.5	38.9	**60.3**	9.55	**68.1**	29.6	3.80	**68.1**	66.9
40	2	39.8	36.4	**57.0**	7.67	**63.0**	17.9	3.63	60.3	60.1
	5	39.8	36.4	**57.0**	7.67	**63.5**	25.7	3.15	61.9	63.3
50	2	37.9	34.8	**54.1**	6.74	**59.5**	15.4	2.46	57.3	55.7
	5	37.9	34.8	**54.1**	6.74	58.2	21.9	2.08	56.4	**60.8**

7.6.5 算法分析

稀疏度的计算方法可参考式(3.62),表 7.5 展示了不同无监督算法在部分数据集上数据表述的稀疏度,可以观察到 RNMF 的数据表述更加稀疏,说明它具有更强的抗噪能力。

表 7.5　NMF、GNMF 和 RNMF 在不同数据集上数据表示的平均稀疏度

算　法	ORL	FEI	Yale
NMF	0.30	0.41	0.42
GNMF	0.19	0.09	0.11
RNMF	0.82	0.85	0.71

参数选择是一项重要的工作，对于数据表示 $V \in R^{n \times k}$，一般设定 k 等于训练样本的类别数。另外，RNMF 模型有三个关键参数，最近邻参数 p 和正则化参数 γ,λ。如图 7.3 所示，给出了部分数据集上 RNMF 算法参数 λ 对其聚类表现的影响（聚类准确度参考式（3.59）），图 7.3 展现了 RNMF 随参数 λ 的变化，可以看到 RNMF 对于参数 λ 是十分鲁棒的，λ 可以从 100 到 5000 变化。

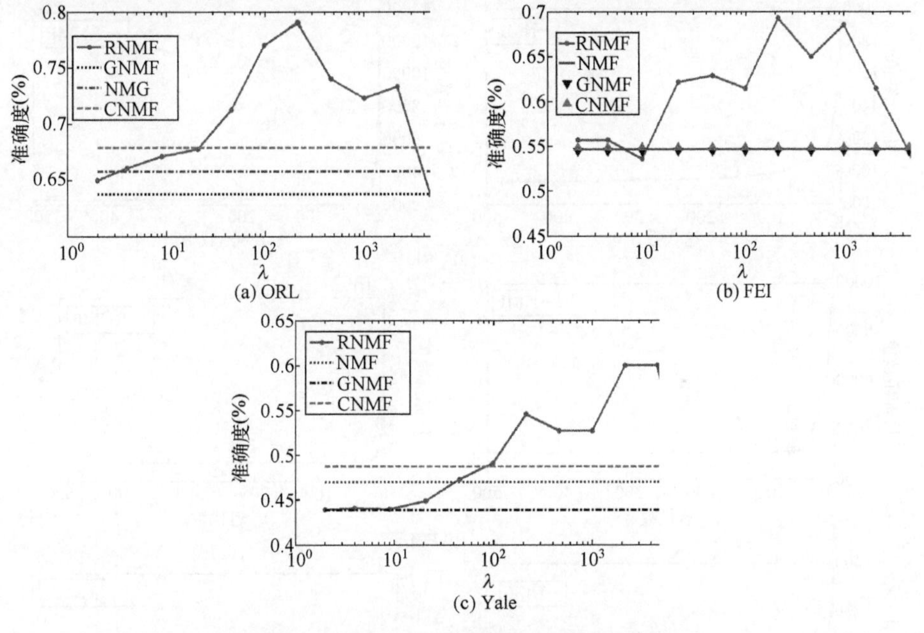

图 7.3　RNMF 在不同参数 λ 下的表现

注：RNMF 对于变化的 λ（1～10000）表现稳定，分别在三个数据集上的实验：ORL，FEI 和 Yale。

在本章训练-测试实验中，可以通过有限网格法[110]进行参数选择，如表 7.6 所示，如无特殊说明，本章实验中权重矩阵构建中的邻居大小 p 被设定为 5（针对 GNMF、GNMFs、RNMF 和 RNMFs），γ 被设定为 100（针对 GNMF、GNMFs、RNMF、RNMFs 和 RNMFss），λ 被设定为 100（针对 RNMF、RNMFs 和 RNMFss）。

表 7.6 参数的有限网格

参　　数	值
p	3,4,**5**,**6**,7,8,9
γ	1,5,10,50,**100**,**200**,500,1000,2000
λ	1,5,10,**50**,**100**,**200**,**500**,1000,2000

注:在这个网格中找到算法的最佳参数组合,黑体代表较好的参数组合。

7.3.3 节已经证明了无监督 RNMF 迭代算法的收敛性,现在给出一些实验结果。如图 7.4 所示,可以看到,RNMF 算法收敛性较好,并且,RNMF 比 NMF 收敛更快。通常在 100 代之内,RNMF 便可以收敛。

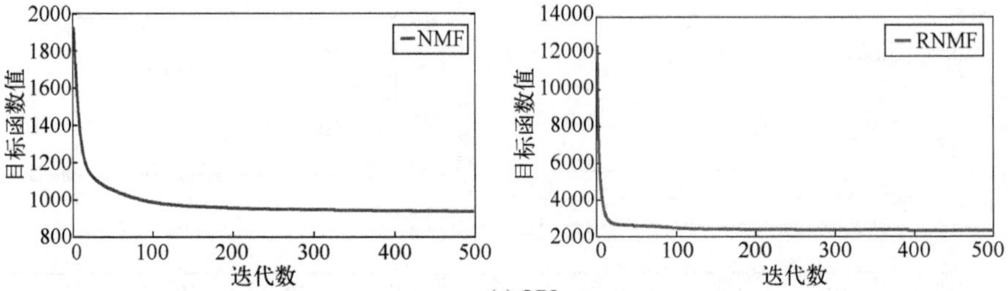

(a) ORL

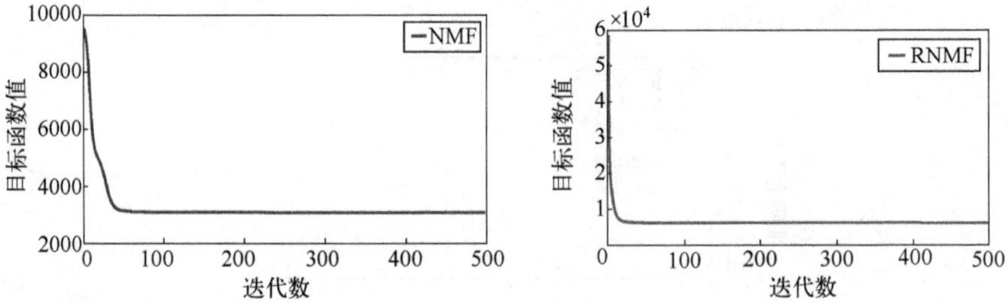

(b) FEI

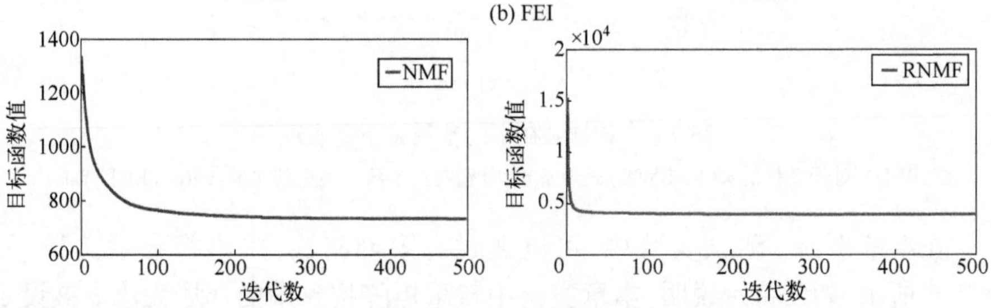

(c) Yale

图 7.4 NMF 和 RNMF 更新算法的收敛曲线

7.6.6　模型变形

当数据不是非负时,可以放松条件,允许基矩阵 $\boldsymbol{U}$ 含负值,式(7.5)变为

$$\underset{V\geqslant 0}{\operatorname{argmin}}\ \gamma J+\sigma\mu f(\boldsymbol{V},\boldsymbol{Y})+\|\boldsymbol{X}_{\pm}-\boldsymbol{U}_{\pm}\boldsymbol{V}^{\mathrm{T}}\|^{2}+\lambda R \tag{7.45}$$

另外,可以参考 3.6.6 节 CAC 的变形,①增加模型的调谐参数;②将非负约束条件放入目标函数,求解无约束的最优化问题,具体地,式(7.5)可以变为

$$\underset{U,V}{\operatorname{argmin}}\ \gamma J+\sigma\mu f(\boldsymbol{V},\boldsymbol{Y})+\|\boldsymbol{X}-\boldsymbol{U}\boldsymbol{V}^{\mathrm{T}}\|^{2}+\lambda R-\boldsymbol{\beta}_{1}\sum_{ij}\min(0,V_{ij}) - \boldsymbol{\beta}_{2}\sum_{ij}\min(0,U_{ij}) \tag{7.46}$$

其中,$\beta_1,\beta_2>0$ 是调谐参数。

7.7　本 章 小 结

本章研究了基于图论的多重正则化学习算法,针对在半监督或无监督情况下 out-of-sample 的问题,即面向新样本的类别或聚类别判断问题。主要思路是在基于图论的学习框架模型中,结合非负矩阵分解进行多重正则化研究,生成能够重构数据的基矩阵,实现学习新样本新的数据表示的任务。具体的研究内容及其创新点在于以下两方面。

(1) 本章提出了一种基于图论的多重正则化方法。基于非负矩阵分解天然非负约束的观察,将其作为多重正则化项融入基于图论的学习框架模型中,以提升模型的数据表示能力,最后设计了相应的求解算法。这部分工作为基于图论的多重正则化算法建立了理论基础。

(2) 本章进行了算法应用与分析,进行了无监督聚类、半监督聚类和半监督分类实验,实验结果表明了本章算法的良好性能。

本章研究了基于图论的多重正则化问题,为设计基于图论的多重正则化学习算法提供了一个有效的方法。

第8章

基于图论的公共视频场景聚集性度量及分析

8.1 引言

随着我国城镇人口的增多和城市规模的扩大,城市的公共开放区域逐渐成为信息收集和安全监控最重要的桥头堡。公共开放区域往往是一个公共复杂场景,可能包含各式运动的行人、车辆等目标,互有遮挡,运动不定,是一种复杂的聚集群体场景。

近年来,监控视频技术取得了一定的发展,许多研究者探索了分析群体场景的方法。文献[168]对群体场景分析的研究现状和挑战做了综合性阐述,在视频动作监控方面,文献[169]提出了一种基于密集轨迹的人体动作识别特征;文献[170]采用层次结构的 CRF 模型来模拟及人与人之间的关系;文献[171]使用了混合可变形部件模型对画面中邻近的多个动作进行了识别。在群体场景的行为分析研究方面,文献[172]利用拓扑化简提取运动场的结构识别出多种异常事件;文献[173]通过获得前景对象的概率分布来定义群体熵,从而检测群体聚集事件;文献[174]用中心-周围显著思想检测异常,从运动向量场中提取吸引力运动无序描述子直接度量整体的异常度。但是,大多监控视频技术的应用方式主要是监控视频的采集、传输、显示、人工观察和事后分析,不仅人工工作量繁重,且实时性差,缺乏对人群聚集共性的描述和定量计算。

受到科学界对动物、昆虫、细菌的基本聚集性进行研究的启发[166],研究公共场景中的聚集性运动成为研究公共开放区域的一个重要手段[156,164-165]。受到目标提取技术、分辨率和噪声的影响,个体的运动模式是难以准确刻画的。

当众多的个体汇聚为一个整体的时候，往往会涌现出显著的群体特性。行为研究表明重复的构成个体集结在一起有利于快速处理信息并进行决策[167]。聚集性运动在自然界中广泛存在，如鱼群、羊群和人群等的个体都趋向于和周围邻居保持相同的方向[163-164]而产生聚集性运动，图 8.1 列举了一些自然界中广泛存在的聚集性运动。聚集性不仅存在于社会科学，而且存在于如社会心理学[165]、控制沙漠蝗虫群[159]和预防疾病传播[160]等诸多领域。具体来说，聚集性运动是指：群体中的个体往往只具备有限的感知范围，但互为邻居的个体往往具备较高的行为一致性[163-164,166]，个体基于局部获取的信息进行移动并将信息传递到远处，进而产生群体性的聚集运动，如朝某一个方向奔跑的人群。受到这些聚集性研究的启发，本章主要对公共开放场景中和人类相关的聚集性运动进行研究。

图 8.1　自然界聚集性运动示意图

由于行人的运动方向、尺度会因不同视频而变得不同，加上光照、色差的影响，因此跨视频构建统一的特征描述子非常困难，另外，很多聚集性行为具有多变性，这使得基于特征计算场景目标聚集度变得异常困难。但是特征之间的相对性在跨视频间是比较稳定的，因此可以通过特征之间的相互关系而非特征本身对聚集度进行研究。值得注意的是,特征之间的相互关系是本书基于图论的研究方法的基本出发点,本章也将基于这个出发点进行研究。基于图论的学习方法的特点是对数据相对关系的描述能力强,适应于复杂群体流形数据及非线性结构数据。

因此,本章研究的主要内容是基于图论的方法研究公共视频中群体场景的聚集性运动。首先能够定量计算群体场景的聚集度。将场景中的个体抽象为节点并构造 k-NN 图,通过考查节点之间的相互关系计算整个群体的聚集度。其次,在得到聚集度的基础之上,对场景聚集性运动实现划分,达到分析场景内容的目的。

8.2 公共视频中群体场景的聚集性度量和分析框架

8.2.1 聚集度主题

本节扩展一下聚集度主题的定义,以加深对场景聚集度的认识,本章聚集性运动研究的方法实际上是基于图论的方法,因此数据相关关系的定义决定了场景聚集度的主题。例如,如果认为运动速度方向相同并且是邻居的点之间具有较高的相似度,那么聚集度衡量的是一致性运动的程度,这种聚集度正如引言所定义的,可被称为运动聚集度;如果认为运动速度方向相反的并且是邻居的点之间具有较高的相似度,那么聚集度衡量的是冲突性运动的程度,可被称为冲突聚集度等。由于聚集度主题仅和图上相互关系的定义有关,简单起见,本章仅研究场景的运动聚集度主题,并简称为场景聚集度。

运动聚集度如图 8.2 所示,每个节点具备一定的运动方向(由从点出发的箭头表示),本章扩展了节点间的相关关系并将节点间的关系分为两种:直接相关关系和间接相关关系。由于节点之间的构图往往是稀疏的 k-NN 图,因此将具有邻居关系的点之间的连接称为直接相关关系,如节点 1 和节点 1 的邻居的关系是直接相关关系(以节点 1 为中心的大圆),本书之前的章节均主要研究这种相关关系。若两个节点之间不是对方的邻居,但是通过中间路径存在一条或多条可达路径,那么这两个节点之间的关系是间接相关关系,如节点 2 和节点 3、节点 4 和节点 5 分别存在一条长度为 3 和 4 的可达路径,于是可以认为节点 2 和节点 3、节点 4 和节点 5 均存在间接相关关系。

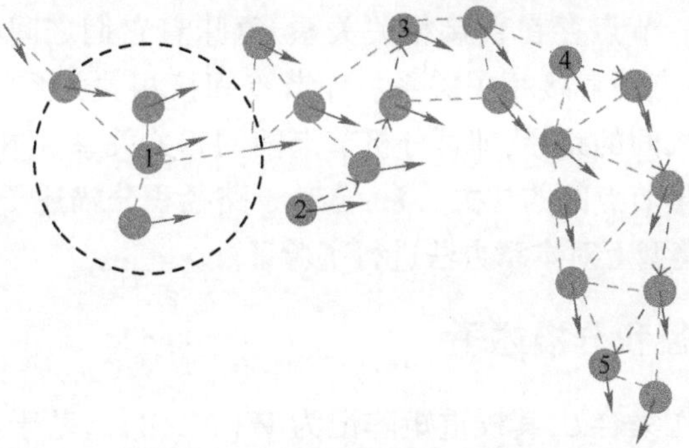

图 8.2　运动聚集度示意图

8.2.2　研究思路和框架

本章的研究框架如图 8.3 所示，研究思路如下：①基于监控视频进行群体场景的特征提取，并计算数据间的相关关系，进而构建数据关系图；②基于聚集度主题和基于图论的学习方法，计算场景聚集度；③在场景聚集度的基础之上，基于图论的无监督学习方法进行场景划分；④提取高层特征进行下一步应用研究，如异常聚集性运动检测、聚集度监控、聚集性运动模式分类等。

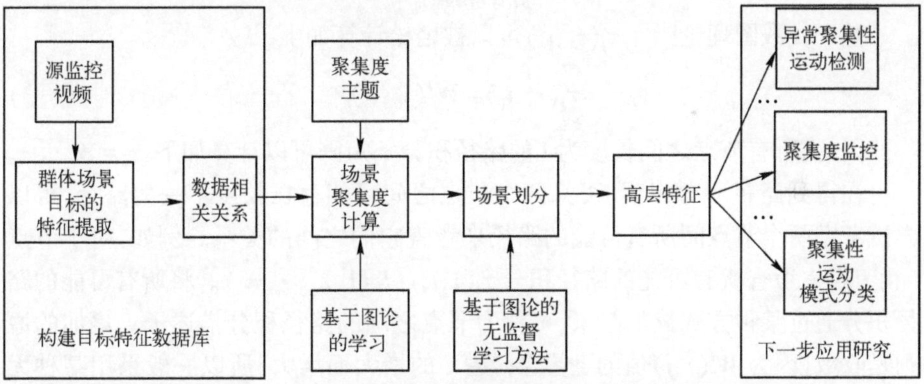

图 8.3　公共视频场景的聚集性度量和分析流程图

8.3　公共视频中群体场景的聚集性度量和场景划分

如图 8.2 所示，节点间存在直接相关关系和间接相关关系，实际上，基于聚集性定义的特点，节点通过作用关系将信息传递到远方，考察节点的间接相关关系是有价值的。节点存在直接相关关系,意味着它们之间必然存在可达路径,因此可以将节点间直接相关关系看作节点间接相关关系的一种特殊情况,只需要研究节点之间的路径,即可分析节点间的相关关系。本节首先介绍路径积分描述子以度量节点间的相关关系,再基于路径积分描述子计算场景的聚集度,最后在 SDP 模型上对本章方法进行了验证。

8.3.1 路径积分描述子

将样本点记作集合 $\mathcal{C}$,其权重矩阵记为 $\boldsymbol{W}(W \geqslant 0)$。基于文献[155],首先计算路径积分,路径积分(path integral)来源于文献[157],指节点间的连接度。文献[155]定义路径积分如下:选择路径上的起始节点 i_0和终止节点 i_l,它们之间长度为 l 的有向路径被记作 $\boldsymbol{\gamma}_l(i_0,i_l)=\{i_0 \to i_1 \to i_2 \to \cdots \to i_l\}$,即历经图 $\boldsymbol{W}$ 上的节点 $i_0,i_1,\cdots,i_l$。路径 $\boldsymbol{\gamma}_l(i_0,i_l)$的路径积分被定义为[155]

$$\tau_{\gamma_l}(i_0,i_l)=\prod_{k=0}^{l} w(i_k,i_{k+1}) \tag{8.1}$$

与文献[155]相同,将节点 i_0和节点 i_l间所有路径长度为 l 的路径集合记为 $\mathcal{P}_l(i_0,i_l)$,并计算节点 i_0和节点 i_l间长度为 l 的所有路径积分 $\tau_l(i_0,i_l)$如下:

$$\tau_l(i_0,i_l)=\sum_{\gamma_l(i_0,i_l)\in\mathcal{P}_l(i_0,i_l)} \tau_{\gamma_l}(i_0,i_l) \tag{8.2}$$

基于代数图理论[157],$\tau_l(i_0,i_l)$可以被轻松计算如下

$$\tau_l(i_0,i_l)=\boldsymbol{W}^l(i_0,i_l) \tag{8.3}$$

因此,所有节点之间长度为 l 的路径积分 τ_l矩阵可以计算如下:$\tau_l=\boldsymbol{W}^l$[157]。

在得到路径积分以后,可知两个节点之间可能存在长度不一的路径,可以尝试考虑两个节点间所有可能的路径来考查它们之间的关系。例如,对于节点 i 和节点 j,考查所有可能的路径积分 $\tau_l(i,j)$ $(l=1,2,\cdots,\infty)$。将所有可能的路径积分通过某种方式累加起来,可称为节点之间的路径积分描述子。累加的原则是收敛,因为 $\boldsymbol{W}^l(i,j)$值的上界会随着 l 的增大而增大,所以一般采用某种无穷级数[161]作为累加生成函数。例如,文献[155]和文献[156]使用了逆生成函数计算点之间的路径积分描述子如下

$$z(i,j)=\delta(i,j)+\sum_{l=1}^{\infty}\rho^l\tau_l(i,j)=\delta(i,j)+\sum_{l=1}^{\infty}z^l\boldsymbol{W}^l(i,j) \tag{8.4}$$

其中,$0<\rho<1$ 是常数,$\delta(i,j)$是克罗内克(Kronecker delta)函数,其中,当 $i=j$ 时,$\delta(i,j)=1$,否则 $\delta(i,j)=0$,$z(i,j)$代表节点 i 和 j 之间的路径积分描述子。

本章提出了指数生成函数来计算 $z(i,j)$:

$$z(i,j)=\frac{1}{\mathrm{e}^{H}}\left[\delta(i,j)+\sum_{l=1}^{\infty}\frac{\tau_l(i,j)}{l!}\right]=\frac{1}{\mathrm{e}^{H}}\left[\delta(i,j)+\sum_{l=1}^{\infty}\frac{W^l(i,j)}{l!}\right]=\frac{1}{\mathrm{e}^{H}}\mathrm{e}^{W} \tag{8.5}$$

其中，$H=\|\boldsymbol{A}\|_\infty$ 是一个常数，$\|\boldsymbol{A}\|_\infty$ 是 $\boldsymbol{A}$ 的无穷范数，$\boldsymbol{A}=[a]_{ij}=(W>0)$，$\boldsymbol{A}$ 是一个二值矩阵，当 $w_{ij}>0$ 时 $a_{ij}=1$，否则 $a_{ij}=0$。

性质 8.1　$z(i,j)$ 是 $Z\left(Z=\frac{1}{\mathrm{e}^{H}}\mathrm{e}^{W}\right)$ 的第 (i,j) 个元素，有 $0\leqslant z(i,j)\leqslant\frac{1}{H}+\frac{\delta(i,j)}{\mathrm{e}^{H}}-\frac{1}{H\mathrm{e}^{H}}$。

证明：

基于式(8.5)，可知

$$Z=\frac{1}{\mathrm{e}^{H}}\left[I+\sum_{l=1}^{\infty}\frac{\boldsymbol{W}^l}{l!}\right]=\frac{1}{\mathrm{e}^{H}}\mathrm{e}^{\boldsymbol{W}}$$

显然有 $z(i,j)\geqslant 0$，现在证明 $z(i,j)\leqslant\frac{1}{H}+\frac{\delta(i,j)}{\mathrm{e}^{H}}-\frac{1}{H\mathrm{e}^{H}}$。记 $\boldsymbol{A}=(\boldsymbol{W}>0)$，有

$$\begin{aligned}z(i,j)&=\frac{1}{\mathrm{e}^{H}}\lim_{l\to\infty}\left[\delta(i,j)+\frac{\boldsymbol{W}(i,j)}{1!}+\frac{\boldsymbol{W}^2(i,j)}{2!}+\cdots+\frac{\boldsymbol{W}^l(i,j)}{l!}\right]\\&\leqslant\frac{1}{\mathrm{e}^{H}}\lim_{l\to\infty}\left[\delta(i,j)+\frac{A(i,j)}{1!}+\frac{A^2(i,j)}{2!}+\cdots+\frac{A^l(i,j)}{l!}\right]\triangleq\mathcal{M}(i,j)\end{aligned}$$

记 $H=\|\boldsymbol{A}\|_\infty$，易知 $\boldsymbol{A}^2(i,j)\leqslant H,\boldsymbol{A}^3(i,j)\leqslant H^2,\cdots,\boldsymbol{A}^l(i,j)\leqslant H^{l-1}$，于是有

$$\begin{aligned}z(i,j)\leqslant\mathcal{M}(i,j)&\leqslant\frac{1}{\mathrm{e}^{H}}\lim_{l\to\infty}\left[\delta(i,j)+\frac{1}{1!}+\frac{H}{2!}+\cdots+\frac{H^{l-1}}{l!}\right]\\&=\frac{1}{H\mathrm{e}^{H}}\lim_{l\to\infty}\left[\delta(i,j)H-1+1+\frac{H}{1!}+\frac{H^2}{2!}+\cdots+\frac{H^l}{l!}\right]\\&=\frac{1}{H\mathrm{e}^{H}}[\delta(i,j)H-1+\mathrm{e}^{H}]=\frac{1}{H}+\frac{\delta(i,j)}{\mathrm{e}^{H}}-\frac{1}{H\mathrm{e}^{H}}\end{aligned}$$

证明完毕

性质 8.2(收敛性)　$\boldsymbol{Z}$ 是收敛的。

证明：由于 $0\leqslant W_{ij}\leqslant 1$，于是有 $\boldsymbol{W}\leqslant\boldsymbol{U}$，其中 $\boldsymbol{U}\in R^{|C|\times|C|}$ 是一个所有元素为 1 的矩阵。因此，$\boldsymbol{Z}=\frac{1}{\mathrm{e}^{H}}\mathrm{e}^{\boldsymbol{W}}\leqslant\frac{1}{\mathrm{e}^{H}}\mathrm{e}^{\boldsymbol{U}}$，$\boldsymbol{Z}$ 是收敛的。

证明完毕

性质 8.3 ($\boldsymbol{Z}$ 的近似误差上界)　当 $n<D-2$ 时，$\|\boldsymbol{Z}-\boldsymbol{Z}_{1\sim n}\|\leqslant\frac{1}{\mathrm{e}^{H}}\sum_{l=n+1}^{D-1}\frac{W^l}{l!}+$

$\frac{1}{e^H}\frac{\|\boldsymbol{W}\|^D}{D!}\frac{D+1}{D+1-\|\boldsymbol{W}\|}$，否则$\|\boldsymbol{Z}-\boldsymbol{Z}_{1\sim n}\|\leqslant\frac{1}{e^H}\frac{\|\boldsymbol{W}\|^{(n+1)}}{(n+1)!}\frac{n+2}{n+2-\|\boldsymbol{W}\|}$。其中$Z_{1\sim n}(n)$表示$\boldsymbol{Z}$前$n$项的和；矩阵范数$\|\cdot\|$定义如下，对于矩阵$\boldsymbol{B}(b_{ij}\in[0,1])$，$\|\boldsymbol{B}\|=\sum_{ij}B_{ij}$；$D=\|\boldsymbol{A}\|>0$，$\boldsymbol{A}=(\boldsymbol{W}>0)$。

证明：（关于近似误差上界可参考文献[162]）

当$n<D-2$时，记$\boldsymbol{R}=\boldsymbol{Z}-\boldsymbol{Z}_{1\sim n}-\frac{1}{e^H}\sum_{l=n+1}^{D-1}\frac{\boldsymbol{W}^l}{l!}=\frac{1}{e^H}\sum_{l=D}^{\infty}\frac{\boldsymbol{W}^l}{l!}$。对于取值在[0,1]的两个矩阵$\boldsymbol{B}_1$、$\boldsymbol{B}_2$有$\|\boldsymbol{B}_1\boldsymbol{B}_2\|\leqslant\|\boldsymbol{B}_1\|\cdot\|\boldsymbol{B}_2\|$。于是，$\|\boldsymbol{W}^l\|\leqslant\|\boldsymbol{W}\|^l$。同时，注意$\|\boldsymbol{W}\|\leqslant\|\boldsymbol{A}\|=D\leqslant|\mathcal{C}|H$，其中$|\mathcal{C}|$是集合$\mathcal{C}$中元素的个数，于是有

$$\begin{aligned}\|\boldsymbol{R}\|&=\frac{1}{e^H}\sum_{l=D}^{\infty}\frac{\|\boldsymbol{W}^l\|}{l!}\leqslant\frac{1}{e^H}\sum_{l=D}^{\infty}\frac{\|\boldsymbol{W}\|^l}{l!}=\frac{1}{e^H}\lim_{l\to\infty}\left[\frac{\|\boldsymbol{W}\|^D}{D!}+\frac{\|\boldsymbol{W}\|^{(D+1)}}{(D+1)!}+\cdots+\frac{\|\boldsymbol{W}\|^l}{l!}\right]\\&=\frac{1}{e^H}\frac{\|\boldsymbol{W}\|^D}{D!}\lim_{l\to\infty}\left[1+\frac{\|\boldsymbol{W}\|}{D+1}+\cdots+\frac{\|\boldsymbol{W}\|^{(l-D)}}{(D+1)\cdots(l-1)l}\right]\\&\leqslant\frac{1}{e^H}\frac{\|\boldsymbol{W}\|^D}{D!}\lim_{l\to\infty}\left[1+\frac{\|\boldsymbol{W}\|}{D+1}+\cdots+\frac{\|\boldsymbol{W}\|^{(l-D)}}{(D+1)^{(l-D)}}\right]\\&=\frac{1}{e^H}\frac{\|\boldsymbol{W}\|^D}{D!}\frac{1}{1-\|\boldsymbol{W}\|/(D+1)}=\frac{1}{e^H}\frac{\|\boldsymbol{W}\|^D}{D!}\frac{D+1}{D+1-\|\boldsymbol{W}\|}\end{aligned}$$

当$n\geqslant D-2$时，令$\boldsymbol{R}=\boldsymbol{Z}-\boldsymbol{Z}_{1\sim n}=\frac{1}{e^H}\sum_{l=n+1}^{\infty}\frac{\boldsymbol{W}^l}{l!}$，于是有

$$\|\boldsymbol{R}\|\leqslant\frac{1}{e^H}\frac{\|\boldsymbol{W}\|^{(n+1)}}{(n+1)!}\frac{n+2}{n+2-\|\boldsymbol{W}\|}$$

证明完毕

由于$\boldsymbol{Z}$是由无穷级项构成的，下面分析$\boldsymbol{Z}$中每一项对$\boldsymbol{Z}$的贡献比重。

性质 8.4（$\boldsymbol{W}^l$的边界） $0\leqslant\boldsymbol{W}^l(i,j)\leqslant\boldsymbol{H}^{l-1}$，$l=1,2,\cdots,\infty$。

证明：

由于$0\leqslant W(i,j)\leqslant1$，于是有$\boldsymbol{W}^l(i,j)\geqslant0$。记$\boldsymbol{A}=(\boldsymbol{W}>0)$，于是有$\boldsymbol{W}^l(i,j)\leqslant\boldsymbol{A}^l(i,j)$，$l=1,2,\cdots,\infty$。记$H=\|\boldsymbol{A}\|_\infty$，易知$\boldsymbol{A}^2(i,j)\leqslant H$，$\boldsymbol{A}^3(i,j)\leqslant H^2$，$\cdots$，$\boldsymbol{A}^l(i,j)\leqslant H^{l-1}(l=1,2,\cdots,\infty)$，因此

$$\boldsymbol{W}^l(i,j)\leqslant\boldsymbol{A}^l(i,j)\leqslant H^{l-1},\quad l=1,2,\cdots,\infty$$

证明完毕。

首先将$\boldsymbol{Z}$重写为

$$\boldsymbol{Z}=\frac{1}{e^H}\left[1+\boldsymbol{W}+\frac{\boldsymbol{W}^2}{2!}+\cdots+\frac{\boldsymbol{W}^\infty}{\infty!}\right]=\alpha_0\boldsymbol{I}+\alpha_1\boldsymbol{W}+\alpha_2\boldsymbol{W}^2+\cdots+\alpha_\infty\boldsymbol{W}^\infty \tag{8.6}$$

于是,$\boldsymbol{Z}$ 可以看作是 $\boldsymbol{I},\boldsymbol{W},\boldsymbol{W}^2,\cdots,\boldsymbol{W}^\infty$ 的线性组合,显然 $\alpha_l=\dfrac{1}{l!\ \mathrm{e}^H}$且 $\alpha_0=\alpha_1>\alpha_2>\cdots>\alpha_\infty$,这似乎意味着随着 l 的增大,$\boldsymbol{W}^l$ 对于 $\boldsymbol{Z}$ 的贡献更小。然而,$\boldsymbol{W}$,$\boldsymbol{W}^2,\cdots,\boldsymbol{W}^\infty$ 是在不同量级上取值的,因此可以将 $\boldsymbol{W}^l$ 归一化使得 $\boldsymbol{W}^l(i,j)$ 的取值范围是[0,1],通过性质 8.3,归一化方法是:$\widetilde{\boldsymbol{W}}^l=\boldsymbol{W}^l/H^{l-1}$。于是有

$$\boldsymbol{Z}=\widetilde{\alpha}_0\boldsymbol{I}+\widetilde{\alpha}_1\widetilde{\boldsymbol{W}}+\widetilde{\alpha}_2\widetilde{\boldsymbol{W}}^2+\cdots+\widetilde{\alpha}_\infty\widetilde{\boldsymbol{W}}^\infty \tag{8.7}$$

其中,$\widetilde{\alpha}_0=\dfrac{1}{\mathrm{e}^H}$,$\widetilde{\alpha}_l=\dfrac{H^{l-1}}{l!\mathrm{e}^H}$,$l=1,2,\cdots,\infty$。

性质 8.5　对于 $l=1,2,\cdots,H$,有$\dfrac{1}{\mathrm{e}^H}\leqslant\widetilde{\alpha}_l\leqslant\dfrac{H^{H-1}}{H!\mathrm{e}^H}$,其中,仅当 $l=1$ 时左等号成立,仅当 $l=H$ 或 $l=H-1$ 时右等号成立;对于 $l=H+1,H+2,\cdots,\infty$,有 $0\leqslant\widetilde{\alpha}_l<\dfrac{H^{H-1}}{(H)!\mathrm{e}^H}$。

证明:

当 $l\leqslant H$ 时,有$\dfrac{\widetilde{\alpha}_l}{\widetilde{\alpha}_{l-1}}=\dfrac{H^{l-1}}{l!\mathrm{e}^H}\ \dfrac{(l-1)!\mathrm{e}^H}{H^{l-2}}=\dfrac{H}{l}\geqslant 1$,且仅当 $l=H$ 时等号成立,于是有$\widetilde{\alpha}_H\geqslant\widetilde{\alpha}_{H-1}>\cdots>\widetilde{\alpha}_1=\dfrac{1}{\mathrm{e}^H}$。

当 $l\geqslant H-1$ 时,有$\dfrac{\widetilde{\alpha}_l}{\widetilde{\alpha}_{l+1}}=\dfrac{H^{l-1}}{l!\mathrm{e}^H}\ \dfrac{(l+1)!\mathrm{e}^H}{H^l}=\dfrac{l+1}{H}\geqslant 1$,且仅当 $l=H-1$ 时等号成立,于是有$\widetilde{\alpha}_{H-1}\geqslant\widetilde{\alpha}_H>\cdots>\widetilde{\alpha}_\infty=0$。

因此,有$\widetilde{\alpha}_H=\widetilde{\alpha}_{H-1}>\widetilde{\alpha}_l$,其中,$l=1,2,\cdots,\infty$ 且 $l\neq H,H-1$。　　证明完毕。

通过性质 8.5,可知 $\boldsymbol{Z}$ 可以看作 $\boldsymbol{I},\widetilde{\boldsymbol{W}},\widetilde{\boldsymbol{W}}^2,\cdots,\widetilde{\boldsymbol{W}}^\infty$ 的线性组合,在所有系数之中,$\widetilde{\alpha}_H$和$\widetilde{\alpha}_{H-1}$的值是最大的。于是,$\widetilde{\boldsymbol{W}}^H$,$\widetilde{\boldsymbol{W}}^{H-1}$和 l 靠近 $H-1$ 或 H 的$\widetilde{\boldsymbol{W}}^l$将在 $\boldsymbol{Z}$ 中起到较大的作用。假设$\widetilde{\boldsymbol{W}}$是一个 k-NN 图,由于每个点指向 k 个邻居,因此 $H=\|\boldsymbol{A}\|_\infty=K$。但是注意 $\boldsymbol{A}^2(i,j)\leqslant H$,$\boldsymbol{A}^3(i,j)\leqslant H^2,\cdots,\boldsymbol{A}^l(i,j)\leqslant H^{l-1}(l=1,2,\cdots,\infty)$中所有等号成立的条件是 $\boldsymbol{W}$ 是全 1 矩阵,在实际情况中,$\boldsymbol{W}$ 往往不会满足上述条件,这将导致随着 l 的增大,$H^{l-1}-\max(\boldsymbol{W}^l(i,j))$变得越来越大,$\max(\boldsymbol{W}^l(i,j))/H^{l-1}$变得越来越小。于是,$\|\widetilde{\alpha}_l\widetilde{\boldsymbol{W}}^l\|_2$往往在 $l<H$ 时取最大值。在 8.3.3 节,图 8.6 中分析了一个在不同 l 时的$\|\widetilde{\alpha}_l\widetilde{\boldsymbol{W}}^l\|_2$值的实例。

8.3.2　聚集度

在得到所有节点间的路径积分描述子以后,基于文献[155]的方法,认为节

点的聚集度是节点和所有节点的路径积分描述子的和,场景的聚集度可以认为是所有节点聚集度的平均。因此,节点聚集度是

$$\varphi(i)=[\mathbf{Z1}]_i, i=1,2,\cdots,|\mathcal{C}| \tag{8.8}$$

其中,$\mathbf{1}\in R^{|\mathcal{C}|\times 1}$是一个所有元素为 1 的向量,$[\cdot]_i$代表向量第 i 个元素,其中 $|\mathcal{C}|$是集合 $\mathcal{C}$ 中元素的个数。

场景的聚集度是

$$\boldsymbol{\Phi}=\frac{1}{|\mathcal{C}|}\sum_{i=1}^{|\mathcal{C}|}\varphi(i)=\frac{1}{|\mathcal{C}|}\mathbf{1}^{\mathrm{T}}\mathbf{Z1} \tag{8.9}$$

场景聚集度具有良好的性质,为方便后续描述,首先给出权重矩阵对角分块的定义,即定义 8.1。

定义 8.1(权重矩阵的对角分块) 若数据存在 c 类,每类之间有相关关系,但不同类之间相关关系为 0,则其对应的权重矩阵 $\boldsymbol{W}$ 可被分为 c 块,且被称为是对角分块的。

性质 8.6 若 $W_{i,i}=0$,则 $\boldsymbol{\Phi}(\boldsymbol{W})=\boldsymbol{\Phi}(\boldsymbol{W}+\boldsymbol{I})$,若 $\boldsymbol{W}+\boldsymbol{I}$ 同时是对角分块的,则 $\boldsymbol{\Phi}(\boldsymbol{W})=\boldsymbol{\Phi}(\boldsymbol{W}+\boldsymbol{I})\leqslant 1$,其中等号成立的条件是仅当 $\boldsymbol{W}=(\boldsymbol{W}>\mathbf{0})$ 并且 $\boldsymbol{W}+\boldsymbol{I}$ 中所有块具有相同的大小。

证明:

记 $\boldsymbol{A}=(\boldsymbol{W}>\mathbf{0})$ 且 $H=\|\boldsymbol{A}\|_\infty$。由于 $W_{i,i}=0$,于是有 $\|\boldsymbol{A}+\boldsymbol{I}\|_\infty=\boldsymbol{H}+\mathbf{1}$,同时 $\boldsymbol{Z}(\boldsymbol{W})=\frac{\mathrm{e}^{\boldsymbol{W}}}{\mathrm{e}^{H}}$且 $\boldsymbol{Z}(\boldsymbol{W}+\boldsymbol{I})=\frac{\mathrm{e}^{\boldsymbol{W}+\boldsymbol{I}}}{\mathrm{e}^{H+1}}$。易知$\frac{\boldsymbol{Z}(\boldsymbol{W})}{\boldsymbol{Z}(\boldsymbol{W}+\boldsymbol{I})}=\mathbf{1}$,于是 $\boldsymbol{Z}(\boldsymbol{W})=\boldsymbol{Z}(\boldsymbol{W}+\boldsymbol{I})$ 且 $\boldsymbol{\Phi}(\boldsymbol{W})=\frac{1}{|\mathcal{C}|}\mathbf{1}^{\mathrm{T}}\boldsymbol{Z}(\boldsymbol{W})\mathbf{1}=\frac{1}{|\mathcal{C}|}\mathbf{1}^{\mathrm{T}}\boldsymbol{Z}(\boldsymbol{W}+\boldsymbol{I})\mathbf{1}=\boldsymbol{\Phi}(\boldsymbol{W}+\boldsymbol{I})$。

如果 $\boldsymbol{W}+\boldsymbol{I}$ 是对角分块的,并且有大小分别为 $k_1,k_1,\cdots,k_c$的 c 块,有

$$(\boldsymbol{A}+\boldsymbol{I})^l(m,j)=\begin{cases}k_i^{l-1}, & 若(m,j)属于块\ i, i\in\{1,2,\cdots,c\}\\ 0, & 其他\end{cases}$$

由于 $H+1=\|\boldsymbol{A}+\boldsymbol{I}\|_\infty\geqslant k_i\geqslant 1, i\in\{1,2,\cdots,c\}$,$\sum\limits_i k_i=|\mathcal{C}|$($|\mathcal{C}|$ 是集合 $\mathcal{C}$ 中数据的个数),于是有

$$\begin{aligned}\boldsymbol{\Phi}(\boldsymbol{W})&=\boldsymbol{\Phi}(\boldsymbol{W}+\boldsymbol{I})=\frac{1}{|\mathcal{C}|}\mathbf{1}^{\mathrm{T}}\boldsymbol{Z}(\boldsymbol{W}+\boldsymbol{I})\mathbf{1}=\frac{1}{|\mathcal{C}|}\mathbf{1}^{\mathrm{T}}\frac{\mathrm{e}^{\boldsymbol{W}+\boldsymbol{I}}}{\mathrm{e}^{H+1}}1\\&=\frac{1}{|\mathcal{C}|\mathrm{e}^{H+1}}\mathbf{1}^{\mathrm{T}}\left[\boldsymbol{I}+(\boldsymbol{W}+\boldsymbol{I})+\frac{(\boldsymbol{W}+\boldsymbol{I})^2}{2!}+\cdots+\frac{(\boldsymbol{W}+\boldsymbol{I})^\infty}{\infty!}\right]\mathbf{1}\end{aligned}$$

$$
\begin{aligned}
&\leqslant \frac{1}{|\mathcal{C}|\mathrm{e}^{H+1}}\mathbf{1}^{\mathrm{T}}\left[\boldsymbol{I}+(\boldsymbol{A}+\boldsymbol{I})+\frac{(\boldsymbol{A}+\boldsymbol{I})^2}{2!}+\cdots+\frac{(\boldsymbol{A}+\boldsymbol{I})^{\infty}}{\infty !}\right]\mathbf{1} \\
&=\frac{1}{|\mathcal{C}|\mathrm{e}^{H+1}}\left[|\mathcal{C}|+\sum_i k_i^0\cdot k_i^2+\frac{\sum_i k_i^1\cdot k_i^2}{2!}+\cdots+\frac{\sum_i k_i^{\infty}\cdot k_i^2}{\infty !}\right] \\
&\leqslant \frac{1}{|\mathcal{C}|\mathrm{e}^{H+1}}\left[|\mathcal{C}|+(H+1)\sum_i k_i+\frac{(H+1)^2\sum_i k_i}{2!}+\cdots\right. \\
&\left.+\frac{(H+1)^{\infty}\sum_i k_i}{\infty !}\right]=\frac{|\mathcal{C}|}{|\mathcal{C}|\mathrm{e}^{H+1}}\mathrm{e}^{H+1}=1
\end{aligned}
$$

仅当 $\boldsymbol{W}=(\boldsymbol{W}>0)$ 时等式成立，且所有块具有相同的大小，即 $k_1=k_2=\cdots=k_c=H+1$。　　证明完毕。

性质 8.7($\boldsymbol{\Phi}$ 的边界)　$0\leqslant\Phi\leqslant 1$。

证明：记 $\boldsymbol{A}=(\boldsymbol{W}>0)$，$H=\|\boldsymbol{A}\|_{\infty}$，$\mathbf{1}\in R^{|\mathcal{C}|\times 1}$ 是长度为 $|\mathcal{C}|$ 元素全为 1 的向量，由于 $w_{ij}\in[0,1]$，有 $\boldsymbol{W}\mathbf{1}\leqslant\boldsymbol{A}\mathbf{1}\leqslant H\mathbf{1}$。

$$
\begin{aligned}
\Phi &= \frac{1}{|\mathcal{C}|\mathrm{e}^{H}}\mathbf{1}^{\mathrm{T}}\mathrm{e}^{\boldsymbol{W}}1=\frac{1}{|\mathcal{C}|\mathrm{e}^{H}}\mathbf{1}^{\mathrm{T}}\left[\boldsymbol{I}+\sum_{l=1}^{\infty}\frac{\boldsymbol{W}^l}{l!}\right]\mathbf{1} \\
&=\frac{1}{|\mathcal{C}|\mathrm{e}^{H}}\lim_{l\to\infty}\left[\mathbf{1}^{\mathrm{T}}\mathbf{1}+\mathbf{1}^{\mathrm{T}}\boldsymbol{W}1+\frac{\mathbf{1}^{\mathrm{T}}\boldsymbol{W}^2\mathbf{1}}{2!}+\cdots+\frac{\mathbf{1}^{\mathrm{T}}\boldsymbol{W}^l\mathbf{1}}{l!}\right] \\
&\leqslant \frac{1}{|\mathcal{C}|\mathrm{e}^{H}}\lim_{l\to\infty}\left[\mathbf{1}^{\mathrm{T}}\mathbf{1}+H\mathbf{1}^{\mathrm{T}}1+\frac{H^2\mathbf{1}^{\mathrm{T}}\mathbf{1}}{2!}+\cdots+\frac{H^l\mathbf{1}^{\mathrm{T}}1}{l!}\right] \\
&\leqslant \frac{|\mathcal{C}|}{|\mathcal{C}|\mathrm{e}^{H}}\lim_{l\to\infty}\left[\mathbf{1}+H+\frac{H^2}{2!}+\cdots+\frac{H^l}{l!}\right]=\frac{|\mathcal{C}|}{|\mathcal{C}|\mathrm{e}^{H}}\mathrm{e}^{H}=\mathbf{1}
\end{aligned}
$$

证明完毕。

8.3.3　自驱动粒子模型实验

本节采用自驱动粒子模型评测本章聚集度生成方法，自驱动粒子(self-driven particle，SDP)模型[158]是一个有名的学习聚集性运动的模型，它和自然界中多种群体系统有着很高的相似性[159-160]，因此，SDP 模型被作为评测聚集度生成方法而广泛使用，例如，文献[156]正是在 SDP 模型上进行了实验。

SDP 模型可以提供演化过程中聚集度的真实值(ground truth，GT)，其聚集度定义为：在将所有粒子速度进行归一化的基础上之，计算系统粒子平均速度的绝对值大小[158]。实际上，SDP 模型是一个由速度绝对值大小一致的运动粒子群构成的系统，这些粒子群逐渐从混乱的运动模式趋于一致的运动模式[158]。在每一帧中每个粒子都会根据邻居的平均运动方向更新自己的运动方向，SDP 中的每个粒子 i 通过如下方式更新运动方向 θ[158]

$$\theta_i(t+1) = <\theta_j(t)>_{j\in\mathcal{N}(i)} + \Delta\theta \tag{8.10}$$

其中，$<\theta_j(t)>_{j\in\mathcal{N}(i)}$ 表示 i 的邻居 $\mathcal{N}(i)$ 中的粒子的平均运动方向，$\Delta\theta$ 是一个间隔为 $[-\eta\pi, \eta\pi]$ 的均匀分布上的随机角度，其中 η 调节噪声的幅度[158]。

在 SDP 模型中给定 N 个运动粒子，方便对比起见，采用文献[156]中方法构建 k-NN 图，在 t 时刻，粒子 i 和粒子 j 的连边上的权重 $w_t(i,j)$ 定义为

$$w_t(i,j) = \begin{cases} \max\left(\dfrac{\boldsymbol{v}_i\boldsymbol{v}_j^{\mathrm{T}}}{\|\boldsymbol{v}_i\|_2\|\boldsymbol{v}_j\|_2}, 0\right), & j\in\mathcal{N}(i) \\ 0, & \text{其他} \end{cases} \tag{8.11}$$

其中，$\boldsymbol{v}_i$ 是粒子 i 的速度 $\boldsymbol{v}_i$，$\mathcal{N}(i)$ 是粒子 i 的 k 个邻居的集合。

图 8.4 对比了文献[156]中的方法和本章所提出的方法，展示了一个采用

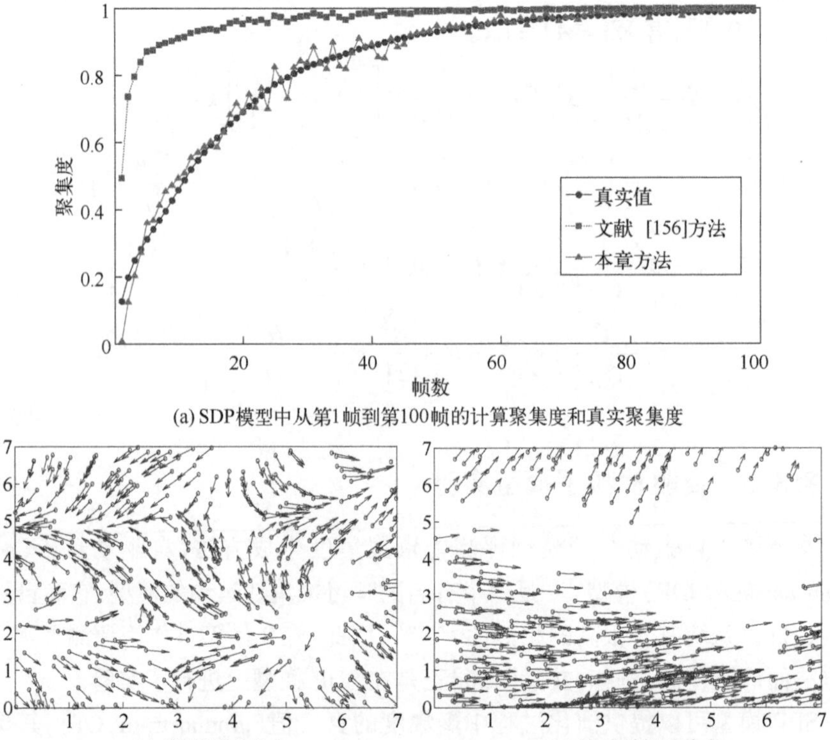

(a) SDP模型中从第1帧到第100帧的计算聚集度和真实聚集度

(b) 第3帧模型状态

(c) 第69帧模型状态

图 8.4 一个 SDP 聚集运动度量的例子

两种方法度量 SDP 聚集运动的例子①。模型刚开始的时候,由于模型中粒子的位置和速度方向都是随机指定的,因此具有较低的聚集度 Φ。随着时间的推移,粒子的运动行为逐渐从随机运动趋向于一致性的聚集运动。在这个例子中,本章方法计算得到的聚集度更好地吻合了聚集度的真实值,特别是在聚集度较低的时候,本章方法准确地把握了模型较为混乱的运动状态。图 8.5 展示了这个例子的模型在各帧的计算聚集度,统计了聚集度真实值和计算得到的聚集度之间的线性相关系数,可以发现本章方法计算的聚集度更贴近真实值,另外,在这个例子中,真实聚集度和文献[156]方法计算得到的聚集度的线性相关系数是 0.84,和本章方法计算得到的聚集度的线性相关系数是 0.99。进一步地,如表 8.1 所列,进行了 100 次模型演化的实验,每次实验计算 100 帧的模型聚集度,最后统计了不同粒子数目下真实聚集度和计算聚集度的平均线性相关系数,实验结果表明本章方法能够更加有效地度量 SDP 模型中的聚集性运动,这对下一步研究监控视频场景中的聚集性运动具有一定的指导意义。

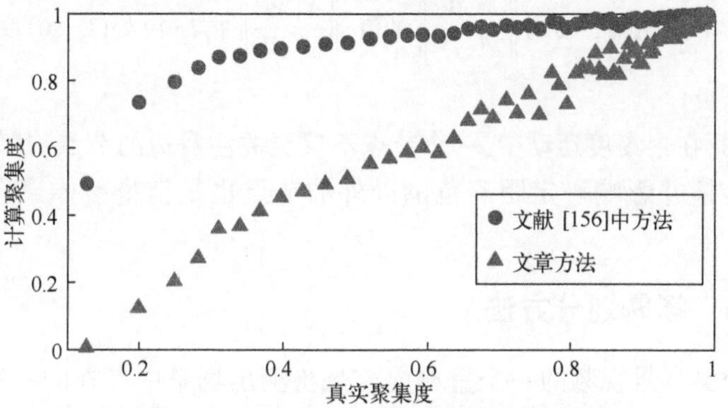

图 8.5　真实聚集度和计算聚集度的对比

表 8.1　不同粒子数目 N 下,真实聚集度和计算聚集度的平均线性相关系数

线性相关系数	文献[156]方法与真实值	本章方法与真实值
$N=200$	0.86	**0.90**
$N=400$	0.81	**0.88**
$N=500$	0.83	**0.92**

① 模型参数为:$N=400$,$k=20$,窗口大小 $L=7$,速度绝对值大小 $\|v\|_2=0.03$,作用半径 $r=1$,$\eta=0$。

在图 8.6 中,分析了 $\boldsymbol{Z}=\frac{1}{\mathrm{e}^{H}}\sum_{l=1}^{\infty}\frac{\boldsymbol{W}^{l}}{l!}$ 的组成部分,画出了 $l=1,2,\cdots,100$ 时 $\left\|\frac{1}{\mathrm{e}^{H}}\frac{\boldsymbol{W}^{l}}{l!}\right\|_{2}$(即 $\|\widetilde{\boldsymbol{\alpha}}_{l}\widetilde{\boldsymbol{W}}^{l}\|_{2}$)的值。在这个实例中,$\left\|\frac{1}{\mathrm{e}^{H}}\frac{\boldsymbol{W}^{l}}{l!}\right\|_{2}$ 在 $l=19$ 处($k=20$)取最大值,说明对一个节点而言,和其距离路径长度为 19 的节点,对其聚集度有最大的影响。

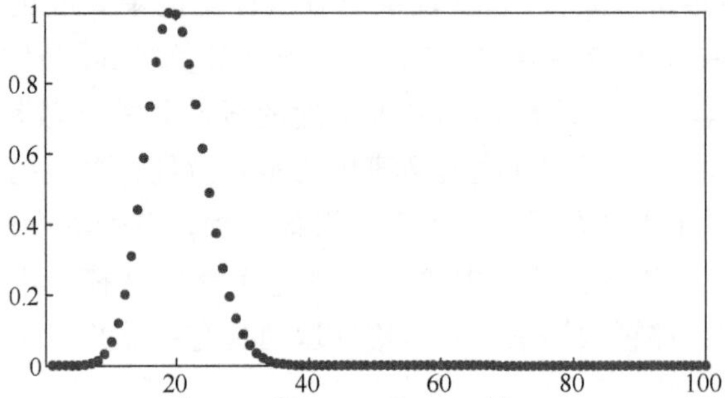

图 8.6　$l=1,2,\cdots,100$ 时 $\left\|\frac{1}{\mathrm{e}^{H}}\frac{\boldsymbol{W}^{l}}{l!}\right\|_{2}$ 的值,$\left\|\frac{1}{\mathrm{e}^{H}}\frac{\boldsymbol{W}^{l}}{l!}\right\|_{2}$ 在 $l=19$ 处($k=20$)取最大值

这表明,在聚集度运动中,一个节点不仅更关注身边的节点,其信息能否有效地进行传播并影响一定距离范围以外的节点也是衡量整体聚集度的重要因素。

8.3.4　场景划分方法

分析公共场景视频的一个重要内容是检测出场景中存在的一种或多种聚集性运动所在的区域,即场景聚集性运动划分问题,简称场景划分。

场景划分是一个聚类问题,本章采用两种思路解决这个问题。①阈值聚类法。阈值聚类可参考文献[156]的方法,将场景聚集度矩阵 $\boldsymbol{Z}$ 作为新的权重矩阵,通过设定阈值去除掉一些权重较小的连接,并判断出场景的连通子图个数。②采用本书第 3 章基于图论的无监督学习方法。使用的权重矩阵是无向化的初始权重矩阵 $\boldsymbol{W}(\boldsymbol{W}=(\boldsymbol{W}+\boldsymbol{W}^{\mathrm{T}})/2)$,为增加视频分析的自主性,自动确定聚类类别是一个关键问题,可以利用方法①中连通子图的个数作为类别数目。在计算时注意预先去除 $\boldsymbol{W}$ 中存在的孤立点,同时可以将方法①中所判断的孤立点结果作为默认的孤立点。

上述两种场景划分方法如图 8.7 所示,在 8.4 节的实验中,将会对不同场景划分方法进行比较。

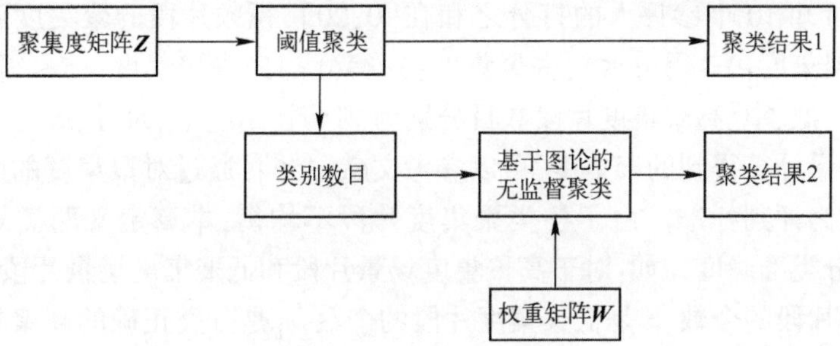

图 8.7　场景划分方法

8.4　实验结果与分析

8.4.1　实验说明

本章的任务基于图论的方法分析公共场景监控视频，本节主要包括两项实验内容：①计算场景的聚集度，并进行表现测试；②基于聚集度进行场景划分。计算监控视频场景底层特征的方法：使用一种 KLT(kanade lucas tomasi)跟踪器[175]提取场景运动特征。在提取运动特征的基础之上，计算场景权重矩阵 $\boldsymbol{W}$ 采用文献[156]中的方法：构建 k-NN 图，具体公式参考式(8.11)，并注意 $\boldsymbol{W} \geqslant 0$。聚集度计算方法主要是：本章方法和文献[156]中方法。场景划分方法使用的聚类方法是基于图论的无监督学习方法(CAC_n)和谱聚类(SC)方法。

8.4.2　数据集

实验使用文献[156]整理的公共场景聚集运动数据集，该数据集共包含来自 62 个场景的 413 个视频片段。413 个视频片段中有 116 个片段来自于华盖图库(Getty image)[176]，其余 297 个片段由文献[156]获得。文献[156]对这 413 个片段进行了聚集度估计，具体方法是：由 10 个人对每个片段进行打分，打分分为 3 个等级，0 分代表低聚集度，1 分代表中聚集度，2 分代表高聚集度。这些估计结果虽然并不是场景的真实聚集度（场景的真实聚集度也是无法精确得到的），但可以作为场景真实聚集度的一个近似值以用作算法性能评价。

8.4.3　实验结果

8.4.3.1　聚集度

对于每个视频片段，它的聚集度是其所有帧聚集度的平均值。对于人为评价得分,可知 10 个参评人的打分之和在[0,20],视频片段的聚集度可如下定义:①低聚集度:0≤得分≤5;中聚集度:5<得分<15;高聚集度:15≤得分≤20。依此标准,低、中、高聚集度片段数目分别为 214 个、105 个、94 个。

为衡量计算得到的聚集度,可以参考文献[156],通过对聚集度的两类划分准确率作为评判标准。由于各类聚集度片段不均衡,本章定义两类划分准则为:平均分类准确度。如:对于高聚集度场景片段和低聚集度场景片段,记 n_h 是高聚集度片段的个数,n_l 是低聚集度片段的个数,c_h 是分类正确的高聚集度片段个数,c_l 是分类正确的低聚集度片段个数,高-低聚集度平均分类准确度为:

$$\mathrm{A}C_{\mathrm{h\text{-}l}}=\left(\frac{c_{\mathrm{h}}}{n_{\mathrm{h}}}+\frac{c_{\mathrm{l}}}{n_{\mathrm{l}}}\right)/2 \tag{8.12}$$

可依此类推高-中聚集度平均分类准确度和中-低聚集度平均分类准确度,实验结果如表 8.2 所列,本章方法表现良好,特别是在在高-低分类上具有较好的准确度。另外,随着 k 值的变化,本章方法具有较好的稳定性(在实验中注意:由于权重矩阵 $\boldsymbol{W}$ 中含负值并不符合本章方法和文献[156]的模型假设,因此在要注意确保约束 $\boldsymbol{W}\geqslant 0$)。

表 8.2　不同 k 下两类平均分类准确度实验结果

准确度		高-低	高-中	中-低
$k=20$	本章方法	**91.9%**	**82.1%**	71.4%
	文献[156]方法	91.7%	81.4%	**74.1%**
$k=15$	本章方法	**92.1%**	**81.9%**	73.4%
	文献[156]方法	91.2%	81.4%	**73.7%**
$k=10$	本章方法	**92.0%**	**80.9%**	**73.3%**
	文献[156]方法	89.3%	**80.9%**	72.0%
$k=5$	本章方法	**92.0%**	**81.2%**	**73.8%**
	文献[156]方法	87.6%	79.9%	72.6%
$k=3$	本章方法	**90.3%**	**80.6%**	**73.5%**
	文献[156]方法	87.2%	79.2%	71.6%

8.4.3.2　场景划分

采用 8.4.3 节中的场景划分方法,对比四种场景划分:①利用文献[156]得到的聚集度矩阵进行阈值聚类;②利用本章方法得到的聚集度矩阵进行阈值聚类;③利用第 3 章基于图论的无监督学习方法(CAC_n)进行聚类;④利用谱聚类方法(SC)进行聚类。

图 8.8 展示了不同方法场景划分的效果，为便于对比，所有片段展示场景片段第 10 帧的划分情况。所有方法采用的权重矩阵 **W** 参见式(8.11)，统一设定邻居个数 $k=20$。在阈值聚类中，第一种方法的阈值设定及参数参考原文献；第二种方法中阈值统一设定为10^{-5}。在图 8.8 中，可以发现本章方法在类别准确度判断上具有优势，准确的聚集运动数目判断有利于生成场景较为优良的高层特征，并便于开展后续研究；将本章方法得到的聚集运动数目作为方法③和方法④的类别数目，实验表明基于图论的无监督学习方法(CAC_n)比谱聚类方法(SC)有更准确的划分结果。

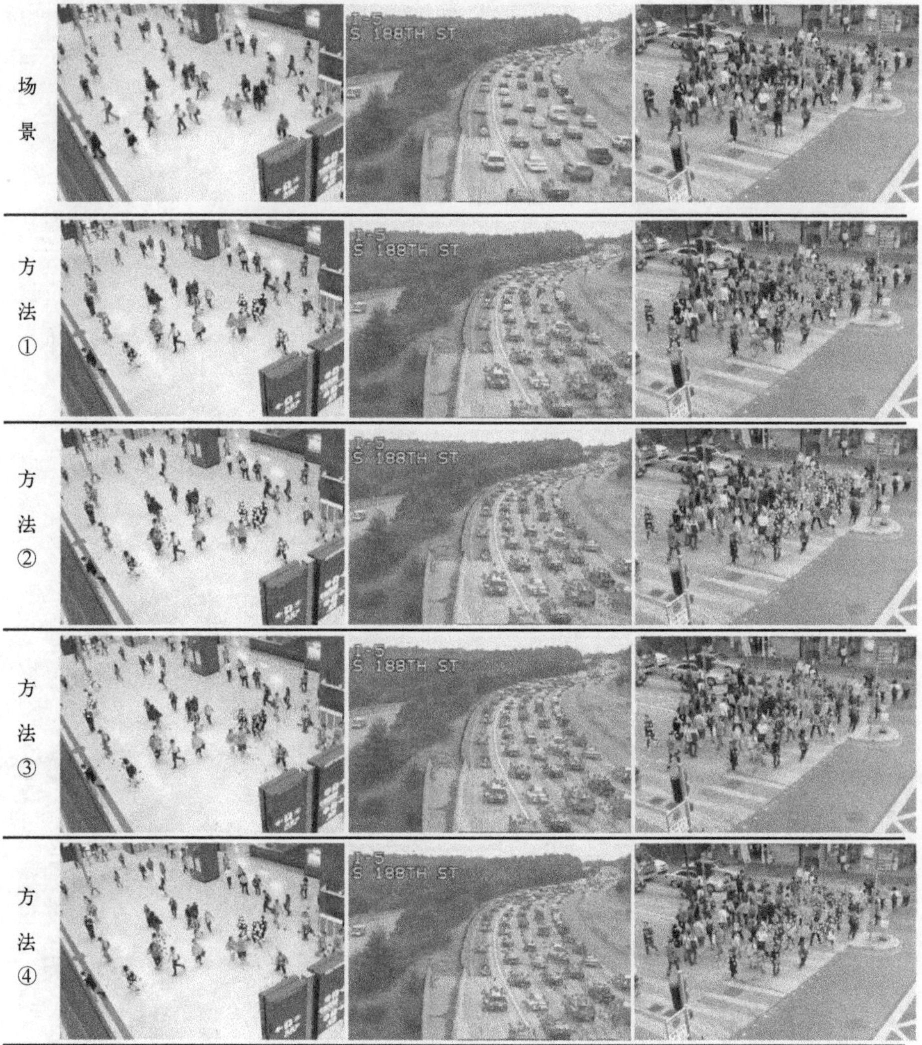

场景
方法①
方法②
方法③
方法④
场景
方法①
9-19

图 8.8　不同方法在场景第十帧的划分结果

本章聚集度方法中共有 2 个参数，一个是图构建中的最近邻邻居个数 k，另一个就是聚类阈值 τ，基于文献[110]的方法，可以通过参数组合的有限网格法进行参数选择，如表 8.3 所列。

表 8.3　参数的有限网格

参　数	值
k	3,5,10,15,20,30
τ	10^{-2},10^{-3},10^{-4},10^{-5},10^{-6},10^{-7}

8.5　本章小结

本章研究了公共视频场景中的聚集度计算和场景划分问题，对公共安全监控有着一定的研究价值。将场景聚集性看作是场景中行为的“涌现”现象，并通过定义数据间的相关关系定义聚集度的主题，最后构建了一种具有一般性的聚集度描述子。场景的聚集度描述抓住了人们关注视频的重点，避免了对场景细节特征的琐碎描述，为广泛的跨场景的群体行为检索、异常检测等应用提供了基础支撑。主要的研究内容及其创新点在于以下几方面。

(1) 本章基于图论的方法计算非特定公共场景的聚集度,为深入研究场景内容提供了理论基础。

(2) 本章提出两种场景聚集性运动划分的方法,为进一步生成场景高层特征打下了基础。

(3) 本章进行了算法应用与分析,公共数据集上的实验表明了本章算法的有效性。

未来的研究工作可能包括以下方面。

(1) 研究一些其他类型的聚集性,如冲突聚集性和稳定聚集性等。

(2) 在场景划分中研究无须人工干预的基于图论的半监督学习方法,可以先通过一些先验假设和具体方法谨慎地获取一些种子点,然后将种子点作为标签样本进行基于图论的半监督学习。

(3) 公共复杂场景的聚集性发现是基于帧级别的时间颗粒的,因为由于噪声和帧级别运动的不稳定性,相邻帧之间的群体组划分结果可能也会存在较大的变化。因此可以利用下述假设进行多视图学习:一段连续帧内的场景聚集度矩阵具有一致性约束。

(4) 将场景划分的结果作为场景高层特征,研究场景聚集性运动的模式分类问题和场景聚集性运动的异常检测问题。

参 考 文 献

[1] MITCHELL T,BUCHANAN B,DEJONG G,et a1.Machine Learning [J].Annual Review of-Computer Science,1990,4(1): 417-433.

[2] ALTUN Y,BELKIN M,MCALLESTER D A. Maximum Margin Semi-supervised Learning for Structured Variables[C]//Advances in Neural Information Processing Systems,2005: 33-40.

[3] BENNETT K,DEMIRIZ A. Semi-supervised Support Vector Machines [J]. Advances in Neural Information Processing Systems,1999,11,PP. 368-374.

[4] BILENKO M,MOONEY R J. Adaptive Duplicate Detection Using Learnable String Similarity Measures [C]//In Proceedings of the 9th ACM SIGKDD International Conference on Knowledge Discovery and Data Mining (KDD'03),Washington,DC,USA,August 2003:39-48.

[5] COHN D,CARUANA R,MCCALLUM A. Semi-supervised Clustering with User Feedback [C]//In Proceedings of the AAAI Conference on Artificial Intelligence,2000.

[6] BELKIN M,NIYOGI P,SINDHWANI V. Manifold Regularization: A Geometric Framework for Learning from Labeled and Unlabeled Examples [J]. Journal of Machine Learning Research,2006,7:2399-2434.

[7] BLUM A,MITCHELL T. Combining Labeled and Unlabeled Data with Co-training [C]// In Proceedings of the 11th Annual Conference on Computational Learning Theory (COLT'98), July 1998:92-100.

[8] PENG Y,KOU G,SHI Y,et al. A Descriptive Framework for the Field of Data Mining and Knowledge Discovery [J]. International Journal of Information Technology and Decision Making,2008,7(4):639-682.

[9] 维克·托迈尔-舍恩伯格,肯尼斯·库克耶. 大数据时代[M]. 杭州:浙江人民出版社,2013.

[10] SHI J,MALIK J. Normalized Cuts and Image Segmentation [J]. Pattern Analysis and Machine Intelligence,IEEE Transactions on,2000,22(8): 888-905.

[11] ROWEIS S T,SAUL L K. Nonlinear Dimensionality Reduction by Locally Linear Embedding [J]. Science,2000,290 (5500): 2323-2326.

[12] MIKHAIL B,PARTHA N. Laplacian Eigenmaps and Spectral Techniques for Embedding and Clustering [C]// Advances in Neural Information Processing Systems,2001,14: 585-

591.

[13] NG A Y,JORDAN M I,WEISS Y. On Spectral Clustering Analysis and an Algorithm [J]. Proceedings of Advances in Neural Information Processing Systems. Cambridge,MA: MIT Press,2001,14: 849-856.

[14] DUDA R O,HART P E,STORK D G. Pattern Classification [M]. 2nd Edition. New York:John Wiley & Sons,2001.

[15] VON Luxburg U. A Tutorial on Spectral Clustering [J]. Statistics and Computing,2007,17 (4): 395-416.

[16] TENENBAUM J B,SILVA V D,LANGFORD J C. A Global Geometric Framework for Non-linear Dimensionality Reduction [J]. Science,2000,290 (5500): 2319-2323.

[17] ZHANG R,RUDNICKY A I. A Large Scale Clustering Scheme for Kernel k-means [C]// Pattern Recognition,2002. Proceedings. 16th International Conference on IEEE,2002,4: 289-292.

[18] ZHOU D,BOUSQUET O,LAL T N,et al. Learning with Local and Global Consistency [J]. Advances in Neural Information Processing Systems,2004,16(16): 321-328.

[19] DING C H Q,HE X,SIMON H D. On the Equivalence of Nonnegative Matrix Factorization and Spectral Clustering[C]//SDM. 2005,5: 606-610.

[20] LIPPMANN R P. Pattern Classification Using Neural Networks [J]. Communications Magazine,IEEE,1989,27(11): 47-50.

[21] SHAHSHAHANI B M,LANDGREBE D A. The Effect of Unlabeled Samples in Reducing the Small Sample Size Problem and Mitigating the Hughes Phenomenon [J]. Geoscience and Remote Sensing,IEEE Transactions on,1994,32(5): 1087-1095.

[22] BIE T D,CRISTIANINI N. Semi-Supervised Learning Using Semi-Definite Programming [M]. MIT Press,2006.

[23] KLEIN D,KAMVAR S D,MANNING C D. From Instance-level Constraints to Space-Level Constraints: Making the Most of Prior Knowledge in Data Clustering [C]//In Proceedings of the 19th International Conference on Machine Learning,Morgan Kaufmann,2002, 307-314.

[24] ZHU X. Semi-supervised Learning Literature Survey [R]. Tech. Rep. 1530,University ofWisconsin Madison,2008.

[25] GOLDBERG A,LI M,ZHU X. Online Manifold Regularization: A New Learning Setting and Empirical Study[C]//In Proceeding of ECML,2008.

[26] PLATT J. Sequential Minimal Optimization:A Fast Algorithm for Training Support Vector Machines [R]. Technical Report MST-TR-98-14,Microsoft Research,1998.

[27] BLUM A,CHAWLA S. Learning from Labeled and Unlabeled Data Using Graph Mincuts [C]//Proceedings of the 18th International Conference on Machine Learning. Williams

College, Williamstown, USA, 2001: 19-26.

[28] BANG-JENSEN J, GUTIN G Z. Digraphs: Theory, Algorithms and Applications [M]. Springer Science & Business Media, 2008.

[29] HE X F, NIYOGI P. Locality Preserving Projections[C]// Advances in Neural Information Processing Systems, 2004, 16, 153-160.

[30] HE X F, YAN S C, HU Y X, et al. Face Recognition using Laplacianfaces [J]. IEEE Transactions on Pattern Analysis and Machine Intelligence 27 (3) (2005) 328-340.

[31] HE X F, CAI D, YAN SH CH, et al. Neighborhood Preserving Embedding[C]// IEEE International Conference on Computer Vision, 2005, 1208-1213.

[32] BELHUMEUR P N, HESPANHA J P, KRIEGMAN D J. Eigenfaces vs. Fisherfaces: Recognition using Class Specific Linear Projection [J]. IEEE Transactions on Pattern Analysis and Machine Intelligence. 1997, 19:711-720.

[33] YANG J, YANG J Y. Why can LDA be Performed in PCA Transformed Space? [J]. Pattern Recognition. 2003, 36: 563-566.

[34] YAN S C, XU D, ZHANG B Y, et al. Graph Embedding and Extensions: A General Framework for Dimensionality Reduction [J]. IEEE Transactions on Pattern Analysis and Machine Intelligence. 2007, 29:40-51.

[35] CAI D, HE X, ZHOU K, et al. Locality Sensitive Discriminant Analysis[C]// Proc. 2007 Int. Joint Conf. OnArtificial Intelligence (IJCAI'07). Hyderabad, India. 2007.

[36] YU W W, TENG X L, LIU C Q. Face Recognition using Discriminant Locality Preserving Projections [J]. Image and Vision Computing 24 (3) (2006), 239-248.

[37] YANG L P, GONG W G, GU X H, et al. Null Space Discriminant Locality Preserving Projections for Face Recognition [J]. Neurocomputing, (2008), 71 (16-18):3644-3649.

[38] CAI D, HE X F, HAN J W, et al. Orthogonal Laplacianfaces for Face Recognition [J]. IEEE Transactions on Image Processing, (2006), 15 (11):3608-3614.

[39] ZHU L, ZHU S N. Face Recognition based on Orthogonal Discriminant Locality Preserving Projections [J]. Neurocomputing, (2007) 70 (7-9):1543-1546.

[40] KOESTINGER M, HIRZER M, WOHLHART P, et al. Large Scale Metric Learning from Equivalence Constraints [C]// Proc. IEEE Intern. Conf. on Computer Vision and Pattern Recognition, 2012.

[41] WEINBERGER K Q, SAUL L K. Fast Solvers and Efficient Implementations for Distance Metric Learning [C]// In Proc. IEEE Intern. Conf. on Machine Learning, 2008.

[42] DAVIS J V, KULIS B, JAIN P, et al. Dhillon. Information-theoretic Metric Learning [C]// In Proc. IEEE Intern. Conf. on Machine Learning, 2007.

[43] BELKIN M. NIYOGI P. Laplacian Eigenmaps for Dimensionality Reduction and Data Representation [J]. Neural Comput., 2003, 15, (6):1373-1396.

[44] LI Z,LIU J,CHEN S,et al. Noise Robust Spectral Clustering [C]// Computer Vision, 2007. ICCV 2007. IEEE 11th International Conference on. IEEE,2007: 1-8.

[45] ARIAS-CASTRO E,LERMAN G,ZHANG T. Spectral Clustering Based on Local PCA [J]. arXiv preprint arXiv:1301. 2007,2013.

[46] JEBARA T,WANG J,CHANG S F. Graph Construction and b-matching for Semi-supervised Learning [C]//Proceedings of the 26th Annual International Conference on Machine Learning. ACM,2009: 441-448.

[47] CHENG B,YANG J,YAN S,et al. Learning with$l$1-Graph for Image Analysis [J]. Image Processing,IEEE Transactions on,2010,19(4): 858-866.

[48] LIU G,LIN Z,YAN S,et al. Robust Recovery of Subspace Structures by Low-rank Representation [J]. IEEE Transactions on Pattern Analysis and Machine Intelligence,2013,35(1):171-184.

[49] LIU G,LIN Z,YU Y. Robust Subspace Segmentation by Low-rank Representation [C]// In: International Conference on Machine Learning,2010:663-670.

[50] LU C Y,MIN H,ZHAO Z Q,et al. Robust and Effficient Subspace Segmentation via Least Squares Regression [C]// In ECCV,2012:347-360.

[51] HU H,LIN Z,FENG J,et al. Smooth Representation Clustering [C]// In IEEE Conference on Computer Vision and Pattern Recognition,2014:3834-3841.

[52] CHAPELLE O,WESTON J,SCHOLKOPF B. Cluster Kernels for Semi-supervised Learning [C]// Advances in Neural Information Processing System. 2002: 585-592.

[53] SMOLA A,KONDOR R. Kernels and Regularization on Graphs [C]// In the Sixteenth Annual Conference on Learning Theory.Washington,DC,USA: Springer,2003: 144-158.

[54] LEE D D,SEUNG H S. Learning the Parts of Objects by Non-negative Matrix Factorization [J]. Nature 401 (1999):788-791.

[55] LEE D D,SEUNG H S. Algorithms for Non-negative Matrix Factorization [C]// In NIPS, volume 13(2001):629-634.

[56] ELAD M,AHARON M. Image Denoising via Sparse and Redundant Representations over Learned Dictionaries [J]. IEEE Transactions on Image Processing,2006,15(12):3736-3745.

[57] LEE H,BATTLE A,RAINA R,et al. Efficient Sparse Coding Algorithms [C]// In Advances in Neural Information Processing Systems 20,2007:801-808.

[58] YANG J,YU K,GONG Y,et al. Linear Spatial Pyramid Matching using Sparse Coding for Image Classification [C]// In IEEE Computer Society Conference on Computer Vision and Pattern Recognition Workshops,2009. CVPR Workshops 2009,2009:1794-1801.

[59] CAI D,HE X,WU X,et al. Non-Negative Matrix Factorization on Manifold [C]// Proc. Eighth IEEE Int'l Conf. Data Mining 2008:63-72.

[60] CAI D, HE X, HAN J, et al. Graph regularized Nonnegative Matrix Factorization for Data Representation [J]. IEEE Trans Pattern Anal Mach Intell, 2011, 33(8): 1548-1560.

[61] ZHANG Y, ZHAO K. Low-Rank Matrix Approximation with Manifold Regularization [J]. IEEE Transactions on Pattern Analysis and Machine Intelligence, 2013, 35(7).

[62] ZHENG M, BU J, CHEN C A, et al. Graph Regularized Sparse Coding for Image Representation [J]. IEEE Trans. Image Process, 2011, 20: 1327-1336.

[63] BELKIN M. Problems of Learning on Manifolds[D]. The University of Chicago, 2003.

[64] ZHANG Q, SOUVENIR R, PLESS R. On Manifold Structure of Cardiac Mri Data: Application to Segmentation [C]//Computer Vision and Pattern Recognition, 2006 IEEE Computer Society Conference on. IEEE, 2006, 1: 1092-1098.

[65] DEERWESTER S C, DUMAIS S T, LANDAUER T K, et al. Indexing by Latent Semantic Analysis [J]. Journal of the American Society of Information Science, 41(6): 391-407, 1990.

[66] PARSONS L, HAQUE E, LIU H. Subspace Clustering for High Dimensional Data: A Review [J]. ACMSIGKDD Explorations Newsletter, 2004, 6(1): 90-105.

[67] VIDAL R. Subspace Clustering [J]. Signal Processing Magazine, IEEE, 2011, 28(2): 52-68.

[68] An Introduction to Dimensionality Reduction Using Matlab [R]. Technical Report MICC 07-07, Maastricht University.

[69] ZHOU Z H, LI M. Semi-supervised Leaming with Co-training Style Algorithm [J]. IEEE Transantions on Knowledge and Data Engineering, 2007, 19(11): 1479-1493.

[70] SEUNG H S, LEE D D. Cognition-The manifold ways of Perception [J]. Science, 2000, 290(5500): 2268-2269.

[71] WATTS D J, STROGATZ S H. Collective Dynamics of 'small-world' Networks [J]. Nature, 1998, 393(6684): 440-442.

[72] BARABASI A L, ALBERT R. Emergency of Scaling in Random Networks [J]. Science, 1999, 286(5439): 509-512.

[73] BARABASI A L. Linked: The New Science of Networks [M]. Massachusetts: Persus Publishing, 2002.

[74] WATTS D J. Small Worlds: The Dynamics of Networks between Order and Randomness [M]. Princeton University Press, 2003.

[75] BOCCALETTI S, LATORA V, MORENO Y, et al. Complex Networks: Structure and Dynamics [R]. Physics Reports, 2006, 424: 175-308.

[76] GOH K I, OH E, JEONG H, et al. Classification of Scale-free Networks [C]// Proceedings of the National Academy of Science USA, 99(20): 12583-12588, 2002.

[77] WATTS D J, STROGATZ S H. Collective Dynamics of Small-world Networks [J]. Nature,

1998,393(6684):440-442.

[78] BARRAT A,BARTHELEMY M,PASTOR-SATORRAS R,et al. The Architecture of Complex Weighted Networks [C]// Proc Natl Acad Sci U S A,101(11):3747-3752,2004.

[79] NASCIMENTO M C V,CARVALHO A C. Spectral Methods for Graph Clustering-A survey [J]. European Journal of Operational Research,2011,211(2): 221-231.

[80] WU Z,LEAHY R. An Optimal Graph Theoretic Approach to Data Clustering: Theory and Its Application to Image Segmentation [J]. Pattern Analysis and Machine Intelligence, IEEE Transactions on,1993,15(11): 1101-1113.

[81] HAGEN L,Kahng A B. New Spectral Methods for Ratio Cut Partitioning and Clustering [J]. Computer-aided design of integrated circuits and systems,IEEE Transactions on, 1992,11(9): 1074-1085.

[82] SARKAR S, Soundararajan P. Supervised Learning of Large Perceptual Organization: Graph Spectral Partitioning and Learning Automata [J]. Pattern Analysis and Machine Intelligence,IEEE Transactions on,2000,22(5): 504-525.

[83] DING C,HE X,ZHA H,et al. A Min-max cut Algorithm for Graph Partitioning and Data Clustering [C]// Proceedings of IEEE International Conference on Data Mining,2001: 107-114.

[84] CHENG C K,WEI Y A. An Improved Two-way Partitioning Algorithm with Stable Performance [J]. IEEE. Trans. On Computed Aided Desgin,1991,10:1502-1511.

[85] GOLUB G H,LOAN C F,Matrix Computations [M]. John Hopkins Press,1989.

[86] MACQUEEN J B. Some Methods for Classification and Analysis of Multivariate Observations [C]//In Proceedings of 5-th Berkeley Symposium on Mathematical Statistics and Probability,volume 1,pages 281-297. Berkeley,University of California Press,1967.

[87] ESTER M,KRIEGEL H P,SANDER J,et al. A Density-based Algorithm for Discovering Clusters in Large Spatial Databases with Noise [C]//In Proc. 2nd Int. Conf. on Knowledge Discovery and Data Mining (KDD'96),pages 226-231,Portland,OR,1996.

[88] COMANICIU D,MEER P. Mean shift: A Robust Approach Toward Feature Space Analysis [J]. Pattern Analysis and Machine Intelligence,IEEE Transactions on,2002,24(5): 603-619.

[89] WU K L,YANG M S. Mean Shift-based Clustering [J]. Pattern Recognition,2007,40 (11): 3035-3052.

[90] LUO D,DING C,HUANG H,et al. Non-negative Laplacian Embedding [C]//Data Mining,2009. ICDM'09. Ninth IEEE International Conference on IEEE,2009: 337-346.

[91] KUANG D,PARK H,DING C H Q. Symmetric Nonnegative Matrix Factorization for Graph Clustering [C]//SDM. 2012,12: 106-117.

[92] TIKHONOV A N,ARSENIN V I A,JOHN F. Solutions of Ill-posed Problems[M]. Wash-

ington, DC: Winston, 1977.

[93] KAIPIO J, SOMERSALO E. Statistical and Computational Inverse Problems [M]. New York: Springer, 2005.

[94] JAMES W, STEIN C. Estimation with Quadratic Loss [C]//Proceedings of the Fourth Berkeley Symposium on Mathematical Statistics and Probability. 1961, 1(1961): 361-379.

[95] KULIS B. Metric Learning: A Survey [J]. Found. and Trends in Machine Learning, 2012, 5(4): 287-364.

[96] KULIS B, SUSTIK M A, DHILLON I S. Low-rank Kernel Learning with Bregman Matrix Divergences [J]. The Journal of Machine Learning Research, 2009, 10: 341-376.

[97] Matrix Congruence. http://en. wikipedia. org/wiki/Matrix_congruence, accessed April 2014.

[98] KJELDSEN T H. A Contextualized Historical Analysis of the Kuhn-Tucker Theorem in Nonlinear Programming: The Impact of World War II Historia Mathematica, 2000, 27(4): 331-361.

[99] DEMPSTER A P, LAIRD N M, Rubin D B. Maximum Likelihood from Incomplete Data via the EM Algorithm [J]. Journal of the Royal Statistical Society, 1977, 39(1): 1-38.

[100] PISSANETZKY S. Sparse Matrix Technology [M]. Academic Press, 1984.

[101] BANK R E, DOUGLAS C C. Sparse Matrix Multiplication Package (SMMP) [J]. Advances in Computational Mathematics, 1993, 1(1): 127-137.

[102] YUSTER R, ZWICK U. Fast Sparse Matrix Multiplication [J]. ACM Transactions on Algorithms (TALG), 2005, 1(1): 2-13.

[103] DHILLON I S, GUAN Y, KULIS B. Kernel K-means: Spectral Clustering and Normalized Cuts [C]//Proceedings of the Tenth ACM SIGKDD International Conference on Knowledge Discovery and Data Mining. ACM, 2004: 551-556.

[104] XU W, LIU X, GONG Y. Document Clustering based on Non-negative Matrix Factorization[C]//Proceedings of the 26th Annual International ACM SIGIR Conference on Research and Development in Informaion Retrieval. ACM, 2003: 267-273.

[105] REN W Y, LI G H, TU D, et al. Nonnegative Matrix Factorization with Regularizations [J]. IEEE Journal on Emerging and Selected Topics in Circuits and Systems, 2014, 4(1): 153-164.

[106] HOYER P O. Non-negative Sparse Coding Neural Networks for Signal Processing, 2002 [C]// Proceedings of the 2002 12th IEEE Workshop on IEEE, 2002: 557-565.

[107] HOYER P O. Non-negative Matrix Factorization with Sparseness Constraints [J]. The Journal of Machine Learning Research, 2004, 5: 1457-1469.

[108] JOLLIFFE I. Principal Component Analysis [M]. John Wiley & Sons, Ltd, 2005.

[109] PLUMMER M D, Lovász L. Matching Theory [M]. Elsevier, 1986.

[110] CHAPELLE O,ZIEN A. Semi-supervised Classification by Low Density Separation[C]// In Proceedings of the 10th International Workshop on Artificial Intelligence and Statistics, 2005:57-64.

[111] WANG J,JEBARA T,CHANGS F,Semi-Supervised Learning Using Greedy Max-Cut [J]. Journal of Machine Learning Research,2013.

[112] ZHU,X,GHAHRAMANI,Z,LAFFERTY J,et al. Semi-supervised Learning Using Gaussian Fields and Harmonic Functions[C]// In Proceedings of the 20th International Conference on Machine Learning,2003,3:912-919.

[113] CHAWLA N V,KARAKOULAS G. Learning from Labeled and Unlabeled Data: An Empirical Study Across Techniques and Domains [J]. Journal of Artificial Intelligence Research,2005,23(1):331-366.

[114] CHAPELLE O,SCHÖOLKOPF B,ZIEN A. Semi-Supervised Learning [M]. Cambridge, MIT Press,2006.

[115] ZHU X,GOLDBERG A B. Introduction to Semi-supervised Learning [J]. Synthesis Lectures on Artificial Intelligence and Machine Learning,2009,3(1): 1-130.

[116] CHAPELLE O,SCHÖLKOPF B,ZIEN A. Semi-Supervised Learning [M]. Cambridge, MIT Press,2006.

[117] TANG J,HUA X S,QI G J,WANG M,et al. Structure-sensitive Manifold Ranking for Video Concept Detection [C]// Proceedings of the ACM International Conference on Multimedia (MM),ACM,2007:852-861.

[118] TANG J,HUA X S,QI G J,et al. Video Annotation Based on Kernel Linear Neighborhood Propagation [J]. IEEE Transaction on Multimedia,620-628,2008.

[119] WANG M,MEI T,YUAN X,et al. Video Annotation by Graph-based Learning with Neighborhood Similarity [C]// In Proceedings of the ACM International Conference on Multimedia (MM),ACM,2007,325-328.

[120] SMALE S,ZHOU D X. Shannon Sampling and Function Reconstruction from Point Values [J]. Bulletin of the American Mathematical Society,2004,41(3): 279-306.

[121] CHEN D R,WU Q,YING Y,et al. Support Vector Machine Soft Margin Classifiers: Error Analysis [J]. The Journal of Machine Learning Research,2004,5: 1143-1175.

[122] VAPNIK V. The Nature of Statistical Learning Theory[M]. Springer,2000.

[123] POGGIO T,RIFKIN R,Mukherjee S,et al. General Conditions for Predictivity In Learning Theory [J]. Nature,2004,428(6981): 419-422.

[124] LU J,PLATANIOTIS K N,VENETSANOPOULOS A N. Face Recognition Using LDA-based Algorithms [J]. Neural Networks,IEEE Transactions on,2003,14(1):195-200.

[125] WELLING M. Fisher Linear Discriminant Analysis [J]. Department of Computer Science,University of Toronto,2005.

[126] XU D, YAN SH CH, TAO D CH, et al. Marginal Fisher Analysis and Its Variants for Human Gait Recognition and Content-based Image Retrieval [J]. Image Processing, IEEE Transactions on, 2007, 16(11): 2811-2821.

[127] AN S, LIU W, VENKATESH S. Face Recognition using Kernel Ridge Regression [C]// IEEE International Conference on Computer Vision. Beijing, 2007.

[128] SAUNDERS C, GAMMERMAN A, VOVK V. Ridge Regression Learning Algorithm in Dual Variables [C]// In Proc. Of the 15th International Conference on Machine Learning (ICML98), Madison-Wisconsin, 1998: 515-521.

[129] HOERL A E, KENNARD R W. Ridge Regression: Applications to nonorthogonal problems [J]. Technometrics, 1970, 12(1): 69-82.

[130] HOERL A E, KENNARD R W. Ridge regression: Biased Estimation for Nonorthogonal Problems [J]. Technometrics, 1970, 12(1): 55-67.

[131] LAZEBNIK F. On a Regular Simplex in R^n [J]. From http://www.math.udel.edu/lazebnik/papers/simplex.pdf, 2006.

[132] LIN Z, CHEN M, WU L, et al. The Augmented Lagrange Multiplier Method for Exact Recovery of Corrupted Low-rank Matrices [R]. Technical Report, UILU-ENG-09-2215, 2009.

[133] CAND'ES E, LI X, MA Y, et al. Robust Principal Component Analysis [J]. Journal of the ACM, 2011, 58(3): 1-37.

[134] VOGT J, ROTH V. A Complete Analysis of the $l_{1,p}$ Group Lasso [J]. arXiv preprint arXiv: 1206.4632, 2012.

[135] CHARTRAND R. Exact Reconstruction of Sparse Signals via Nonconvex Minimization [J]. IEEE Signal Process. Lett, 2007, 14(10): 707-710.

[136] CHARTRAND R, STANEVA V. Restricted Isometry Properties and Nonconvex Compressive Sensing [J]. Inverse Problems, 2008, 24: 1-14.

[137] XU Z B, CHANG X Y, XU F M, et al. $L_{1/2}$ Regularization: A Thresholding Representation Theory and a Fast Solver [J]. IEEE Trans. Neural Netw. Learn. Syst., 2012, 23(7): 1013-1027.

[138] SINDHWANI V, NIYOGI P, BELKIN M. A Co-regularization Approach to Semi-supervised Learning with Multiple Views [C]//Proceedings of ICML Workshop on Learning with Multiple Views. 2005: 74-79.

[139] BICKEL S. Scheffer T (2004) Multi-view Clustering [C]// Proceedings of the 4th IEEE International Conference on Data Mining, pp. 19-26.

[140] SA V, GALLAGHER P, Lewis J, Malave V. Multi-view Kernel Construction [J]. Machine Learning 2010, 79: 47-71.

[141] KUMAR A, DAUM'E H. A Co-training Approach for Multi-view Spectral Clustering

[C]// Proceedings of the 28th International Conference on Machine Learning,2011:393-400.

[142] KUMAR A,RAI P,DAUM'E H. Co-regularized Multi-view Spectral Clustering [C]// Advances in Neural Information Processing Systems,2010,24: 1413-1421.

[143] FARQUHAR J D R,HARDOON D R,MENG H,et al. Two View Learning: SVM-2K, Theory and Practice [C]//NIPS. 2005.

[144] SZEDMÁK S,Shawe-Taylor J. Synthesis of Maximum Margin and Multi-view Learning Using Unlabeled data [C]//Proceedings of the European Symposium on Artificial Neural Networks,2006.

[145] SUN S,SHAWE-TAYLOR J. Sparse Semi-supervised Learning Using Conjugate Functions [J]. The Journal of Machine Learning Research,2010,9999: 2423-2455.

[146] LIU H,WU Z,LI X,et al. Constrained Nonnegative Matrix Factorization for Image Representation [J]. IEEE Trans Pattern Anal Mach Intell,2012,34(7):1299-1311.

[147] MAATEN L J P,POSTMA E O,HERIK H J. Dimensionality Reduction: A Comparative Review [R]. Technical Report 2009-005,Tilburg University,2009.

[148] KIM J,PARK,H. Sparse Nonnegative Matrix Factorization for Clustering [R]. In CSE Technical Reports. Georgia Institute of Technology,2008.

[149] KIM H,PARK H. Sparse Non-negative Matrix Factorization via Alternating Non-negativity Constrained Least Squares for Microarray Data Analysis [J]. SIAM J Matrix Anal Appl 2007,23(12):1495-1502.

[150] SHEN B,et al. Nonnegative Matrix Factorization Clustering on Multiple Manifolds [C]// In 24th AAAI Conference on Artificial Intelligence,2010:575-580.

[151] GENG B,TAO D,XU C,et al. Ensemble Manifold Regularization [J]. IEEE Transactions on Pattern Analysis and Machine Intelligence 34 (6),2012.

[152] WANG J J-Y,et al. Multiple Graph Regularized Nonnegative Matrix Factorization [J]. Pattern Recognition,2013,46(10):2840-2847.

[153] XIA T,TAO D,et al. Multiview Spectral Embedding [J]. IEEE Transactions on Systems, Man,and Cybernetics,2010.

[154] WANG M,HUA X S,YUAN X,SONG Y,et al. Optimizing Multigraph Learning: Towards a Unified Video Annotation Scheme [C]//In Proc. ACM Multimedia, Augsburg, Germany,Sep. 2007:862-870.

[155] ZHANG W,ZHAO D,WANG X. Agglomerative Clustering Via Maximum Incremental Path Integral [J]. Pattern Recognition,2013,46(11): 3056-3065.

[156] ZHOU B,TANG X,ZHANG H,et al. Measuring Crowd Collectiveness [J]. Pattern Analysis and Machine Intelligence,IEEE Transactions on,2014,36(8): 1586-1599.

[157] BIGGS N. Algebraic Graph Theory [M]. Cambridge Univ. Press,1993.

[158] VICSEK T, CZIR_OK A, BEN-JACOB E, et al. Novel Type of Phase Transition in a System of Self-Driven Particles [J]. Physical Review Letters, 1995, 75: 1226-1229.

[159] BUHL J, SUMPTER D, COUZIN I, et al. From Disorder to Order in Marching Locusts [J]. Science, 2006, 312: 1402-1406.

[160] ZHANG H, BER A, FLORIN E, et al. Collective Motion and Density Fluctuations in Bacterial Colonies [C]. Nat'l Academy of Sciences, 13 626-13 630.

[161] KNUTH D E. The Art of Computer Programming [M]. third ed. Addison-Wesley, 1997.

[162] LIOU M L. A Novel Method of Evaluating Transient Response [C]// In Proceedings of the IEEE, 1966, 54(1): 20-23.

[163] FORSYTH D, Group dynamics [M]. Cengage Learning, Wadsworth Publishing Co, 2009.

[164] BON G L, The Crowd: A Study of the Popular Mind [M]. Fischer, 1987.

[165] RAAFAT R M, CHATER N, FRITH C. Herding in Humans [J]. Trends in Cognitive Sciences, 2009, 13: 420-428.

[166] MOUSSAID M, GARNIER S, THERAULAZ G, et al. Collective Information Processing and Pattern Formation in Swarms, Flocks, and Crowds [J]. Topics in Cognitive Science, 2009, 1: 469-497.

[167] COUZIN I. Collective Cognition in Animal Groups [J]. Trends in Cognitive Sciences, 2009, 13: 36-43.

[168] JACQUES C J, MUSSE S. Crowd Analysis Using Computer Vision Techniques [J]. IEEE Signal Processing Magazine, 27(September), 2010: 66-77.

[169] JIANG Y G, DAI Q, XUE X, et al. Trajectory-Based Modeling of Human Actions with Motion Reference Points [C]// In Proceedings of Computer Vision. ECCV, 2012: 425-438.

[170] KONG Y, JIA Y. A Hierarchical Model for Human Interaction Recognition [C]// In Proceedings of IEEE International Conference on Multimedia and Expo, 2012, 1-6.

[171] OUYANG W, WANG X. Single-Pedestrian Detection Aided by Multi-pedestrian Detection [C]// In Proceedings of IEEE Conference on Computer Vision and Pattern Recognition, 2013: 3198-3205.

[172] LI N, ZHANG Z. Abnormal Crowd Behavior Detection Using Topological Methods [C]// In M. U. Chowdhury, S. Ray, & R. Y. Lee (Eds.), SNPD, 2011: 13-18.

[173] XIONG, G, CHENG, J, WU, X, et al. An Energy Model Approach to People Counting for Abnormal Crowd Behavior Detection [J]. Neurocomputing. 2011.

[174] SUN X S, YAO H X, JI R R, et al. Unsupervised Fast Anomaly Detection in Crowds [C]// ACM, 2011: 1469-1472.

[175] TOMASI C, KANADE T. Detection and Tracking of PointFeatures [C]. Computer Vision, 1991.

[176] http://www. gettyimages. com.

[177] KIM J,HWANG I,KIM Y H,et al. Genetic Approaches for Graph Partitioning: A Survey [C]// Proceedings of the 13th Annual Conference on Genetic and Evolutionary Computation. ACM,2011: 473-480.

[178] AARTS E,KORST J,Michiels W. Simulated Annealing [M]. Search Methodologies. Springer US,2005.

[179] BENLIC U,HAO J K. An Effective Multilevel Tabu Search Approach for Balanced Graph Partitioning [J]. Computers & Operations Research,2011,38(7): 1066-1075.

[180] BENLIC U,HAO J K. Hybrid Metaheuristics for the Graph Partitioning Problem [M]. Hybrid Metaheuristics. Springer Berlin Heidelberg,2013: 157-185.

[181] UGANDER J,Backstrom L. Balanced Label Propagation for Partitioning Massive Graphs [C]//Proceedings of The Sixth ACM International Conference on Web Search and Data Mining. ACM,2013: 507-516.

[182] STROGATZ S H. Exploring Complex Networks [J]. Nature,2001,410(6825): 268-276.

[183] BARABÁSI A L,Albert R. Emergence of Scaling in Random Networks[J]. Science,1999,286(5439): 509-512.

[184] KOREN Y,BELL R,VOLINSKY C. Matrix Factorization Techniques for Recommender Systems [J]. Computer,2009,42(8):30-37.

[185] WITTEN R,CANDÈS E. Randomized Algorithms for Low-rank Matrix Factorizations: Sharp Performance Bounds[J]. Algorithmica,2013,72(1): 264-281.

[186] ZADEH L A. Probability Measures of Fuzzy Events. Journal of mathematical analysis and applications,1968,23(2),421-427.

[187] WANG X Z,XING H J,LI Y,et al. A Study on Relationship Between Generalization Abilities and Fuzziness of Base Classifiers in Ensemble Learning. IEEE Transactions on Fuzzy Systems,2015,23(5): 1638-1654.

[188] WANG X Z,et al. Fuzziness Based Sample Categorization for Classifier Performance Improvement. Journal of Intelligent & Fuzzy Systems,2015,29(3): 1185-1196.

[189] SHANNON C E. A Mathematical Theory of Communication[J]. The Bell System Technical J.,vol. 27,pp. 379-423,623-656,1948.

[190] HARTLEY,R V L. Transmission of Information[J]. The Bell SystemTechnical,1949,7: 535-563,1949.